高等职业教育新形态创新系列教材

新一代信息技术与人工智能系列教材

JSP动态网页设计

JSP DONGTAI WANGYE SHEJI

主　编　杜召彬　李廷锋

副主编　王艳然　李秋月

　　　　万宏凤　马璐璐

参　编　刘克祥

西安交通大学出版社
XI'AN JIAOTONG UNIVERSITY PRESS

图书在版编目（CIP）数据

JSP 动态网页设计 / 杜召彬，李廷锋主编 . — 西安：西安交通大学出版社，2024. 9. — ISBN 978-7-5693-1903-3

Ⅰ . TP312.8；TP393.092.2

中国国家版本馆 CIP 数据核字第 202494SQ21 号

JSP DONGTAI WANGYE SHEJI

书　　名　JSP动态网页设计
主　　编　杜召彬　李廷锋
策划编辑　杨　璠　张明玥
责任编辑　杨　璠　王玉叶
责任校对　来　贤
封面设计　任加盟

出版发行　西安交通大学出版社
（西安市兴庆南路1号　邮政编码710048）
网　　址　http://www.xjtupress.com
电　　话　（029）82668357　82667874（市场营销中心）
（029）82668315（总编办）
传　　真　（029）82668280
印　　刷　陕西印科印务有限公司

开　　本　787 mm × 1092 mm　1/16　**印张**　22　**字数**　495 千字
版次印次　2024 年 9 月第 1 版　2024 年 9 月第 1 次印刷
书　　号　ISBN 978-7-5693-1903-3
定　　价　59.90 元

如发现印装质量有问题，请与本社市场营销中心联系、调换。
订购热线：（029）82665248　（029）82667874
投稿热线：（029）82668804
读者信箱：phoe@qq.com

在这个数字化时代，互联网已成为人们获取信息、进行交流和开展业务的重要平台。动态网页制作技术是构建这一平台的基石，它使得网页能够呈现出丰富多样的内容，并实现与用户的交互。作为一名致力于掌握 Web 前端技术的专业人士，掌握 JSP（Java server pages）动态网页制作技术将是迈向成功的关键一步。

考虑到 JSP 动态网页制作技术应用开发的知识技能需要，以及高职高专学生对实践要求高的特点，本书将 JSP 基础知识和 JSP 动态网页制作应用开发经验融为一体。内容上做到全面而深入，囊括 JSP 技术的核心和精髓，以及 JSP 应用开发整体解决方案知识。通过由浅入深、实例举证的分析讲解，使读者了解 JSP 基础知识，具备全面的 JSP 应用系统开发技能。

编者将多年教学经验与企业开发实践相结合，根据高职学生的特点编排本书内容，配以大量的实践案例，循序渐进地进行讲解。本教材共 13 个项目，不仅涵盖 JSP 的基础语法、页面结构、内置对象等基本知识点，还会深入探讨如何结合数据库、Servlet 以及各种开源框架来构建功能强大的动态网站。此外，我们还将通过一系列精选的案例分析和实战项目，帮助读者将理论知识转化为实际开发能力。

作为动态网页制作的关键技术之一，JSP 在全球范围内拥有广泛的应用和庞大的开发社区。掌握 JSP 不仅能够让开发者在 Web 开发领域站稳脚跟，还能为职业发展打开新的可能性。因此，在学习这本教材的过程中，不仅要关注于理解概念和原理，更要注重实践和创新。

本书由郑州职业技术学院信息工程与大数据学院杜召彬（编写项目 1、项目 9、项目 13）、李廷锋（编写项目 2、项目 3）担任主编，王艳然（编写项目 4、项目 7）、李秋月（编写项目 5、项目 6）、万宏凤（编写项目 8、项目 10）、马璐璐（编写项目 11、项目 12）担任副主编，河南合众信泰科技有限公司的刘克祥高级工程师对全书的所选案例进行了指导。在学习的道路上，可能会遇到挑战和困难，但请记住，每一次的努力和尝试都是通往成功的必经之路。我们编写这本教材的目的，就是陪伴读者在这条道路上不断前行，提供知识的灯塔和实践的航标。

由于编者水平所限，书中难免会有疏漏之处，敬请各位专家、读者批评指正。

编者

2024 年 8 月

课件PPT

电子教案

脚本资源

习题答案

目 录
Contents

项目 1　JSP 概述

知识目标

1. 了解 JSP 设计的概念和思想。
2. 掌握 JSP 设计的运行原理。
3. 掌握 JSP 开发环境的构建方法。

技能目标

1. 熟练掌握 JSP 的技术特征及运行过程。
2. 熟练掌握 JDK、Tomcat 及 Eclipse 软件的安装及配置。
3. 熟练掌握 Eclipse 开发工具的使用。

素养目标

1. 具备良好的编程习惯及实践能力。
2. 具备良好的自主学习能力及家国情怀。

1.1　Web 技术概述

1.1.1　Web 技术

Web（World Wide Web）即全球广域网，又称万维网，它是一种基于超文本传输协议（hypertext transfer protocol，HTTP）的、跨区域的、交互性的、跨平台的分布式图形信息系统，提供建立在互联网基础上的网络服务，为访问者在互联网上查找、浏览信息提供直观的图形化访问界面。Web 通过超级链接将互联网上的信息节点组织成相互关联的跨区域网状结构，有三种表现形式，即超文本（hypertext）、超媒体（hypermedia）

以及超文本传输协议（HTTP）。

Web 应用程序是由许多网页构成的集合，这些网页可以访问 Web 服务器上的各种资源（如数据库等），也可以相互访问。HTTP 就是为了规范这种网页 – 网页、网页 – 服务器间的交互，保证客户端与服务器端能进行良好的通信联系，所采用的规范性协议。

Web 技术一般包括 Web 服务端技术和 Web 客户端技术。

1.1.2 Web 服务端技术

Web 服务端技术主要包括 Web 服务器技术、通用网关接口（common gateway interface，CGI）技术、页面超文本预处理器（page hypertext preprocessor，PHP）技术、活动服务器页面（active server pages，ASP）技术、ASP.NET 技术和 Java 服务器页面（Java server pages，JSP）技术。

1. Web 服务器

Web 服务器一般指处理浏览器等 Web 客户端的请求并返回相应响应的网站服务软件。目前，较主流的 Web 服务器有 IIS（Internet information server，因特网信息服务器）、Apache、WebSphere、WebLogic 和 Tomcat。

2. CGI（通用网关接口）

CGI 是 Web 服务器运行时外部程序的规范，早期被用来制作动态网页。CGI 应用程序能够与浏览器进行交互，可以通过 API（application program interface，应用程序接口）与数据库服务器等外部数据源进行通信，将获取的数据格式化为 HTML（hypertext markup language，超文本标记语言）文档后，发送给浏览器，也可以将从浏览器获得的数据存放到数据库中。CGI 具有较好的通用性，支持跨平台，支持 Visual Basic（简称“VB”）、Delphi、C/C++ 和 Java 等编程语言，适用于几乎所有服务器。但其由于效率较低等因素，已经逐渐被新兴技术所替代。

3. PHP（页面超文本预处理器）

PHP 是一种开发动态网页的脚本语言。PHP 拥有很多标准化的函数库，使其编程十分方便和易于扩充。此外，PHP 还支持跨平台，安全级别较高。PHP 既支持面向对象的开发又支持面向过程的开发，语法极其灵活。

4. ASP（活动服务器页面）

ASP 是微软（Microsoft）公司开发的服务器端脚本技术，即通过在 HTML 页面中嵌入 VBScript 或 JavaScript 脚本来实现页面动态功能，主要应用于 Windows 系统上。在服务器端必须安装解释器，才能执行这些脚本程序。ASP 语法简单、易于维护，适用于小型页面应用程序的开发，通过使用 COM（component object model，组件对象模型），ASP 甚至可以实现中等规模的企业应用程序。

5. ASP.NET（.NET 版活动服务器页面）

ASP.NET 是微软公司推出的新一代动态网页脚本语言，基于 .NET 框架的 Web 开发平台。它既吸收了 ASP 的优点又参照 Java、VB 等语言的优势加入了许多新的特性，同时也摒弃了 ASP 中的错误，可以使用 VB.net、C#、J# 等语言来编写 ASP.NET 应用程序。ASP.NET 具备开发 Web 应用程序的一切解决方案，包括验证、状态管理、调试及部署等全部功能，支持跨平台。能够将页面内容和业务逻辑分开，让 Web 网页代码更整洁、更简单，便于后期维护。

6. JSP（Java 服务器页面）

JSP 是基于 Java 语言的一种动态网页技术标准。JSP 部署于网络服务器上，可以响应客户端发送的请求，并根据请求内容动态地生成 HTML、XML（extensible markup language，可扩展标记语言）或其他格式的 Web 网页文档，然后返回给请求者。JSP 技术以 Java 语言作为脚本语言，为用户的 HTTP 请求提供服务，并能与服务器上的其他 Java 程序共同处理复杂的业务需求。

1.1.3　Web 客户端技术

Web 客户端的主要作用就是用来发送 HTTP 请求、接收服务器响应，并将其展现出来。也就是说，能达成这一目的的任何工具或程序，都可作为 Web 的客户端来对待，而不是仅限于浏览器。Web 客户端技术主要包括：HTML、Java Applets、脚本程序、CSS（cascading style sheets，串联样式表）、Ajax（asynchronous JavaScript and XML，异步 JavaScript 和 XML 技术）、插件技术，以及 Web 浏览器等。

1. HTML（超文本标记语言）

HTML 是一种标记语言，它包括一系列标签，通过这些标签可以将网络上的文档格式统一，它是组织 Web 页面内容的主要工具。

2. Java Applets（Java 小应用程序）

Java Applets 可提供动画、音频和音乐等多媒体服务。将 Java Applets 插入到 Web 页面后，浏览器可以将 Java Applets 从服务器下载到浏览器所在的机器上运行，Java Applets 使得 Web 页面发展到可以动态展现丰富多样的信息。

3. 脚本程序

脚本程序是嵌在 HTML 文档中的程序，主要有 JavaScript 和 VBScript 两种类型。

JavaScript由网景（Netscape）公司开发，具有易于使用、变量类型灵活和不用编译等特点。VBScript由微软公司开发，与JavaScript一样，可用于设计交互的Web页面。使用脚本程序可以创建动态页面，大大提高交互性。

4. CSS（串联样式表）

在HTML文档中设立CSS统一控制HTML中各标志的显示属性，既可以静态地修饰网页，又可以配合各种脚本语言动态地对网页各元素进行格式化。CSS能够对网页中元素位置的排版进行像素级精确控制，支持几乎所有的字体字号样式，还拥有对网页对象和模型样式编辑的能力。

5. Ajax（异步 JavaScript 和 XML 技术）

使用Ajax能够快速地将增量更新呈现在用户界面上，而不需要重载（刷新）整个页面，这使得程序能够更快地回应用户的操作。Ajax是一种独立于Web服务器软件的浏览器技术。Ajax应用程序独立于浏览器和平台。它基于JavaScript、XML、HTML与CSS，在Ajax中使用的Web标准已被定义，并被所有的主流浏览器支持。

6. Web 浏览器

Web浏览器是用来检索、展示Web信息资源的应用程序，可以显示万维网上的文字、影像及其他资讯。Web浏览器可以向Web服务器发送HTTP请求，并处理返回的响应信息，也能捕获页面上的鼠标事件等。

1.1.4 Web应用程序结构

在进行项目开发时，应该根据项目的需要选择合适的体系结构。Web应用程序目前有两大主流体系结构C/S（client/server，客户端/服务器）结构和B/S（browser/server，浏览器/服务器）结构。二者的对比如表1-1所示。

表1-1 C/S结构与B/S结构对比

对比项目	C/S 结构	B/S 结构
客户端硬件环境	要求较高，需要安装专用客户端软件	要求较低，一般仅需要操作系统和浏览器
安全性	面向固定用户，对信息的安全控制能力较强	客户群体不确定，对信息安全的控制能力较弱
软件重用性	程序侧重于整体性，构件的重用性不高	一般采用多重结构，构件功能的独立性较好，重用性较高
系统维护、升级	程序侧重于整体性，一旦局部出现问题，需要开发出一个全新的系统，维护升级工作量大	程序由功能独立的构件构成，且在服务器端安装，系统的升级及维护方便

1. C/S 结构

C/S 结构的应用程序分为服务器部分和客户端部分。客户端需要安装专用的客户端软件，来实现与服务器间的通信及数据的交换，客户端和服务器通过一条通信信道连接。在 C/S 模型的运行过程中，是由客户端发起动作请求，服务器只能被动地等待来自客户端的请求。

C/S 结构的优点如下。

（1）服务器数据负荷较轻。由于客户端安装了专用软件，可以将部分数据的处理交由客户端来协助完成。客户端需要对数据库中的数据进行操作时，客户端的程序会自动向服务器发出请求，服务器会根据预先设定的格式进行应答并返回结果，从而减轻了应用服务器运行数据的压力。

（2）数据的储存功能较透明。在 C/S 结构的数据库应用中，数据的储存管理功能是由服务器程序和客户端程序分别独立处理的。客户端需要按照一定的规则对数据进行处理或规范化，然后提交给服务器，而不必关心服务器的处理过程。对于工作在前台程序上的最终用户，数据的规则是“透明的”。

C/S 结构也存在以下问题。

（1）必须在客户端安装客户端软件，软件的后期维护及升级工作量大，且成本较高。

（2）C/S 结构缺少通用性，客户端软件的升级涉及系统兼容性等问题，系统维护、升级需要重新设计和开发，且需要同时开发不同版本的客户端软件，软件开发及维护成本高，数据拓展困难。

2. B/S 结构

在 B/S 结构中，Web 服务器是核心，它既负责接收客户端的请求又要对接收到的请求进行处理，并将处理结果返回给客户端并在其浏览器上显示。客户端仅仅使用浏览器软件，不需要安装专用的客户端软件，用户的所有操作都是在浏览器上进行的。此外，由于 Web 应用程序的数据分析与处理工作主要是在服务器中完成的，因此对客户端机器配置的要求不高。

B/S 结构的主要特点如下。

（1）使用简单。不需要在客户端安装特定的软件，只要拥有浏览器就可以完成操作。

（2）维护方便，成本较低。由于数据处理等业务逻辑都存放在服务器端，软件的升级与维护只需在服务器上进行。

（3）对客户端的硬件要求较低。客户端仅仅需要一个浏览器即可进行工作。

随着 Web 技术的不断发展，B/S 结构结合浏览器的各种脚本语言及 Ajax 技术，通过浏览器也能够实现强大的功能。

1.1.5 静态网页与动态网页

静态网页的数据全部包含在HTML源代码中，因此万维网爬行器可以直接在HTML中提取数据。通过分析静态网页的URL（uniform resource locator，统一资源定位符），并找到URL查询参数的变化规律，就可以实现页面抓取。动态网页的内容不一定写在HTML网页源代码中，可能需要用户登录后才能动态生成完整的HTML网页，这增加了万维网爬行器的抓取难度。因此，与动态网页相比，静态网页对搜索引擎更加友好，有利于搜索引擎收录。

1. 静态网页

HTML可以实现对网页中的文本、图像、动画、超链接等内容的编辑和显示。通过使用HTML编写网页内容文档，可以创建静态网页，从而实现从服务器到客户端信息的传递，但这种信息的传递是单向的。静态网页包含的内容在编写网页源代码时已经确定，除非网页源代码被重新修改，否则这些内容不会发生变化。静态网页具有以下几个特点。

（1）内容相对稳定，一旦上传至网站服务器，无论是否有用户访问，内容都会一直保存在网站服务器上。

（2）访问速度快，访问过程中无须连接数据库。

（3）由于没有数据库的支持，内容更新与维护比较复杂。

（4）交互性较差，在功能方面有较大的限制。

值得一提的是，静态网页上展示的内容并非完全静止，视觉上可以有各种动态效果，如动图、动画、滚动字幕、视频、音乐等。

2. 动态网页

在日常上网的过程中，用户在浏览某些信息前需要先将一些信息提交给服务器，如进行用户登录、用户注册，以及输入查询信息等，根据用户传入的不同参数，网页会显示不同的数据。这种能根据访问者的不同需求，对访问者提交的信息进行响应的网页，就是动态网页。

相比静态网页，动态网页有数据库支撑，可以包含程序。提供与用户交互功能的动态网页中除了HTML代码外，还包含一些特定功能的程序，这些程序使得浏览器和服务器可以交互。服务器会根据客户端的不同请求来生成网页，其中涉及数据库的连接、访问、查询等，所以其响应速度略慢。动态网页信息的传递是双向的，可以由服务器到客户端，也可以由客户端到服务器。动态网页具有以下特点。

（1）以数据库技术为基础。

（2）动态网页并不是独立存在于服务器上的网页文件，只有当用户发送请求时，服务器才会返回完整的网页。

（3）采用动态网页技术的网站可以实现更多的功能，如用户注册、用户登录、在线调查、用户管理、订单管理等。

1.2　JSP 技术概述

1.2.1　JSP 概述

JSP（Java 服务器页面）标准是由 Sun Microsystems 公司于 1999 年倡导开发的一种动态 Web 技术标准。JSP 是将 Java 代码嵌入 HTML 文本中构建的 Web 页面，以使用 HTML 编写的静态页面为框架，可以根据客户端的需求动态生成其中的部分内容。JSP 使用了 Java 的 Servlet 技术和 JavaBean 技术，能够将页面的静态内容由 HTML 来实现，动态数据则由 Java 来实现，有效地将静态内容与动态内容实现了分离，为 Web 应用程序的修改和扩展提供了极大的方便。

JSP概述

当第一次执行 JSP 页面时，Web 服务器会将其中的 JSP 代码转换为相对应的 Servlet 程序，再对 Servlet 程序进行编译，并运行编译后的类文件，然后将执行结果插入 HTML 页面的对应位置，最后返回给客户端浏览器进行显示。

1. Java 语言

Java 语言是一种跨平台的面向对象的程序设计语言，被广泛应用于 Web 应用开发和移动应用开发。它的语法规则和 C/C++ 语言类似，但进行了一定简化。

使用 Java 语言编写的源代码经过编译后，生成后缀为 .class 的字节码文件，交由 JVM（Java virtual machine，Java 虚拟机）来执行，JVM 的作用是把字节码解释成具体平台上的机器指令并执行。Java 借助 JVM 实现跨平台，即只要安装了 JVM，Java 程序就可以在多种平台上不加修改地运行。

2. Servlet

Servlet 是用 Java 编写的服务器端程序，主要用来处理客户端的 HTTP 请求，动态生成 Web 内容，当 JSP 第一次执行时，该页面会被编译成 Servlet，然后交由服务器来执行。

Servlet 采用了 Java 代码编写，因此继承了 Java 安全、灵活、易扩展、跨平台等优点，能够在 Web 页面实现除图形化界面以外的所有 Java 功能。Servlet 可以对页面的相关应用进行封装，实现页面显示和业务逻辑的分离。

3. JavaBean

JavaBean 是一种可重用的 Java 组件，它可以被 Applet、Servlet、JSP 等 Java 应用程序调用，也可以可视化地被 Java 开发工具使用。

JavaBean 按照功能可以划分为可视化和非可视化两类。可视化就是指拥有 GUI 图形用户界面，使用户可见。非可视化的 JavaBean 不要求继承，多用来封装业务逻辑、数据分页逻辑和数据库操作等，实现业务逻辑和前台程序的分离，提高代码的可读性和易维护性，使系统更健壮和灵活。随着 JSP 的发展，非可视化 JavaBean 的应用更加广泛，在服务器端应用方面表现出了越来越强的生命力。

1.2.2 JSP 的技术特征

JSP 继承了 Java 语言的所有优点，其主要特点如下。

1. 简单

Java 语言的语法与 C 语言、C++ 语言十分相近，Java 语言撇弃了 C++ 中的一些特性，如操作符的重载和多重继承等，同时从安全方面的考虑，不使用指针，又加入了垃圾回收机制，解决了程序员在编程时需要考虑内存管理的问题，从而使编程变得更加简单。

2. 与平台无关

Java 语言与平台无关的特性表现在：Java 语言是“一次编写，到处运行（write once，run any where）”的语言。这是因为 Java 语言采用了虚拟机机制。Java 虚拟机将 Java 应用程序编译为 .class 类型的目标代码，使其可以在各种安装有 Java 虚拟机的平台上不加修改地运行。因此 Java 应用程序具有很好的可移植性。

3. 可重用

JavaBean 通常用于存储和传递数据，来实现一定程度上的数据封装，方便在 JSP 页面中进行引用和操作。在 JSP 开发中，通过使用 JavaBean 将业务逻辑和数据操作与页面展示分离，可以实现代码复用和维护，从而提高 JSP 应用的开发效率与可扩展性。

4. 页面静态内容与动态内容的分离

JSP 技术规范将页面内容分为两类：页面的图形内容和页面的动态数据内容。在 JSP 中，由 HTML 标签负责创建页面的图形内容（即 HTML 文档），然后由文档中插入的 Java 代码来实现需要动态完成的部分（如登录功能的实现），从而将页面静态内容与动态内容分离，使得 JSP 的开发和维护更加轻松。

5. 标记化页面开发

XML（extensible markup language，XML）是用于标记电子文件使其具有结构性的标记语言，可以用来标记数据、定义数据类型。XML 允许用户对自己的标记语言进行定义，非常适合 Web 传输。JSP 技术能够实现数据封装，可以将数据以 XML 标记的形式展现给开发人员，从而降低 JSP 应用程序开发的难度，同时也有助于实现页面“形式与内容的分离”，使 JSP 页面结构更清晰，更便于后期维护。

6. 预编译

预编译是 Java 的一个重要特性。JSP 页面中的 Java 代码在被服务器执行前，需要进行预编译。一般仅需进行一次编译，生成能够被虚拟机识别的 .class 文件。在后续的 Web 请求中，如果 JSP 页面内容没有发生变化，服务器就直接执行这个已经被编译好的 .class 文件，从而提高页面的访问速度。

1.3 JSP 运行原理

JSP 是通过将 Java 代码和特定变动内容嵌入到静态的页面中，实现以静态页面为模板，动态生成其中的部分内容。插入 Java 代码的 JSP 文件并不能直接被客户端浏览器运行，服务器接收到客户端的请求后，加载相应的 JSP 文件，对其进行编译、执行，最终由服务器将结果返回给客户端浏览器。JSP 的处理流程如图 1-1 所示。

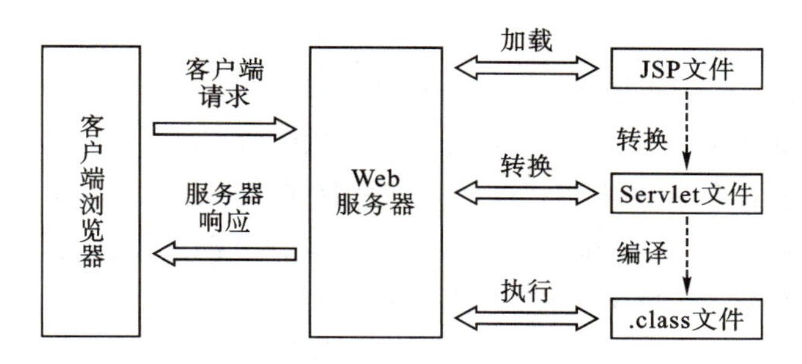

图1-1 JSP处理流程

JSP 的运行过程如下：

（1）客户端浏览器向 Web 服务器发出请求，该请求中包含了被请求资源在 Web 服务器上的路径。

（2）Web 服务器根据接收到的请求资源路径查找并加载对应的 JSP 文件。

（3）Web 服务器中安装的 JSP 引擎将加载的 JSP 文件转换为 Servlet 文件。

（4）JSP 引擎调用 Java 编译器对该 Servlet 文件进行编译，生成 .class 文件。

（5）JSP 引擎调用 Java 虚拟机来解释执行 .class 文件，并将执行结果嵌入到页面中，形成一个完整的 HTML 文件。

（6）服务器将执行结果发送给客户端浏览器进行解释显示。

服务器接收到客户端的请求后，如果发现该 JSP 文件是第一次被执行，就会按照上面的运行过程开始处理，并保存编译成的 .class 文件。后续再次请求该 JSP 时，若该页面内容没有发生任何改动，Web 服务器将直接调用已经存在的 .class 文件执行；若该页面内容发生了变化，则需重新处理。

1.4 开发环境配置

1.4.1 JSP 开发环境配置

进行 JSP 开发时，需要安装配置以下软件环境：JDK 开发工具包、Web 服务器、Web 浏览器、数据库和 JSP 开发工具包。

1. JDK

JDK 是 Java 语言的软件开发工具包，包含了 Java 运行所需要的 JRE 环境和常用的一些库文件，有 Java SE、Java EE 和 J2ME 三个版本，主要用于移动设备、嵌入式设备上的 Java 应用程序开发。本书采用的 JDK 版本是 JDK 9.0（64 位）。

2. Web 服务器

Web 服务器的主要功能是提供网上信息浏览服务。它是运行 Web 应用程序的容器，Web 应用程序必须放置在 Web 服务器中，才能被用户访问。

本书中进行 JSP 中 Web 应用程序的开发选择了 Tomcat 作为 Web 服务器，版本为 apache-tomcat-9.0.0.M17。Tomcat 服务器是一个免费开源的 Web 服务器，属于小型、轻量级的应用服务器，支持 JSP 和 Servlet 技术，适合中小型系统、并发访问用户不是很多的场合下使用，它在 Java 环境中能够很好地运行并支持 Web 应用部署，是开发 JSP 程序的首选 Web 服务器。

3. Web 浏览器

Web 浏览器的主要功能是显示互联网上的文字、影像及其他资讯。目前市场上的浏览器很多，如谷歌浏览器、火狐浏览器、搜狗浏览器、360 浏览器、QQ 浏览器等。JSP 开发环境中同样需要浏览器来进行显示及调试，但开发 JSP 应用程序对浏览器的要求不高，任何支持 HTML 的浏览器都可以。

4. 数据库

数据库的主要功能是存储项目中的信息数据。JSP 动态网页中的交互性基于大量的数据交换，需要使用数据库。常见的数据库有 Oracle、Microsoft SQL Server、MySQL 和华为的高斯数据库（GaussDB）。Oracle 是大型数据库，Microsoft SQL Server 属于中型数据库，MySQL 属于小型数据库，GaussDB 属于分布式关系型数据库。本书中 JSP 应用程序开发使用的数据库是 MySQL，版本为 MySQL Setup_5.0.24。

5. JSP 开发工具包

软件开发工具包是一些为特定的软件框架、硬件平台、操作系统等开发应用软件的工具集合。使用软件开发工具包进行软件开发能够很方便地把一种编程语言代码化并编译执行，从而大幅度地提高软件生产率，提高软件质量，方便软件管理，便于软件重用，减少低级重复劳动，支持快速原型设计，降低大型复杂软件的开发难度。

JSP 常用的开发工具有 Eclipse、IntelliJ IDEA、NetBeans、JDeveloper、JBuilder、MyEclipse 等。这些软件都提供了丰富的功能和工具，可以帮助开发者高效地进行 JSP 编程。本书选择了 Eclipse 作为 JSP 开发工具，版本为 Eclipse 2018。

1.4.2 JDK 安装及环境配置

1. 安装 JDK

登录 Oracle 公司的官方网站，下载 JDK。本书采用的 JDK 版本为 JDK 9.0（64 位），有适合 Linux、macOS、Windows 操作系统的三种版本，根据操作系统类型下载对应版本的 JDK 即可。Windows 版本的具体安装步骤如下。

JSP开发环境搭建

JDK安装及配置说明

（1）双击 jdk-9_windows-x64.exe 安装文件，弹出“安装程序”对话框（图 1-2），单击“下一步”按钮，进入定制安装界面。

（2）建议初学者选择默认安装路径，继续单击“下一步”按钮，弹出“完成”对话框（图 1-3），单击“关闭”按钮。

（3）打开 JDK 安装路径（C:\Program Files\Java），查看安装路径下是否出现“jdk-9”和“jre-9”两个文件夹，出现则表示安装成功。

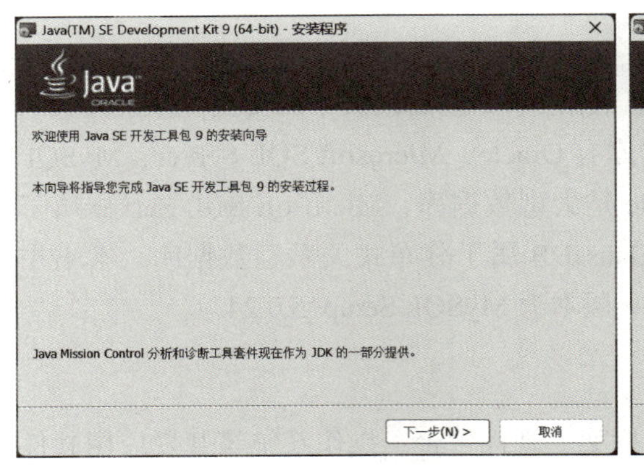

图1-2　JDK安装对话框

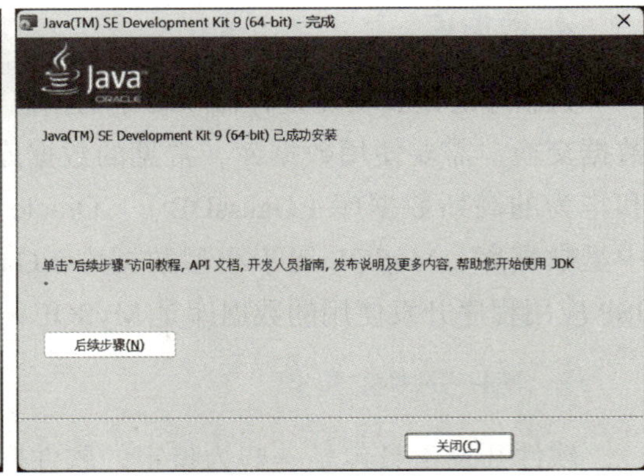

图1-3　JDK安装完成对话框

2. JDK 配置及测试

JDK 安装完成后，并不能直接使用，还需要完成环境变量的配置。下面以 Windows 11 操作系统为例，配置 JDK 的环境变量，具体步骤如下。

（1）在系统“开始”菜单中搜索“高级系统设置”，打开“系统属性”对话框，点击“环境变量”按钮，弹出“环境变量”对话框。

（2）在“环境变量”对话框中，新建“JAVA_HOME”变量，变量的值为 JDK 的安装路径（C:\Program Files\Java\jdk-9）。

（3）在“环境变量”对话框中，查看是否存在“CLASSPATH”系统变量。如果存在，则双击该变量，在变量值后添加以下代码“.; %JAVA_HOME%\lib\dt.jar; %JAVA_HOME%\lib\tools.jar; ”；如果不存在，则新建“CLASSPATH”系统变量，设置变量值为上述代码。（注意：该变量值开头处的点“.”和结尾处的分号“;”是固定格式，不能省略）。

（4）在“环境变量”对话框中双击“Path”变量，进入“编辑环境变量”对话框。点击“新建”按钮，输入变量值“%JAVA_HOME%\bin”和“%JAVA_HOME%\jre\bin”。单击“确定”按钮退出环境变量的配置。

（5）环境变量配置结果测试。在 Windows 的“开始”菜单的搜索框中输入“运行”，进入命令提示符对话框（或者单击 Windows+R 按钮，进入“运行”对话框，在“打开”文本框中输入“cmd”，并单击“确定”）。在命令行中输入“javac”命令，若显示出“javac”命令的参数选项格式，如图 1-4 所示，则表示 JDK 环境参数配置成功。（注意：一般情况下运行“javac”命令时，系统提示其为“外部命令”，则表示 JDK 环境变量配置失败。）

```
命令提示符
Java HotSpot(TM) 64-Bit Server VM (build 9+181, mixed mode)

C:\Users\86150>javac
用法: javac <options> <source files>
其中, 可能的选项包括:
  @<filename>                  从文件读取选项和文件名
  -Akey[=value]                传递给注释处理程序的选项
  --add-modules <模块>(,<模块>)*
        除了初始模块之外要解析的根模块; 如果 <module>
                为 ALL-MODULE-PATH, 则为模块路径中的所有模块。
  --boot-class-path <path>, -bootclasspath <path>
        覆盖引导类文件的位置
  --class-path <path>, -classpath <path>, -cp <path>
        指定查找用户类文件和注释处理程序的位置
  -d <directory>               指定放置生成的类文件的位置
  -deprecation                 输出使用已过时的 API 的源位置
  -encoding <encoding>         指定源文件使用的字符编码
  -endorseddirs <dirs>         覆盖签名的标准路径的位置
  -extdirs <dirs>              覆盖所安装扩展的位置
  -g                           生成所有调试信息
  -g:{lines,vars,source}       只生成某些调试信息
  -g:none                      不生成任何调试信息
  -h <directory>               指定放置生成的本机标头文件的位置
```

图1-4　javac 命令参数格式

1.4.3 Tomcat 安装及启动设置

Tomcat安装及启动设置

1. 安装 Tomcat

在 Tomcat 官方网站下载 Tomcat 安装包，本书采用的安装包文件为 apache-tomcat-9.0.0.M17.exe，具体安装步骤如下。

（1）双击 apache-tomcat-9.0.0.M17.exe 文件，按照 Tomcat 安装引导进行安装，初次安装按照默认方式进行安装即可。在配置（Configuration）对话框页面，可以设置访问 Tomcat 服务器的端口号（默认端口号为 8080）、用户名和访问密码。通常保持默认设置即可，当默认端口号和其他应用程序冲突时，可以将其修改为可用的端口号。

（2）弹出“Java Virtual Machine”（Java 虚拟机）对话框，在该页面点击“...”按钮，选择 JDK 的安装路径（C:\Program Files\Java\jdk-9），如图 1-5 所示。

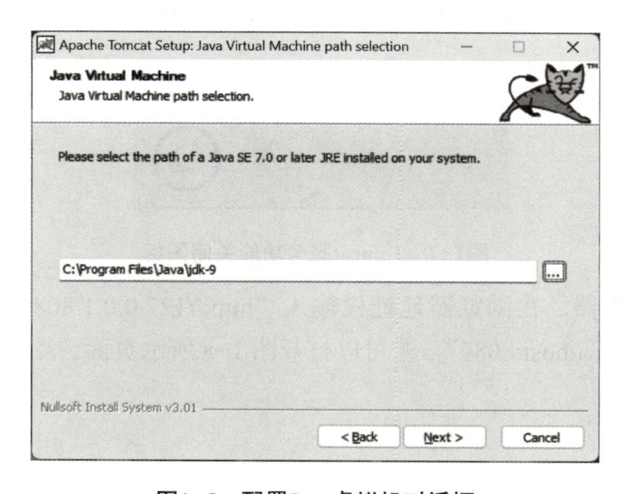

图1-5　配置Java虚拟机对话框

（3）单击图 1-5 中的“Next”按钮，弹出“Choose Install Location”（选择安装位置）对话框。在对话框中，可以点击“Browse”按钮来选择 Tomcat 的安装路径，通常保持默认（C:\Program Files\Apache Software Foundation\Tomcat 9.0）即可。

（4）Tomcat 安装完成后，在屏幕右下角的菜单栏可见如图 1-6 所示的 Tomcat 运行图标。

图1-6 Tomcat运行图标

注意：Tomcat 安装时默认的端口号是 8080，当 8080 被其他程序占用，Tomcat 就不能再使用这个端口号提供服务了。

解决方案有两种：一是查找占用 8080 端口的程序，修改该程序使用的端口号为 8080 以外的未被使用的端口号；二是修改 Tomcat 使用的端口号，在 Tomcat 的配置文件 conf 文件夹中找到 server.XML 文件，修改 server.XML 文件中“Connector”（节点）的“port”（端口）参数为一个没有被占用的端口，此方法还需同时修改 Eclipse 服务器（Servers）所对应的 Tomcat 端口号。

2. 启动 Tomcat、测试 Tomcat 功能

Tomcat 安装完成后，需要将其服务功能启动，才能使用，具体步骤如下。

（1）如果 Tomcat 安装后，出现如图 1-6 所示的情况，表示 Tomcat 的服务功能已经开启。如果出现如图 1-7 所示的情况，表示 Tomcat 的服务功能已关闭。

（2）选中图 1-7 所示的 Tomcat 图标，单击鼠标右键，选择“Start service”功能，Tomcat 的服务功能图标将由图 1-7 所示状态变换为图 1-6 所示状态，Tomcat 服务功能即开启。

图1-7 Tomcat服务功能关闭图标

（3）打开浏览器，在浏览器地址栏输入“http://127.0.0.1:8080”（默认端口号为 8080）或者“http://localhost:8080”，若可以打开图 1-8 所示页面，表明 Tomcat 安装成功。

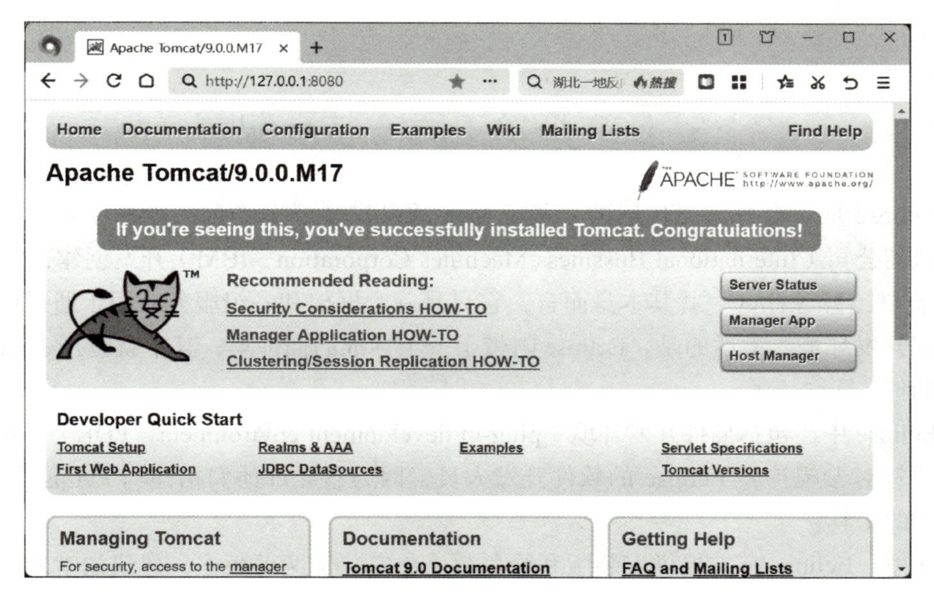

图1-8 Tomcat服务启动界面

（4）开启 Tomcat 管理员权限。在“开始”菜单中，找到“所有应用”中的“Apache Tomcat 9.0 Tomcat 9”文件夹下的“Minitor Tomcat”，单击鼠标右键找到“更多”选项下的“打开文件位置”，勾选“以管理员身份运行此程序”选项，授权以管理员身份运行 Tomcat。

注意：由于 Windows 11 版本的系统安全功能提升，安装的软件若没有被授予管理员权限，会在安装一段时间后，受到功能限制从而不能正常提供服务。

3. Tomcat 的目录结构

bin 文件夹：包含 Tomcat 服务器启动和终止的批处理文件。例如 startup.bat、startup.sh、shutdown.bat、shutdown.sh、catalina.bat、catalina.sh 等。

conf 文件夹：包含 Tomcat 配置信息，有 server.XML 和 Web.XML 两个配置文件。在 server.XML 中可以更改服务端口和改变 Web 默认的访问目录。

lib 文件夹：存放 Tomcat 运行中需要的 .jar 包文件，例如 catalina.jar、servlet-api.jar、tomcat-dbcp.jar 等，正因为有这些包的支持，Tomcat 才可以运行 Web 应用程序。

logs 文件夹：存放执行 Tomcat 的日志文件。

temp 文件夹：存放 Tomcat 的临时文件信息。

Webapps 文件夹：Tomcat 默认的 Web 文件夹。其中有两个自带的 Web 应用，admin 和 manager。开发人员可以直接将 Web 应用存放在该文件夹下。

work 文件夹：存放 Tomcat 执行应用后的缓存。

1.5 JSP 开发工具安装及配置

Eclipse 是一个开放源代码的、基于 Java 的可扩展开发平台，1999 年 4 月由国际商业机器公司（International Bussiness Machines Corporation，IBM）开发创建，2001 年 11 月贡献给开源社区。就其本身而言，它只是一个框架和一组服务，用于通过插件组件构建开发环境。幸运的是，Eclipse 附带了一个标准的插件集，其中就包括 Java 开发工具插件。

Eclipse 中还包括插件开发环境（plug-in development environment，PDE），这个组件主要针对希望扩展 Eclipse 的软件开发人员，因为它允许他们构建与 Eclipse 环境无缝集成的工具。

注意：Eclipse 官方提供安装版和绿色版（免安装）两种版本，建议初学者选择更为简单的绿色版。

1.5.1 Eclipse 安装

从 Eclipse 的官方网站下载合适的软件，本书所用的是 Eclipse IDE 2018-09 免安装版。

将下载的 Eclipse IDE 2018-09(64bit).zip 压缩包解压缩到指定目录下，双击文件夹中的 eclipse.exe 文件即可运行 Eclipse。

注意：如果下载安装版的 Eclipse，安装时需要选择“Eclipse IDE for Enterprise Java and Web Developers”项。同时，参照前文中开启 Tomcat 管理员权限的操作，为 Eclipse 开启管理员权限。

1.5.2 Eclipse 配置

使用 Eclipse 软件前还需要对其进行配置，需要配置的内容有以下几项。

Eclipse配置的具体步骤

（1）配置 Eclipse 工作空间。Eclipse 工作空间用于保存 Eclipse 中的原始文件代码。

（2）配置 JRE。JRE 是运行 Java 程序所必需的环境的集合，包含 JVM 标准实现及 Java 核心类库，在 Eclipse 软件中完成 JRE 配置才能调用 JDK。

（3）配置 Tomcat。在 Java Web 应用程序的开发过程中，使用 Eclipse 配置 Tomcat 可以使开发者更方便地进行 Web 应用程序的开发、调试、测试和部署。

（4）设定字体类型及大小。在 Eclipse 软件中，用户可以根据个人的喜好来设置 Eclipse 工作区中字体的大小和类型。

（5）设定 Java 内容辅助提示。实例化时自动补全不必要的单词，用来辅助开发、提高开发效率。

（6）设置 JSP 页面的编码格式。网页中常用的中文编码格式有 GB2312、UTF-8、GBK 等。在 Eclipse 软件中，用户可以设置新建 JSP 文件时，JSP 页面的默认编码格式。

（7）设置默认浏览器。Eclipse 内置浏览器的功能不是很完善，调试起来也不方便，因此实际开发过程中，最好使用外部浏览器进行调试。

1.5.3　在 Eclipse 下创建 Java Web 项目

在完成了 IDE、Tomcat 服务器及数据库的安装后，Java Web 项目开发集成环境已经准备就绪，可以进行 Java Web 应用系统的开发。Java Web 应用系统的开发主要包含以下几项内容。

新建Java Web项目的具体步骤

（1）创建 Web 服务器。通过创建 Web 服务器，实现在 Eclipse 中调用 Tomcat，从而进行 Web 应用程序的开发、调试、测试和部署。

（2）配置 Web 服务器。通过配置 Web 服务器，实现在 Eclipse 调用 Tomcat 时，Eclipse 中文件与 Tomcat 镜像文件夹 webapps 目录下文件的联动。

（3）创建 Java Web 项目。使用 Eclipse 创建 Java Web 项目，实现工具软件对实际项目文件的管理，方便项目的开发。

（4）新建 JSP 文件并运行。在 Java Web 项目中新建 JSP 文件，实现 JSP 网页编程、调试运行。

1.6　项目实施

1. 新建 JSP 项目

选择“File”→“New”→“Project”，打开“New Project”对话框，在下拉菜单中选择“Web”→“Dynamic Web Project”选项，单击“Next”按钮，在打开的“New Dynamic Web Project”对话框中输入项目名称“chapter1”，在“Dynamic Web module version”下拉菜单中，选择 3.0 以下版本。单击“Finish”按钮，完成项目的创建。

2. 新建 JSP 文件

（1）在 Eclipse 的 “Project Explorer” 窗口中，选择 “chapter1” → “WebContent” 选项，单击鼠标右键，选择 “File” → “New” → “Other”，打开 “New” 对话框，选择 “Web” → “JSP File” 选项。弹出 “New JSP File” 对话框，在 “File Name” 文本框中输入文件名 “Example01_02.jsp”。单击 “Finish” 按钮，完成 JSP 文件的创建。

（2）在 Example01_02.jsp 文件中添加以下代码，单击保存按钮对文件进行保存。

```
<%@ page language="java" contentType="text/HTML; charset=UTF-8"
pageEncoding="UTF-8"%>
<!DOCTYPE HTML>
<HTML>
  <head>
    <title>《七律 · 长征》</title>
    <style type="text/css">
      *{margin: 0rem; padding: 0rem; text-align: center; }
      #cantent{width: 25rem; height: 15rem; margin: 50px auto;
               border: 2px solid deepskyblue; ext-align: center; background-
               color: #f0f0f0; }
      P{ font-size: 1.5rem; font-family: "宋体"; line-height: 2.5rem; }
    </style>
  </head>
  <body>
    <div id="cantent">
        <h2 id="h2">《七律 · 长征》</h2>
        <p>毛泽东</p>
        <p>红军不怕远征难，万水千山只等闲。</p>
        <p>五岭逶迤腾细浪，乌蒙磅礴走泥丸。</p>
        <p>金沙水拍云崖暖，大渡桥横铁索寒。</p>
        <p>更喜岷山千里雪，三军过后尽开颜。</p>
    </div>
  </body>
</HTML>
```

（3）点击运行按钮，运行 JSP 文件，运行结果如图 1-9 所示。

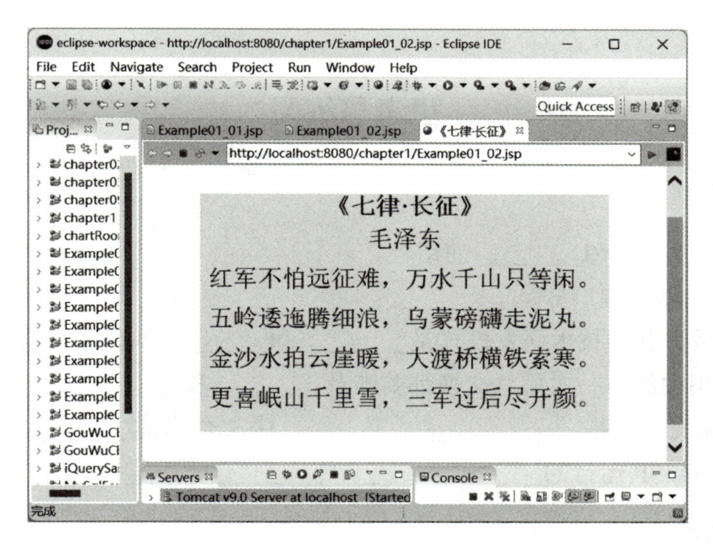

图1-9 Example01_02.jsp运行结果界面

项目小结

本项目讲解了 Web 技术和 JSP 技术的相关概念和设计思想，包括 C/S 结构和 B/S 结构、静态网页与动态网页、JSP 技术特征、JSP 运行原理、JSP 开发环境配置、Eclipse 工程项目及 JSP 页面创建等。

思考与练习

一、填空题

1. JSP 是________和________的结合。

2. Tomcat 的默认端口号是________。

3. 当今比较流行的技术研发模式是________和________的体系结构来实现的。

4. Web 应用中的每一次信息交换都要涉及________和________两个层面。

5. JSP 的英文全称是____________________，中文全称是____________________。

6. Tomcat 是 JSP 运行的________________________________。

二、选择题

1. 配置 JSP 运行环境，若 Web 应用服务器选用 Tomcat，以下说法正确的是（　　）。

A. 先安装 Tomcat，再安装 JDK

B. 先安装 JDK，再安装 Tomcat

C. 不需安装 JDK，安装 Tomcat 就可以了

D. JDK 和 Tomcat 只要都安装就可以了，安装顺序没关系

2. 下面哪一选项不是 JSP 页面的组成部分（　　）。

A. JSP 标签　　B. 普通的 HTML 标记符

C. Java 表达式　　D. C 语言程序

3. 当用户请求 JSP 页面时，JSP 引擎就会执行该页面的字节码文件响应客户的请求，执行字节码文件的结果是（　　）。

A. 发送一个 JSP 源文件到客户端　　B. 发送一个 Java 文件到客户端

C. 发送一个 HTML 页面到客户端　　D. 什么都不做

4. 下列设置颜色的方法中不正确的是（　　）。

A. <body bgcolor="red">　　B. <body bgcolor="yellow" >

C. <body bgcolor="#FF0000" >　　D. <body bgcolor="#HH00FF" >

5. JSP 的 Page 编译指令的属性 Language 的默认值是（　　）。

A. Java　　B. C

C. C #　　D. SQL

三、判断题

1. Web 开发技术包括客户端的技术和服务器端的技术。（　　）

2. Tomcat 和 JDK 都不是开源的。（　　）

3. 动态网页和静态网页的根本区别在于服务器端返回的 HTML 文件是事先存储好的还是由动态网页程序生成的。（　　）

4. 网页中只要使用 gb2312 编码就不会出现中文乱码。（　　）

5. 访问 JSP 页面时，其文件名不区分大小写。（　　）

四、简答题

1. 简述 Web 应用开发中的 C/S 结构和 B/S 结构的区别及其各自的应用场景。

2. 目前常用的动态网页技术有哪些？

3. 搭建 JSP 运行环境时，JDK、Eclipse 和 Tomcat 安装有顺序要求吗？

4. 简述 JSP 的执行过程。

5. Eclipse 运行 JSP 文件时，如何判断 Tomcat 服务是否处于开启状态？若未开启 Tomcat 服务会出现什么情况？

6. JSP 的全称是什么？ JSP 有什么优点？ JSP 与 ASP、PHP 的相同点是什么？

五、上机实训

1. 下载、安装及配置 JDK，并测试 JDK 是否安装成功。

2. 下载、安装 Tomcat，尝试开启、关闭其服务功能，并在 Windows 系统授予其管理员权限。

3. 下载、安装 Eclipse 开发工具，并配置 JDK、Tomcat，新建 JSP 文件并测试运行。

项目2 JavaScript 脚本语言

知识目标

1. 理解 JavaScript 的基本概念和语法规则。
2. 理解 JavaScript 中的函数、数组、对象等高级语言特性。
3. 掌握如何在 HTML 页面中嵌入 JavaScript 代码。

技能目标

1. 能够独立编写简单的 JavaScript 程序，实现基本的数据处理和交互功能。
2. 能够利用 JavaScript 实现动态页面效果、表单验证、用户交互等功能。
3. 能够熟练使用浏览器开发者工具进行调试和测试 JavaScript 代码。

素养目标

1. 培养良好的编程习惯，遵循 JavaScript 编程规范。
2. 提升自主学习能力，能够主动学习 JavaScript 的进阶知识和技术。

2.1 JavaScript 简介

JavaScript 是一种被广泛使用的脚本语言，用于在网页上实现交互性和动态性。它由网景公司（Netscape）的布兰登·艾奇（Brendan Eich）设计和开发，在 1995 年首次发布。JavaScript 的设计目标是增强 HTML 页面的功能性，使得网页能够与用户进行更加丰富和动态的交互。

JavaScript脚本语言概述

JavaScript 是一种基于对象和事件驱动的语言，它采用了类似 C 语言的语法结构，但具有动态类型和动态执行的特性。与其他编程语言相比，JavaScript 是一种解释型语言，不需要编译就可以直接运行，因此可以直接嵌入 HTML 文档中，并通过浏览器来解释和执行。

JavaScript 拥有丰富的内置功能和库，用于操作 DOM（document object model，文档对象模型），实现页面元素的动态更新和事件处理。它还支持面向对象编程的特性，如封装、继承和多态。使用 JavaScript，开发者可以通过操作网页元素、处理用户输入、发送网络请求等方式，实现丰富的用户界面和交互体验。

JavaScript 被广泛用于前端开发中，构建各种类型的网页应用，包括网站、Web 应用程序和移动应用程序等。它可以与 HTML 和 CSS 无缝集成，实现复杂的页面布局和交互效果。

除了前端开发，JavaScript 也被广泛用于后端开发。Node.js 平台提供服务器端运行环境，这使得开发者可以使用 JavaScript 进行全栈开发，实现前后端的一体化开发和交互。

随着时间的推移，JavaScript 不断演变和发展，出现了许多框架和库，如 React、Angular 和 Vue.js 等，用于简化和加速开发过程。这些工具和技术使得 JavaScript 成为一种强大的编程语言，能够满足各种复杂项目的需求。

2.2　JavaScript 基础语法

2.2.1　JavaScript 的数据类型

JavaScript 的基本数据类型主要有字符串（string）、数字（number）、布尔（boolean）、空（null）、未定义（undefined）；引用类型主要有数组（array）、对象（object）和函数（function）。

JavaScript的数据类型与运算符

JavaScript 具有动态类型和动态执行的特性，这表示相同的变量可用作不同的类型。

例如：

```
var a;                    //a为未定义类型
var a = 12;               //a为数字类型
var a = "Name";           //a为字符串类型
```

JavaScript 主要数据类型的说明和简单示例如表 2-1 所示。

表2-1 JavaScript的数据类型

数据类型			说明
基本类型	string	字符串	由字符组成的文本
	int	数字	正数、负数或 0
	float		带有小数点的数字
	boolean	布尔	只有两个值，真（true）或假（false）
	null	空值	表示值为空或不存在
	undefined	未定义	表示变量未赋值
引用类型	object	对象	包含键值对的复杂数据结构
	array	数组	可以存储多个值的有序集合
	function	函数	可重复使用的代码块

2.2.2 常量

在 JavaScript 中，常量是指一旦声明后就不能被修改的值，JavaScript 有 6 种基本类型的常量。

1. 字符型常量

字符型常量是使用单引号或双引号括起来的一个或几个字符。例如：

```
const str = "Hello, World!";
```

2. 整型常量

整型常量是不能改变的数据，可以使用十进制、十六进制、八进制表示其值。例如：

```
const s = 7;
```

3. 实型常量

实型常量是由整数部分和小数部分一起表示，可以使用科学记数法表示。

4. 布尔常量

布尔常量主要用来说明或者代表一种状态或标志，它只有两个值：true 或 false。

5. 空值

空值类型表示什么也没有，可以理解为对象占位符。如果引用没有定义的变量，则返回一个 null 值。

6. 特殊字符

JavaScript 中包含以反斜杠（/）开头的特殊字符，通常称为控制字符。

2.2.3　变量

在 JavaScript 中，变量用于存储数据值，相当于一个存储信息的“容器”。变量是可以改变的值，它可以包含数字、字符串、对象等各种类型的数据。声明变量的语法格式如下：

```
Var x;
```

在声明变量的同时也可以对变量进行赋值，例如：

```
Var x = 8;
```

鉴于 JavaScript 采用弱类型的形式，所以在声明变量时，不需要指定变量的类型，而变量的类型将根据其变量赋值来确定。例如：

```
Var x = 12;                    //数值型
Var x = "Hello World!";        //字符串型
```

变量的声明有多种情况：

```
Var x;                                          //声明无值的变量
Var x = 10;                                     //声明变量的同时给变量赋值
Var name = "张三", age = 32, job = "工程师";      //同时声明多个变量并赋值
```

通常情况下，变量命名必须遵循以下规则。

（1）变量名必须遵循标识符命名规则，以字母或下划线开头，中间可以是数字、字母或下划线，但不能有空格或加号、减号等，字母区分大小写，如 x 和 X 表示两个不同的变量。

（2）声明变量时最好赋予初始值，以避免出现未定义的情况。

（3）不能使用 JavaScript 的关键字作为变量名。

注意，关键字同样不能作为函数名、对象名及自定义的方法名等。

2.2.4　运算符

在 JavaScript 中有算术运算符、关系运算符、逻辑运算符、字符串运算符、位操作运算符、赋值运算符和条件运算符。表 2-2 中列出了 JavaScript 的常用运算符。

表2-2 JavaScript常用运算符

<table>
<tr><th>分类</th><th>运算符</th><th>功能描述</th><th>分类</th><th>运算符</th><th>功能描述</th></tr>
<tr><td rowspan="5">算术运算符</td><td>+</td><td>加法</td><td rowspan="3">逻辑运算符</td><td>&&</td><td>逻辑与（and）</td></tr>
<tr><td>-</td><td>减法</td><td>||</td><td>逻辑或（or）</td></tr>
<tr><td>*</td><td>乘法</td><td>!</td><td>逻辑非（not）</td></tr>
<tr><td>/</td><td>除法</td><td rowspan="3">赋值运算符</td><td>=</td><td>赋值</td></tr>
<tr><td>%</td><td>取模（取余数）</td><td>+=</td><td>加等</td></tr>
<tr><td rowspan="5">比较运算符</td><td>==</td><td>相等</td><td>-=</td><td>减等</td></tr>
<tr><td>===</td><td>全等（严格相等）</td><td rowspan="3">位运算符</td><td>&</td><td>位与</td></tr>
<tr><td>!=</td><td>不相等</td><td>|</td><td>位或</td></tr>
<tr><td>></td><td>大于</td><td>^</td><td>位异或</td></tr>
<tr><td><</td><td>小于</td><td>三元运算符</td><td>?:</td><td>条件三元运算</td></tr>
</table>

其中三元运算符的使用格式为：

变量 = 条件表达式? 结果1:结果2

当条件表达式为真时，将结果 1 赋值给变量；当条件表达式为假时，将结果 2 赋值给变量。

2.2.5 JavaScript 的流程控制语句

JavaScript的流程控制语句

JavaScript 的流程控制语句主要有三种：条件语句、循环语句和 Switch 语句。

1. 条件语句

条件语句用于根据条件执行不同的代码块，通常用于对变量或表达式进行判定并根据判定结果进行相应的处理。常见的语法格式如下：

```
if(condition) {
    // 当条件为真时执行的代码块
} else if (anotherCondition) {
    // 当另一个条件为真时执行的代码块
} else {
    // 当以上条件都不满足时执行的代码块
}
```

执行语句时，首先判断 condition 表达式的值，如果为真（true），则执行对应的代码块，如果为假（false），判断 anotherCondition 表达式的值，如果为真（true），则执行其后的代码块，如果为假（false），执行 else 后的代码块。示例代码如下：

```
var num = 10;
if (num > 0) {
    console.log (num + " 是正数。");
} else if (num < 0) {
    console.log (num + " 是负数。");
} else {
    console.log (num + " 是零。");
}
```

代码的运行结果为：

10 是正数。

2. 循环语句

循环语句用于重复执行一段代码若干次，直到满足某个条件。

（1）for 循环。for 循环是一种非常常见的循环结构，它允许你指定一个初始化语句、一个条件表达式和一个递增表达式。for 循环会先执行初始化语句，然后检查条件表达式是否为真，如果为真则执行循环体内的代码，然后再执行递增表达式，最后再次检查条件表达式，直到条件表达式为假时退出循环。

```
for (initialization; condition; iteration) {
    // 循环体代码
}
```

（2）while 循环。while 循环只有一个条件表达式，它会一直重复执行循环体内的代码，直到条件表达式为假时退出循环。

```
while (condition) {
    // 循环体代码
}
```

（3）do...while 循环。do...while 循环和 while 循环类似，但它会先执行一次循环体内的代码，然后再检查条件表达式是否为真，如果为真就继续执行循环体内的代码，直到条件表达式为假时退出循环。

```
do {
    // 循环体代码
} while (condition);
```

总的来说，for 循环适用于迭代固定次数的情况，而 while 循环和 do...while 循环适用于迭代不确定次数的情况。在实际使用中，需要根据具体情况选择合适的循环结构来完成任务。

3. switch 语句

switch 语句用于根据不同的情况执行不同的代码块。它是典型的多分支语句，其作用和嵌套使用 if 语句基本相同，但 switch 语句比 if 语句更具有可读性，而且 switch 语句允许在找不到一个匹配条件的情况下执行默认的一组语句。其语法格式如下：

```
switch (expression) {
        case value1:
            // 在 expression 等于 value1 时执行的代码块
            break;
        case value2:
            // 在 expression 等于 value2 时执行的代码块
            break;
        default:
            // 如果 expression 不等于任何 case 后的值时执行的代码块
}
```

其中，expression 表示要进行比较的表达式或值；value1、value 2 表示与 expression 进行比较的值；break 用于跳出 switch 语句块，从而使 JavaScript 只执行匹配的分支。

2.3　如何在 JSP 中引入 JavaScript 脚本

在网页中编写 JavaScript 代码时，需要先引入 JavaScript 脚本。JavaScript 脚本有 3 种引入方式，分别是行内式、嵌入式和外链式。

2.3.1　行内式

行内式是将 JavaScript 代码作为 HTML 标签的属性值使用。例如，在单击超链接“test”时，弹出一个警告框提示“Hello”，示例代码如下：

```
<a href = "javascript: alert ( 'Hello' ); ">test</a>
```

优点：简单快捷，适用于少量简单的交互操作，不需要额外的外部文件。

缺点：可读性差，代码难以维护和重用；当有多个元素需要相同的逻辑或函数时，需要重复编写相同的代码。

因此，行内式只有在临时测试或者特殊情况下使用。

2.3.2　嵌入式

嵌入式（或称内嵌式）使用 <script> 标签包裹 JavaScript 代码，直接编写到 HTML

文件中，通常将其放到 <head> 标签中 <script> 标签的 type 属性用于告知浏览器脚本类型，HTML5 中该属性的默认值为“text/javascript”，因此在使用 HTML5 时可以省略 type 属性。嵌入式的示例代码如下：

```
<script language = "JavaScript" type = "text/javascript">
        // JavaScript代码
</script>
```

优点：可以方便地将 JavaScript 代码直接嵌入 HTML 页面中，与页面元素进行交互，适用于规模较小的项目。

缺点：随着项目复杂度增加，HTML 与 JavaScript 代码交织在一起，可读性差，难以维护。在大型项目中，不同的页面可能需要相同的逻辑或函数，需要在多个页面中重复编写相同的代码。

2.3.3 外链式

外链式（或称外部式）是将 JavaScript 代码写在一个单独的文件中，一般使用“.js”作为文件的扩展名，在 HTML 页面中使用 <script> 标签的 src 属性引入 .js 文件。外链式适合 JavaScript 代码量较多的情况。在 HTML 页面中引入 .js 文件，示例代码如下：

```
<script type = "text/javascript"  src = "test.js"></script>
```

上述代码表示引入当前目录下的 test.js 文件。需要注意的是，外链式的标签内不可以编写 JavaScript 代码。

外链式在引入文件时，根据文件的位置来指定以下形式。

（1）绝对路径是指文件在硬盘上真正存在的路径。例如，src = "/js/test.js" 就是绝对路径。

（2）相对路径，目标文件相对于当前目录的位置。例如，src = "js/test.js" 就是相对路径。

优点：外部脚本方式将 JavaScript 代码分离到独立的 .js 文件中，使代码结构更清晰，易于维护和重用，多个页面可以共享同一个外部脚本文件。

缺点：需要单独加载外部脚本文件，增加了额外的网络请求。在初次加载时可能会有一定的延迟。

2.4 JavaScript 的输出语句

2.4.1 使用 alert() 输出

使用 alert() 输出“警告框”的代码如下：

```
<script>
    alert ("警告框");
</script>
```

2.4.2 使用 document.write() 输出

document.write() 方法可以直接将想要输出的内容或HTML标签写入HTML文档中。示例代码如下：

```
<script>
    document.write(Date()); //Date()输出时间
</script>
```

2.4.3 使用 console.log 输出

如果浏览器支持调试，可以使用 console.log() 方法在浏览器中显示 JavaScript 值。具体方法是在浏览器中使用 F12 键来启用调试模式，在调试窗口中点击“Console”菜单。

2.4.4 使用 innerHTML 属性输出

如需 JavaScript 访问某个 HTML 元素，可以使用 document.getElementById（id）方法来标识该 HTML 元素，并使用 innerHTML 属性来获取或插入元素内容。示例代码如下：

```
<p id = "demo" >我的第一个段落</p>
<script>
    document.getElementById('demo'").innerHTML="p标签中内容已修改"
</script>
```

2.5　JavaScript 中的注释

为了提高代码的可读性，JavaScript 也提供了注释功能。JavaScript 注释用于解释 JavaScript 代码，增强其可读性，也可以用于在测试替代代码时阻止执行。JavaScript 中的注释主要有两种，分别是单行注释和多行注释。

2.5.1　单行注释

单行注释以双斜线“//”开头，单行注释的注释方式如下：

```
<script>
        // 这是单行注释
        document.write ( '嗨' );
</script>
```

2.5.2　多行注释

多行注释以“/*”开始，以“*/”结尾，多行注释的注释方式如下：

```
<script>
function comment() {
        /* 这是多行注释，
        注意，在写完注释前无须终止注释 */
        console.log ( "Hello world!" );
    }
</script>
```

2.6　JavaScript 函数的定义及使用

2.6.1　函数的概念

函数是由事件驱动的或者当它被调用时执行的可重复使用的代码块。函数，也叫作功能、方法，可以将一段代码封装起来。被封装起来的代码作为一个整体来执行，实现某一项特定的功能。函数的作用就是封装一段代码，使其可以被重复使用。

例如：

```
<script>
    function myFunction() {alert ( "本节我们要学习函数啦!" ) ; }
</script>
<button onclick = "myFunction() ">点击按钮</button>
```

以上代码中，定义了函数 myFunction()，花括号内为函数体，当点击按钮时，调用该函数，执行函数代码，显示结果为“本节我们要学习函数啦！”。

2.6.2 JavaScript 函数中的语法格式

在 JavaScript 中，定义函数最常用的方法就是使用 function 语句，其语法格式如下：

```
function 函数名(参数) {
    //封装的结构体;
}
```

当调用该函数时，会执行函数内的代码。可以在某事件发生时直接调用函数（比如当用户点击按钮时），并且可由 JavaScript 在任何位置进行调用。

注意：JavaScript 对大小写敏感。关键字 function 必须是小写的，调用函数时必须以与函数名相同的大小写来调用。

2.6.3 函数的调用

函数调用也叫作函数执行，调用时会将函数内部封装的所有的结构体的代码立即执行。函数内部语句执行的位置，与函数定义的位置无关，与函数调用位置有关。函数可以一次定义，多次执行。

函数具有重要的意义：

（1）在需要重复使用同一段程序时，可以将这段程序封装为一个函数，这样只用调用函数即可。

（2）在调用一个函数的时候，不用关心函数内部的实现细节，甚至这个函数不必是你自己编写的，只要可以运用即可。所以，对团队合作开发带来了很大的便利。

（3）模块化编程，通过对目标的拆解，让复杂的逻辑变得简单。

函数能够通过函数的参数来接收数据，函数可以有一个或多个形式参数，相应地，在函数调用时基于函数的形式可以有一个或多个实际参数。形式参数（形参）和实际参数（实参）常会被弄混，形参是函数的组成部分，而实参则是在调用函数时用到的表达式。

1. 带参数的函数

在调用带参数的函数时，可以向其传递值，这些值被称为参数值。这些参数值可以在函数内使用。可以传送任意多个参数，由逗号“,”分隔，其形式如下：

```
myFunction(argument1, argument2)
```

声明函数时，将参数作为变量来声明。例如：

```
function 函数名(参数1, 参数2, ...)
{
        //封装的结构体;
}
```

变量和参数出现的顺序必须一致，第一个变量的给定值就是第一个被传递的参数，依次类推。以下例子为包含 2 个参数的函数：

```
<script>
  function welcomeInfo ( name, job)
  {
       alert ('热烈欢迎' + name + job);
  }
</script>
<button onclick = "welcomeInfo ('杨利伟', '特级航天员') ">点击按钮
</button>
```

以上代码表示在点击按钮时出现提示信息“热烈欢迎杨利伟特级航天员”。

2. 有返回值的函数

能够通过参数向函数传递数据，也能够利用函数内部的 return 关键字设置函数的返回值。

```
function myFunction ( )
{
        var x = 1;
        return x;
}
```

以上代码中，函数返回值为 1。

带有返回值的函数的作用如下。

（1）函数内部结构体如果执行到 return 关键字，会立即停止执行后面的代码。

（2）可以在 return 关键字后面添加空格，空格后面任意定义一个数据量或者表达式，函数在执行完自身功能之后，整体会被 return 简化成一个表达式，表达式的值就

是 return 后面的数据。

函数如果有返回值，执行结果可以作为普通数据参与后续程序，如赋值给一个变量、赋值给其他函数作为实际参数等。

注意：

如果函数没有设置 return 语句，那么函数有默认的返回值 undefined。

如果函数使用 return 语句，但是 return 后面没有任何值，那么函数的返回值也是 undefined。

如果函数使用 return 语句，那么跟在 return 后面的值，就成了函数的返回值。

```
function sum (a, b)
{
        return a * b; //现在这个函数的返回值就是a * b的积
}
console.log ( sum(2, 5) ); //sum没有输出功能，就要用console.log输出
                           //sum (2, 5) 实际上就成为了一个表达式，需要计算
                           //sum (2, 5) 的计算结果是10，则该语句等价于console.log (10);
```

返回值是可选的，使用 return 语句，也可以退出函数。

```
function myFunction (a, b)
    {
        if (a > b)
        {
            return;
        }
        x = a + b
    }
```

如果 a 大于 b，则上面的函数将中断执行，并不会计算 a 和 b 的总和。

【例 2-1】使用 JavaScript 定义函数实现加减乘除运算。

（1）首先在 WebContent 目录下创建一个名为 Example02_01.jsp 的 JSP 文件，在 <body></body> 标签中添加以下代码。

```
<form action = "" method = "post" name = "myform" >
   <p>第一个数<INPUT name = "num1" type = "text"><br>
      第二个数<INPUT name = "num2" type = "text"> </p>
   <P>
      <input name = "addButton" type = "button"  value = " + "
      onClick= "compute ( '+' )">
```

```
        <input name = "subButton" type = "button"  value = " - "
        onClick = "compute ( '−' )">
        <input name = "mulButton" type = "button"  value = " × "
        onClick = "compute ( '*' )">
        <input name = "divButton" type = "button"  value = " ÷ "
        onClick = "compute ( '/' )">
    </P>
    <P>计算结果 <INPUT name = "result" type = "text"> </P>
</form>
```

（2）在 <head></head> 标签中添加以下 JavaScript 代码。

```
<script type = "text/javascript">
    function compute (op) {
        var num1, num2;
        num1 = parseFloat (document.myform.num1.value);
        num2 = parseFloat (document.myform.num2.value);
        if (op == "+") document.myform.result.value = num1 + num2;
        if (op == "−") document.myform.result.value = num1 − num2;
        if (op == "*") document.myform.result.value = num1 * num2;
        if (op == "/" && num2 != 0) document.myform.result.value = num1 / num2;
    }
</script>
```

（3）运行本实例，在对话框中输入 9，选择乘法运算，运行结果如图 2-1 所示。

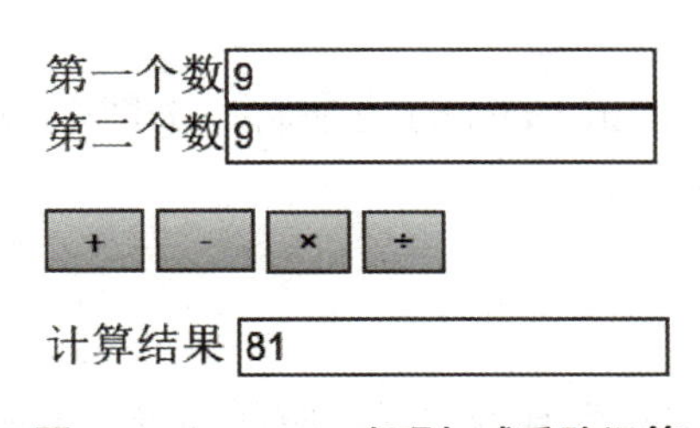

图2-1　JavaScript实现加减乘除运算

2.7　JavaScript 分配事件处理程序

在 JavaScript 中，用于响应某个事件而执行的处理程序称为分配事件处理程序。例如，当用户单击按钮时，将触发按钮的事件处理程序 onClick。

2.7.1 事件处理程序的分配

在 JavaScript 中，可以使用事件处理程序来响应特定的事件。事件处理程序通常是一个函数，其中封装了与事件相关的代码。事件处理程序的分配可以使用以下两种方式：HTML 属性和 JavaScript 代码。

1. 通过 HTML 属性分配事件处理程序

可以在 HTML 中使用事件属性来分配事件处理程序，只需要在 HTML 标记中添加相应事件处理程序的属性，并在其中指定作为属性值的代码或是函数名称即可。例如：

```
<img src = "images/download.GIF"  onClick = "alert ('您正在单击图片'); ">
```

在上面的代码中，当用户单击图片时，将弹出“您正在单击图片”对话框。

2. 通过 JavaScript 代码分配事件处理程序

addEventListener() 方法可以为元素添加事件监听器。该方法接收三个参数：事件类型、事件处理函数和一个可选的布尔值，用于指定事件是否在捕获或冒泡阶段处理。例如，下面的代码给一个按钮添加 click 事件监听器。

```
<script>
    let btn = document.getElementById("myButton");
    btn.addEventListener ("点击", function(){
    alert ("按钮被点击了!");
    });
</script>
```

在上面的代码中，addEventListener() 方法将一个匿名函数作为事件处理函数，当按钮被单击时，将弹出一个警告框。

2.7.2 事件处理程序的常见应用场景

事件处理程序在 JavaScript 中有着广泛的应用场景，下面介绍其中的一些常见应用场景。

1. 点击事件处理

当用户单击页面上的元素时，可以触发 Click 事件，从而执行与该事件相关的代码。例如，当用户单击一个按钮时，可以触发 Click 事件，从而改变页面元素的状态、发送请求、更新数据等。

2. 表单事件处理

在表单中，可以使用事件处理程序来实现表单验证、数据交互等功能。例如，当用户提交表单时，可以触发 Submit 事件，从而执行表单验证的代码，如果用户输入的数据不符合要求，可以阻止表单的提交，或者给出相应的提示信息。

3. 鼠标事件处理

当用户与页面上的元素进行交互时，例如鼠标移动、鼠标点击、鼠标滚轮等，都可以触发相应的鼠标事件。可以使用鼠标事件处理程序来响应这些事件，并执行相应的代码。例如，当用户单击一个元素时，可以触发 Click 事件；当用户将鼠标移动到一个元素上时，可以触发 Mouseover 事件。

4. 键盘事件处理

当用户在键盘上按下或释放按键时，可以触发键盘事件。可以使用键盘事件处理程序来响应这些事件，并执行相应的代码。例如，当用户按下键盘上的任意键时，可以触发 Keydown 事件；当用户释放键盘上的任意键时，可以触发 Keyup 事件。

2.7.3　事件类型

在 JavaScript 中，事件类型指用户与页面元素的交互行为的类型，例如单击、双击、移动鼠标、按下键盘等。JavaScript 的事件方法是指调用该方法触发对应的事件，即通过代码触发事件，表 2-4 中列出了一些常用的事件方法。

表2-4　JavaScript常用的事件方法

事件类型	事件方法	功能描述
onclick	Click()	点击鼠标
onfocus	Focus()	对象聚焦
onblur	Blur()	对象失去焦点
onsubmit	Submit()	提交表单数据
onselect	Select()	选择表单控件
onreset	Reset()	重置表单数据
onkeydown	Keydown()	按下键盘上的任意键时触发该事件
onload	Load()	页面加载完成时触发该事件

2.8 JavaScript 对象

JavaScript 是一种基于对象的脚本语言，但并不完全支持面向对象的程序设计方法，JavaScript 不具有继承性、封装性等面向对象的基本特性。JavaScript 支持对象类型以及根据这些对象产生的实例，还支持开发对象的可重用性。

JavaScript 中的字符串、数值、数组、日期、函数都是对象，对象是拥有属性和方法的特殊数据类型。JavaScript 提供多个内建对象，如 String、Date、Array 等。JavaScript 也允许用户自定义对象。

JavaScript 是面向对象的语言，但 JavaScript 不使用类。在 JavaScript 中，不会创建类，也不会通过类来创建对象。借助 JavaScript 的动态性，可以创建一个空的对象（而不是类），通过动态添加属性来完善对象的功能。

JavaScript 对象其实就是属性的集合，给定一个 JavaScript 对象，用户可以明确地知道一个属性是不是这个对象的属性，对象中的属性是无序的，并且其名称各不相同（如果有同名的，则后声明的对象会覆盖先声明的对象）。

2.8.1 JavaScript 对象的属性和方法

在 JavaScript 中，对象拥有属性和方法。例如：

```
var  str = "Hello";
```

当声明 JavaScript 变量 str 时，实际上已经创建了一个 JavaScript 字符串对象，字符串对象拥有内建的属性 length。对于上面的字符串来说，length 的值是 5。

JavaScript 的属性是由键值对组成的，即属性的名称和属性的值。属性的名称是一个字符串，而值可以为任意的 JavaScript 对象（JavaScript 中的一切皆为对象，包括函数）。

JavaScript 的对象可以由花括号 {} 包裹，在括号内部，对象的属性以名称和值对的形式（name:value）来定义，多个属性用逗号分隔。例如：

```
var textbook = { name: "网页特效设计", price: 38.8, edition: 2};
```

上面示例中的对象“book”有 3 个属性：name、price 和 edition。

2.8.2 JavaScript 常用对象的应用

JavaScript常用对象

JavaScript 提供了一些内部对象，它们是其编程语言的核心，熟悉这些内置对象的使用可以帮助我们更好地开发 JavaScript 应用程序。下面将学习最常用的 String、Window 和 Date 对象。

1. String 对象

String 对象是动态对象，用于处理字符串相关的操作，需要创建对象实例后才能引用它的属性和方法，例如获取字符串长度、查找子字符串、替换子字符串等操作。在创建一个 String 对象变量时，可以使用 new 关键字来创建，也可以直接将字符串赋给变量。String 对象的常用属性和方法如表 2-5 所示。

表2-5 String对象的常用属性和方法

属性 / 方法	说明	示例代码	示例结果
length	返回字符串的长度	const str = 'Hello'; console.log(str.length);	5
charAt()	返回指定位置的字符	const str = 'Hello'; console.log(str.charAt(1));	e
indexOf()	返回指定字符在字符串中第一次出现的位置	const str = 'Hello World'; console.log(str.indexOf('o'));	4
lastIndexOf()	返回指定字符在字符串中最后一次出现的位置	const str = 'Hello World'; console.log(str.lastIndexOf('o'));	7
match()	在字符串内检索指定的值，如果找到返回该值	const str = 'Hello World'; console.log(str.match('World'));	World
replace()	在字符串中替换指定的值	const str = 'Hello World'; console.log(str.replace('World', 'Universe'));	Hello Universe
search()	检索字符串中指定的子字符串，返回子字符串的位置	const str = 'Hello World'; console.log(str.search('World'));	6
substr()	从字符串中提取指定数目的字符	const str = 'Hello World'; console.log(str.substr(6, 5));	World
substring()	提取字符串中两个指定的索引号之间的字符	const str = 'Hello World'; console.log(str.substring(6, 11));	World
toLowerCase()	把字符串转换为小写	const str = 'Hello'; console.log(str.toLowerCase());	hello
toUpperCase()	把字符串转换为大写	const str = 'Hello'; console.log(str.toUpperCase());	HELLO
trim()	去除字符串两端的空格	const str = ' Hello World '; console.log(str.trim());	Hello World

2. Window 对象

Window 对象是浏览器（网页）的文档对象模型结构中最高级的对象，它处于对象层次的顶端，提供了用于控制浏览器窗口的属性和方法。由于 Window 对象使用十分频繁，又是其他对象的父对象，所以在使用 Window 对象的属性和方法时，JavaScript 允许省略 Window 对象的名称。

Window 对象的常用属性和常用方法分别如表 2-6、表 2-7 所示。

表2-6　Window对象的常用属性

属性	说明
frames	表示当前窗口中所有 frame 对象的集合
location	用于代表窗口或框架的 location 对象，如果将一个 URL 赋予该属性，那浏览器将加载并显示该 URL 指定的文档
length	窗口或框架包含的框架个数
history	对窗口或框架的 history 对象的只读引用
name	用于存放窗口的名字
status	一个可读写的字符，用于指定状态栏中的当前信息
parent	表示包含当前窗口的父窗口
opener	表示打开当前窗口的父窗口
closed	一个只读的布尔值，表示当前窗口是否关闭；当浏览器窗口关时，表示该窗口的 Window 对象并不会消失，不过它的 closed 属性被设置为 true

表2-7　Window对象的常用方法

方法	说明
alert()	在窗口中显示带有一段消息和一个“确定”按钮的警告框
confirm()	在窗口中显示带有一段消息和一个“确定”按钮以及一个“取消”按钮的确认框
prompt()	在窗口中显示带有一段提示消息和一个可编辑字段以及提交和取消按钮的对话框
open()	打开一个新窗口
close()	关闭当前窗口
setInterval()	按照指定的周期（单位：ms）间隔调用函数
clearInterval()	取消由 setInterval() 设置的定时器
setTimeout()	在指定的时间（单位：ms）后执行函数
clearTimeout()	取消由 setTimeout() 设置的定时器

【例 2-2】使用 Window 对象实例打开一个新窗口，并利用该新窗口来显示当前日期。

（1）首先在 WebContent 目录下创建一个名为 Example02_02.jsp 的 JSP 文件，在 <body></body> 标签中添加以下代码：

```
<!-- 创建一个按钮，点击时调用openNewWindow函数 -->
<button onclick = "openNewWindow()">打开新窗口显示日期</button>
```

（2）在 WebContent 目录下创建一个名为 script.js 的 .js 文件，并添加以下代码：

```
function openNewWindow() {
    // 打开一个新窗口
    var newWindow = window.open ("", "newWindow", "width = 300, height = 200");
    // 获取当前日期
    var currentDate = new Date().toDateString();
    // 设置新窗口的HTML内容
    document.write ("<html><head><title>新窗口</title></head><body>");
    document.write ("<div id = 'dateDiv'>今天是: " + currentDate + "</div>");
    document.write ("</body></html>");
    // 确保新窗口的文档完全加载后再进行操作
    newWindow.document.close();
}
```

（3）在 Example02_02.jsp 文件 <head></head> 中，添加以下代码：

```
<script src = "script.js"></script>
```

（4）运行本实例，当用户点击页面中的“打开新窗口显示日期”按钮时，会触发一个 JavaScript 函数去打开新窗口并显示当前日期。运行结果示例如图 2-2 所示。

今天是：Wed Mar 13 2024

图2-2　显示日期结果界面

在以上示例中，当用户点击按钮时，会调用 openNewWindow 函数。这个函数首先使用 window.open() 方法打开一个新窗口，然后获取当前日期，并通过 document.write() 方法将日期信息写入新窗口的文档中。请注意，由于安全和隐私原因，浏览器可能会限制从脚本中打开新窗口的能力，尤其是当这种行为没有直接响应用户的交互操作时（如按钮点击）。因此，需要确保代码在用户明确的操作下触发，以避免被浏览器阻止。

3. Date 对象

Date 对象是一个有关日期和时间的对象。它具有动态性，即必须使用 new 运算符创建一个实例。例如：

```
mydate = new Date();
```

Date 对象没有提供可直接访问的属性，只具有获取和设置日期与时间的方法，如表 2-8、表 2-9 所示。

表2-8 Date对象获取日期和时间的方法

获取日期和时间的方法	说明
getDate()	获取当前月份的日期（1～31）
getDay()	获取当前星期几（0～6），周日为0
getMonth()	获取当前月份（0～11），0表示一月，11表示十二月
getFullYear()	获取四位数年份
getHours()	获取小时数（0～23）
getMinutes()	获取分钟数（0～59）
getSeconds()	获取秒数（0～59）
getMilliseconds()	获取毫秒数（0～999）
getTime()	获取自1970年1月1日00:00:00以来的毫秒数

表2-9 Date对象设置日期和时间的方法

设置日期和时间的方法	说明
setDate()	设置当前月份的日期（1～31）
setDay()	无此方法，因为星期几是由日期自动计算得出的
setMonth()	设置当前月份（0～11），可选参数用于同时设置日期
setFullYear()	设置四位数年份，可选参数用于同时设置月份和日期
setHours()	设置小时数（0～23），可选参数用于同时设置分钟、秒和毫秒
setMinutes()	设置分钟数（0～59），可选参数用于同时设置秒和毫秒
setSeconds(s)	设置秒数（0～59），可选参数用于同时设置毫秒
setMilliseconds()	设置毫秒数（0～999）
setTime()	设置自1970年1月1日00:00:00以来的毫秒数

2.9 通过 JavaScript 实现页面间跳转

页面间跳转代码

在网页间经常要实现页面间的跳转，在 JavaScript 代码中也可以实现跳转，常用的跳转方式有以下几种。

（1）在原来的窗体中直接跳转，例如：

```
window.location.href = "要跳转的页面"; //不带参数
window.location.href = "要跳转的页面? backurl = "+window. location.href;
```

（2）在新窗体中打开页面，例如：

```
window.open ('要跳转的页面', '', 'height = 100, width = 400, ');
```

（3）跳转指定页面，例如：

```
window.navigate ("要跳转的页面");    // 指定跳转页面（对框架无效）
self.location = '要跳转的页面';      // 指定跳转页面（对框架无效）
top.location = '要跳转的页面';       // 指定跳转页面（对框架无效）
```

2.10　定时器

在 JavaScript 中，可以使用 setTimeout() 和 setInterval() 来设置定时器。

1. setTimeout() 方法

setTimeout() 方法用于设置一个定时器时，该定时器在指定的时间（单位：ms）后执行一个函数或指定的一段代码。其语法格式如下：

```
setTimeout (要执行的代码, 等待的时间);
setTimeout (JavaScript函数, 等待的时间);
```

例如：

```
setTimeout ( "alert ( '对不起, 要你久候')", 3000);
```

在以上代码的含义是：页面在开启 3 s 后，出现一个 alert 对话框。

2. setInterval() 方法

setInterval() 方法用于设置一个定时器时，该定时器会每隔指定的时间（单位：ms）重复执行一个函数或指定的一段代码。其语法格式如下：

```
setInterval (要执行的代码, 等待的时间);
setInterval (JavaScript函数, 等待的时间, 参数1, 参数2, ...);
```

其中，参数是非必需的，它是传给执行函数的其他参数。

setInterval() 方法返回一个 ID（数字），可以将这个 ID 传递给 clearInterval()，以取消执行。例如以下代码可以通过调用一个已命名的函数，实现每 3 s（3000 ms）弹出“Hello”。

```
var myVar;
function myFunction() {
        myVar = setInterval (alertFunc, 3000);
}
function alertFunc() {
        alert ("Hello!");
}
```

setTimeout() 方法的用法和 setInterval() 是一样的，区别是 setTimeout() 只执行一次，setInterval() 是根据指定的时间周期性执行。

记得在不需要定时器时，使用 clearTimeout() 或 clearInterval() 来清除定时器，以避免不必要的资源占用。其语法格式如下：

```
clearInterval (intervalID);    //取消由setInterval()设置的timeId
clearTimeout (timeoutID);    //取消由setTimeout()设置的timeId
```

【例 2-3】使用定时器实现抽奖。

（1）首先在 WebContent 目录下创建一个名为 Example02_03.jsp 的 JSP 文件，核心代码如下：

```
<script>
    //随机生成 0 ~ arr.length-1 随机数
    function randNum (min, max) {
    return Math.round (Math.random() * (max - min)) +
    min; }
    // 奖品
    var arr = ["皮筋一个", "辣条一包", "谢谢惠顾", "包子一个", "卡片一张",
              "谢谢惠顾", "发夹一个", "手机模型", "空头支票", "皮球一个",
              "果冻一个", "谢谢惠顾"];
    t = null;
    // 点击开始
    btn1.onclick = function() {
      if (t) { return; } // 防止点击开始重复触发
      t = setInterval(function() { // 每个一段时间进行内容切换
      var num = randNum (0, arr.length - 1); // 调用生成随机数函数
      var res = arr[num]; // 将生成的随机数当作数组的索引，显示数组的值
      box.innerHTML = res; // 将对应的值显示到页面中
    }, 100);
  }
  btn2.onclick = function() {
    clearInterval(t);
    t = null;
  }
</script>
```

文档

例2-3代码

（2）运行本实例，出现如图 2-3 所示页面，当用户点击页面中的“开始”按钮时，会触发一个 JavaScript 定时器去随机生成抽奖结果。当点击“停止”按钮时，清除定时器，运行结果如图 2-4 所示，可以进行重复抽奖。

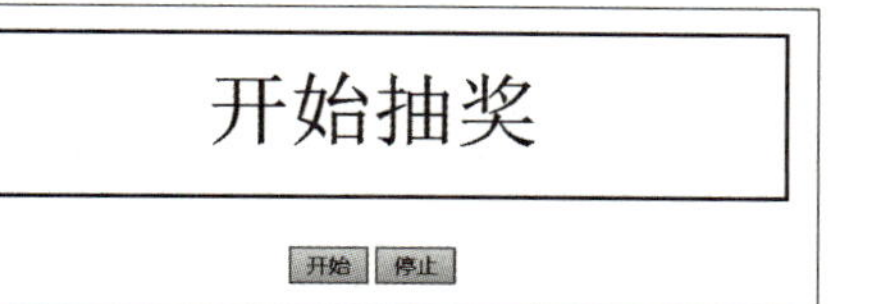

图2-3　抽奖页面

空头支票

开始　停止

图2-4　抽奖结果页面

2.11　上机实验

任务描述

在页面中插入多张图片，实现图片轮播的功能。

任务实施

图片轮播代码

（1）首先在 WebContent 目录下创建一个名为 image 的文件夹，复制已经处理好的图片到该文件夹中，要求图片的尺寸大小相同。

（2）在 WebContent 目录下创建一个名为 Example02_04.jsp 的文件夹，在 <body></body> 标签中添加以下代码：

```
<img src = "image/1.jpg" alt = "" id = "img1">
```

（3）打开 Example02_04.jsp 文件，在 <head></head> 标签中添加以下代码：

```
<script>
    window.onload = function () {
        let imgArr = ["image/1.jpg", "image/2.jpg", "image/3.jpg", "image/4.jpg"];
        let index = 0;
        let img1 = document.getElementById ("img1");
        //开启定时器，自动切换图片
        setInterval (function () {
            index++;
```

```
            //判断是否超出最大索引，超出最大索引后为取余，从0开始
            index = index % imgArr.length;
            //修改img1的src属性，切换图片
            img1.src = imgArr[index];
        }, 3000);
    }
</script>
```

（4）运行本实例，出现如图 2-5 所示页面，在本例中添加了定时器函数，每 3 s 会从 image 文件夹中读取图片进行显示。需要修改显示图片时，只需将图片按规定大小复制到 image 文件夹中，并在 imgArr 变量中添加图片信息即可。

图2-5　图片轮播页面

项目小结

本项目主要讲解了客户端脚本语言 JavaScript。JavaScript 是一种较流行的制作网页特效的脚本语言，在 JSP 程序设计中合理适当地使用 JavaScript，不仅会提高程序设计开发的速度，更能减轻服务器负荷，提升网站的效果。在实际网站开发过程中，经常会使用 JavaScript 实现一些交互及动态特效。通过使用 JavaScript 并熟练掌握，做到举一反三，就可以使它真正成为我们进行网站开发的有力工具。

思考与练习

一、填空题

1. JavaScript 是一种 ________ 脚本语言。
2. 在 HTML 中，可以使用 ________ 标签来引用 JavaScript 脚本。
3. 在 JavaScript 中，使用 ________ 来声明变量。
4. JavaScript 中的 ________ 语句用于执行特定的代码块。
5. 使用 ________ 方法可以将字符串转换为数字类型。

二、选择题

1. 在 JavaScript 中，下列哪个选项是正确的多行注释方式？（　　）

A. // 注释内容

B. <!-- 注释内容 -->

C. /* 注释内容 */

D. <!--- 注释内容 --->

2. 下列哪个选项是 JavaScript 中的比较运算符？（　　）

A. &&

B. ||

C. ==

D. !

3. 在 JavaScript 中，下列哪个选项是正确的函数声明方式？（　　）

A. void myFunction() {}

B. function myFunction() {}

C. def myFunction() {}

D. proc myFunction() {}

4. 下列哪个选项是 JavaScript 中用于循环的关键字？（　　）

A. for

B. switch

C. break

D. continue

5. 下列哪个选项用于将字符串转换为小写形式？（　　）

A. toUpperCase()

B. toLowerCase()

C. lowerCase()

D. upperCase()

三、判断题

1. JavaScript 是一种静态类型语言。（　　）
2. 在 JavaScript 中，使用 typeof 运算符可以返回变量的数据类型。（　　）
3. 在 JavaScript 中，NaN 表示“非数字”。（　　）
4. JavaScript 中，使用 break 语句可以跳出当前循环。（　　）
5. 在 JavaScript 中，null 和 undefined 是相同的。（　　）

四、简答题

1. 什么是条件语句？请举例说明一个 JavaScript 中的条件语句。
2. 什么是循环语句？举例说明一个 JavaScript 中的循环语句。
3. 什么是数组？如何在 JavaScript 中创建一个数组？
4. JavaScript 中的函数是什么？请举例说明一个函数的定义和调用过程。
5. 什么是对象？请举例说明一个 JavaScript 中的对象。

五、上机实训

1. 编写一个 JavaScript 程序，实现上课随机点名的功能。

2. 编写一个 JavaScript 函数，实现对 JSP 页面两个输入文本框的值进行检测，判断输入值是否一致。

3. 编写一个 JavaScript 函数，实现对 JSP 页面文本框的值进行检测，输入内容不能为空且必须是数字。（后续可以延伸检测输入内容是不是邮箱、手机号。）

项目3 JSP基本语法

知识目标

1. 理解 JSP 的基本概念和作用，了解其在 Web 开发中的应用场景。

2. 掌握 JSP 中的基本语法元素，包括标签、指令、表达式、脚本等。

3. 理解 JSP 与 Java 代码交互的方式，包括如何在 JSP 页面中嵌入 Java 代码和调用 JavaBean。

4. 熟悉 JSP 中的内置对象（request、response、session 等）及其在 Web 开发中的应用。

5. 了解 JSP 的页面生命周期、作用域以及 JSP 标准动作等高级特性。

技能目标

1. 能够独立编写符合 JSP 语法规范的动态 Web 页面，实现数据展现、业务逻辑处理等功能。

2. 能够将 Java 代码与 JSP 页面结合，完成复杂的数据处理和页面交互逻辑。

3. 能够利用 JSP 内置对象和标准动作，实现 Web 应用中常见的功能，如会话管理、表单处理、数据库访问等。

素养目标

1. 具备良好的代码规范意识，能够编写结构清晰、可维护性强的 JSP 代码。

2. 具备良好的团队协作能力，能够与前端开发、后端开发等团队成员进行有效沟通和协作。

3. 具备快速学习和适应新技术的能力，能够不断关注 JSP 相关的新技术和发展趋势，持续提升自身的技能水平。

3.1 JSP的基本构成

首先，我们来看下面的实例，通过实例进一步了解 JSP 页面的基本结构。

```
<!-- JSP中的指令标识-->
<%@ page language = "java" contentType = "text/html;
charset = UTF-8" pageEncoding = "UTF-8"%>
<%@ page import = "java.util.Date"%>
<!DOCTYPE html>
<!-- HTML标记语言-->
<html>
<head>
    <meta charset = "UTF-8">
    <title>初识JSP页面的基本构成</title>
</head>
<body>
    <p>
        <!--嵌入的Java代码及 JSP表达式-->
        今天的日期是：<%= (new java.util.Date()) .toLocaleString()%>
    </p>
</body>
</html>
```

访问包含了该代码的 JSP 页面后，将显示用户访问该页面的日期。

以上实例代码中虽然没有包含 JSP 的所有元素，但它仍然构成了一个完善的动态的 JSP 程序。实例代码构建的 JSP 页面有以下几种组成元素。

1. JSP 指令标识

利用 JSP 指令可以使服务器按照指令的设置来执行动作和设置在整个 JSP 页面范围内有效的属性。例如，上述代码中的第一个 page 指令指定了在该页面中编写 JSP 脚本使用的语言为 Java，并且还指定了页面响应的 MIME（multipurpose internet mail extensions，多用途互联网邮件扩展）类型和 JSP 字符的编码；第二个 page 指令所实现的功能类似于 Java 中的 import 语句，用来向当前的 JSP 文件中导入需要用到的包文件。

2. HTML 标记语言

HTML 标记在 JSP 页面中作为静态的内容，被浏览器识别并执行。在 JSP 程序开发中，这些 HTML 标记主要负责页面的布局、设计和美观，可以说是网页的框架。

3. 嵌入的 Java 代码片段

嵌入 JSP 页面中的 Java 代码，在客户端浏览器中是不可见的。它们需要被服务器执行，然后由服务器将执行结果与 HTML 标记语言一同发送给客户端进行显示。向 JSP 页面中嵌入 Java 代码，可以使该页面生成动态的内容。

4. JSP 表达式

JSP 表达式主要用于数据的输出。它可以向页面输出内容以显示给用户，还可以用来动态地指定 HTML 标记中属性的值。

5. JSP 的注释

JSP 的注释要有两个作用：为代码作注释以及将某段代码注释掉。

以上元素只是构成 JSP 页面的一部分，其他的元素如 JSP 脚本标识和 JSP 注释等都是构成 JSP 的重要的元素，下面将详细介绍 JSP 中的各个元素和它们的语法规则。

3.2 JSP 指令标识

在 JSP 中，我们可以使用指令标识来控制和定义 JSP 页面的行为和特性。指令标识以“<%@”开头，以“%>”结尾，通常用于设置页面的属性、导入 Java 类、定义错误页面等。

3.2.1 JSP 指令的概念

JSP 指令是一种在编译期间起作用的命令，用于设置与整个 JSP 页面相关的属性。这些指令不会直接产生任何可见的输出，而是用于设置全局变量、声明类、定义要实现的方法和输出内容的类型等。

JSP 指令语法格式：

```
<%@ 指令名称 属性1 = "属性值1" 属性2 = "属性值2"... 属性n = "属性值n"%>
<%@ 指令名称 属性1 = "属性值1"%>...<%@指令名称 属性n = "属性值n"%>
```

说明：属性值两边的双引号可以替换为单引号，单引号标记不能完全省略。若要在属性值中使用引号，则要在它们之前添加转义符号“\”。

在 JSP 文件被解析为 Java 文件时，Web 容器会将 JSP 指令翻译为对应的 Java 代码，因此这些指令会影响由 JSP 页面生成的 Servlet 类的整体结构。例如，通过 page 指令可以设置 JSP 的脚本语言、编码格式和引入其他的 Java 类或包。而使用 include 指令可以引入其他的 Java 代码段，这些指令都是用来控制和定义 JSP 页面的行为和特性。

总之，JSP 指令在 JSP 页面转化为 Servlet 类的过程中起到重要作用。通过这些指令，我们可以灵活地控制页面的属性和行为，使得 JSP 页面能够更好地适应我们的需求。

3.2.2 JSP 指令的分类

JSP 指令主要有 3 种，分别是 page 指令、include 指令和 taglib 指令，如表 3-1 所示。

表3-1 JSP指令

指令	描述
<%@ page ... %>	定义页面的依赖属性，比如脚本语言、error 页面、缓存需求等
<%@ include ... %>	包含其他文件
<%@ taglib ... %>	引入标签库的定义，可以是自定义标签

1. page 指令

page指令使用方法

page 指令即页面指令，用于定义整个 JSP 页面的属性和行为。page 指令的属性可以定义需要导入的包、定义 MIME 类型、字符编码、脚本语言、错误页的指定等。

page 指令的格式如下：

```
<%@ page 属性1 = "属性值1" ... 属性n = "属性值n" %>
```

page 指令的作用对整个 JSP 页面有效，与其书写位置无关。这意味着可以将其放在文档的任何位置，但通常把 page 指令写在最前面。

page 指令中，除 import 属性外，其他属性只能在指令中出现一次。与 page 指令有关的属性各自完成的功能不同，page 指令常见属性的作用及默认值如表 3-2 所示。

表3-2 page指令属性及描述

属性名	描述	示例
language	设置 JSP 页面使用的编程语言	<%@ page language = "java" %>
contentType	设置响应的内容类型和字符集	<%@ page contentType = "text/html; charset = UTF-8" %>
import	导入 Java 类或包	<%@ page import = "java.util.*" %>
session	控制是否启用 session 对象	<%@ page session = "false" %>
isErrorpage	标识当前页面是不是错误页面	<%@ page isErrorpage = "true" %>

续表

属性名	描述	示例
buffer	设置输出缓冲区的大小	<%@ page buffer = "8kb" %>
autoFlush	控制缓冲区是否自动刷新	<%@ page autoFlush = "false" %>
isThreadSafe	标识当前页面是不是线程安全的	<%@ page isThreadSafe = "true" %>
info	提供有关 JSP 页面的描述信息	<%@ page info = "This is a sample JSP page." %>
pageEncoding	JSP 页面的字符编码	<%@ page pageEncoding = "GBK" %>
extends	指定 JSP 页面所生成的 servlet 的超类	<%@ page extends = "package.class" %>

page 指令应用示例如下：

```
<%@ page language = "java" contentType = "text/html; charset=UTF-8"
import = "java.util.Date" pageEncoding = "UTF-8" %>
<%@ page import = "java.util.Date"%>
```

该代码中，通过 page 指令设定 JSP 页面的脚本语言为 Java、JSP 页面的字符编码方式为 UTF-8、JSP 页面响应的 MIME 类型为 text/html，并由 import 属性导入 java.util.Date 包。

2. include 指令

include 指令用于在 JSP 页面中包含其他文件的内容。包含的文件作为该 JSP 文件的一部分，被同时编译执行。Include 指令的语法格式如下：

```
<%@ include file = "文件名" %>
```

include 指令包含的文件可以是 JSP 页面、HTML 页面、文本文件或是一段 Java 代码。

include 指令的特点如下：

（1）可以将其他 JSP 页面或 HTML 文件动态包含到当前 JSP 页面中，从而实现页面复用和模块化开发。

（2）包含的文件可以位于同一 Web 应用程序或者另一个 Web 应用程序中的任何位置。

（3）包含的文件会被编译为与当前页面相同的 Servlet，并且可以共享当前页面的对象和变量等资源。

（4）在包含的文件中，可以使用 out.println() 等输出语句向当前页面输出内容。

（5）如果被包含的文件不存在或者有错误，则会抛出异常并停止页面的执行。

需要注意的是，使用 include 指令时应该谨慎，避免出现循环包含、死循环等问题，否则可能导致系统崩溃。注意：include 指令 <%@include %> 在转换前插入 “Headerjsp” 的源代码，即静态包含。<%@include %> 包含的内容，不论是 .txt 文本还是 .jsp 文件，被包含的页面都不会重新编译。如果 <%@include %> 同时包含了几个 JSP 文件，转译成 Servlet 时始终只有一个 .class 文件，如果在 jsp1 定义了变量 i，同时在 jsp2 也定义了变量 i，那么编译都不会通过，JSP 容器会提示 i 重复定义了。此外，为了保证页面的可读性和可维护性，应该适当控制包含的文件数量和层次。

【例 3-1】include 指令应用示例。

例3-1代码

假设一个网站的头部和尾部是固定不变的，而中间的内容会根据不同页面的需求而变化。这时候可以使用 include 指令来包含头部和尾部的文件，实现页面的模块化开发和复用。

（1）创建一个名为 header.jsp 的文件，用于包含网站的头部内容，例如导航栏、网站标志等。文件内容如下：

```
<div class = "nav">
    <ul>
            <li><a href = "#">导航一</a></li>
            <li><a href = "#">导航二</a></li>
            <li><a href = "#">导航三</a></li>
            <li><a href = "#">导航四</a></li>
            <li><a href = "#">导航五</a></li>
    </ul>
</div>
```

（2）创建一个名为 footer.jsp 的文件，用于包含网站的底部内容，例如版权信息、联系方式等。文件内容如下：

```
<div id = "divfoot">
        《JSP动态网页设计》<br>
        Copyright © 2024 All rights reserved.
</div>
```

（3）创建一个名为 left.jsp 的文件，用于包含网站的中间靠左的内容，文件内容如下：

```
<div id = "divleft">
        <p> 古诗词</p>
</div>
```

（4）创建一个名为 right.jsp 的文件，用于包含网站的中间靠右的内容，文件内容如下：

```
<div id = "divright">
            <p> 神舟翔空</p>
    <p> 奋力翔空赤现天，酒泉神箭载人还。</p>
    <p> 英雄壮志邀星汉，红日生辉耀大川。</p>
    <p> 宇宙科研结硕果，中华青史汇诗篇。</p>
</div>
```

（5）创建一个名为 Example03_01.jsp 的文件，用于展示首页的内容。在该文件中，使用 include 指令分别包含头部、底部和中间内容文件，核心代码如下所示：

```
<div id = "divmax">
        <%@ include file = "header.jsp" %>
        <div id = "divContent">
          <%@ include file = "left.jsp" %>
          <%@ include file = "right.jsp" %>
        </div>
          <%@ include file = "foot.jsp" %>
</div>
```

通过上述代码，我们可以在 index.jsp 文件中动态地包含 left.jsp、right.jsp、header.jsp 和 foot.jsp 的内容，运行结果如图 3-1 所示。这样，在其他页面也可以通过 include 指令实现相同的效果，减少了代码的重复编写，并提高了页面的可维护性和可读性。

图3-1　例3-1程序运行结果图

3. taglib 指令

taglib 指令用于导入和使用自定义标签库。它允许我们在 JSP 页面中使用自定义标签，一个自定义标签库就是自定义标签的集合。taglib 指令引入一个自定义标签集合的定义，包括库路径、自定义标签。taglib 指令格式如下：

```
<%@ taglib uri = "标签描述符文件" prefix = "前缀名" %>
```

其中，uri 属性用来指定标签库的存放位置，prefix 属性用来指定该标签库的前缀。以下是一个 taglib 指令的示例：

```
<%@ taglib uri = "http://example.com/mytags" prefix = "my" %>
```

上述指令将导入一个 uri 属性为“http://example.com/mytags”的自定义标签库，并指定 prefix 属性为“my”。

注意：指令标识必须放置在 JSP 页面的最前面，位于任何 Java 代码之前。

【例 3-2】taglib 指令应用示例。

例3-2代码

使用 taglib 指令导入并使用 JSP 标准标签库中核心标签库内的 out 标签。

（1）首先将 taglib 需要的包文件（taglibs-standard-impl-1.2.3.jar）复制到工程 WebContent 下的 WEB-INF 中的 lib 文件夹下。

（2）新建 Example03_02.jsp 文件，在文件中添加 taglib 的引用代码：

```
<%@ taglib prefix = "c" uri = "http://java.sun.com/jsp/jstl/core" %>
```

在 JSP 页面中导入 JSP 标准标签库，其中，prefix 属性用于定义标签库的前缀（即在页面中使用标签时的前缀），uri 属性用于指定标签库的名字，即 URI（uniform resource identifier，统一资源标识符）。

（3）在 Example03_02.jsp 文件中添加以下代码实现内容的输出。

```
<%
    request.setAttribute ("myName", "张三");
    request.setAttribute ("myAge", 75);
%>
<div>
  <h1>年龄统计</h1>
    <h3>我的名字是：<c:out value = "${myName}" /></h3>
    <h3>我的年龄是：<c:out value = "${myAge}" /></h3>
</div>
```

使用 out 标签分别输出了名字和年龄的值，程序运行结果如图 3-2 所示。

年龄统计

我的名字是：张三

我的年龄是：75

图3-2　例3-2程序运行结果

3.3　JSP 脚本标识

在 JSP 页面中，脚本标识使用得最为频繁。因为它们能够方便、灵活地生成页面中的动态内容，特别是 Scriptlet 脚本程序。JSP 中的脚本标识包括 3 种元素：脚本程序、JSP 声明和 JSP 表达式。其中，脚本程序就是一些程序片段，JSP 声明用于声明一个或多个变量，JSP 表达式是一个完整的语言表达式。所有的脚本元素都是以“<%”标记开始，以“%>”标记结束。声明和表达式通过在“<%”后面加上一个特殊字符进行区别。在运行 JSP 程序时，服务器可以将 JSP 元素转化为等效的 Java 代码，并在服务器端执行该代码。

视频

JSP声明标识和脚本程序

3.3.1　脚本程序

脚本程序可以包含任意量的 Java 语句、变量、方法或表达式，只要它们在脚本语言中是有效的。

脚本程序的语法格式：

```
<% 代码片段 %>
```

任何文本、HTML 标签、JSP 元素必须写在脚本程序的外面。

【例 3–3】在 JSP 页面使用 Java 代码输出一个九九乘法表。

在工程 WebContent 文件夹下，新建 Example03_03.jsp 文件，代码如下：

```
<%@ page language = "java" contentType = "text/html; charset = UTF-8"
        pageEncoding = "UTF-8"%>
<!DOCTYPE html>
<html>
<head><title>九九乘法表</title></head>
<body>
<%
   for (int i = 1; i <= 9; i++) {
     for (int j = 1; j <= i; j++) {
        out.print (j + "*" + i + " = "+ (i * j) + "        ");
          }
          out.print ("<br>");
     }
%>
</body>
</html>
```

运行 Example03_03.jsp 文件，结果如图 3–3 所示。

```
1*1=1
1*2=2  2*2=4
1*3=3  2*3=6  3*3=9
1*4=4  2*4=8  3*4=12  4*4=16
1*5=5  2*5=10  3*5=15  4*5=20  5*5=25
1*6=6  2*6=12  3*6=18  4*6=24  5*6=30  6*6=36
1*7=7  2*7=14  3*7=21  4*7=28  5*7=35  6*7=42  7*7=49
1*8=8  2*8=16  3*8=24  4*8=32  5*8=40  6*8=48  7*8=56  8*8=64
1*9=9  2*9=18  3*9=27  4*9=36  5*9=45  6*9=54  7*9=63  8*9=72  9*9=81
```

图3-3　例3-3程序运行结果

3.3.2　JSP 声明

一个声明语句可以声明一个或多个变量、方法，供后面的 Java 代码使用。在 JSP 文件中，必须先声明这些变量和方法，然后才能使用它们。

JSP 声明的语法格式：

```
<%! 声明变量或方法 %>
```

程序示例：

```
<%! int i = 0; %>
<%! int a, b, c; %>
<%! Circle a = new Circle (2.0); %>
```

注意：JSP 声明中“<%”与“!”间不能出现空格。JSP 声明变量和方法的语法与 Java 语言是一样的。

3.3.3　JSP 表达式

一个 JSP 表达式中包含的脚本语言表达式，先被转化成字符串，然后插入到表达式出现的地方，所以可以在一个文本行中使用表达式而不用去管它是否是 HTML 标签。

JSP表达式

JSP 表达式元素中可以包含任何符合 Java 语言规范的表达式，但是不能使用分号来结束表达式。

JSP 表达式的语法格式：

```
<%= 表达式%>
```

注意：JSP 表达式中“<%”与“=”间不能出现空格。

JSP 表达式在页面转化为 Servlet 后，将被转换为 Java 的 out.print() 语句，来实现输出功能。

JSP 表达式可以应用到以下情况中。

（1）向页面输出内容，例如：

```
<% String name = "www.zzy.edu.cn"; %>
网址为：<%= name %>
```

上述代码将生成如下运行结果。

```
网址为：www.zzy.edu.cn
```

（2）生成动态的链接地址，例如：

```
<% String path = " index.jsp"; %>
<a href = "<%= path%>">链接到首页</a>
```

上述代码将生成如下的 HTML 代码。

```
<a href = "index.jsp">链接到首页</a>
```

（3）动态设置 form 表单处理页面，例如：

```
<% String url = "index.jsp"; %>
<form action = "<%=url%>"></form>
```

上述代码将生成如下 HTML 代码：

```
<form action = "index.jsp"></form>
```

（4）在循环语句中动态生成元素名，例如：

```
<% for (int i = 1; i < 3; i++) {%>
    file <%= i%>:<input type = "text" name = "<%= "file"+i%> "><br>
<%}%>
```

上述代码将生成如下 HTML 代码。

```
file1:<input type = "text" name = "file1"><br>
file2:<input type = "text" name = "file2"><br>
```

注意：表达式中不能有分号。

【例 3-4】JSP 表达式程序示例。

```
<%@ page language = "java" contentType = "text/html; charset = UTF-8"
pageEncoding = "UTF-8"%>
<!DOCTYPE html>
<html>
   <head>
       <meta charset = "utf-8">
       <title>JSP表达式程序——显示日期</title>
   </head>
   <body>
       <p>
         今天的日期是：<%= (new java.util.Date()).toLocaleString()%>
       </p>
     </body>
</html>
```

运行后得到以下结果：

```
今天的日期是：2024-2-25 13:40:07
```

3.4 JSP 的注释

注释在 JSP 中是一种非常重要的工具，可以提高代码的质量、可维护性和可读性。良好的注释习惯能够促进团队合作、加快开发速度、降低代码维护成本。因此，在编写 JSP 程序时，要养成添加注释的良好习惯。在 JSP 中，注释可以起到代码说明、记录调试信息、文档化、隐藏代码等作用。在 JSP 页面中，有两种类型的注释：HTML 注释和 JSP 注释。

3.4.1 HTML 注释

JSP 文件是由 HTML 标记和嵌入的 Java 程序片段组成的，因此 HTML 中的注释同样可以在 JSP 文件中使用。其格式如下：

```
<!--这里是注释内容-->
```

HTML 注释不会被服务器端解释，也不会在客户端显示，仅用于在 JSP 页面中添加注释信息。

示例：

```
<!--这是一个HTML注释，不会被显示在客户端-->
<table><tr><td>中国欢迎您！</td></tr></table>
```

访问该页面后，显示的内容为：

```
中国欢迎您！
```

注意：使用该方法注释的内容在客户端浏览器中是看不到的，但是可以通过查看源代码看到。

在 HTML 注释中也可以嵌入 JSP 表达式，注释格式如下：

```
<!--注释内容<%= expression%>-->
```

当包含注释语句的 JSP 页面被请求后，服务器能够识别注释中的 JSP 表达式，从而来执行该表达式，而对注释中的其他内容不做任何操作。当服务器将执行结果返回给客户端后，客户端浏览器会识别该注释语句，所以被注释的内容不会显示在浏览器中。

示例：

```
<%String name = "My Friend"; %>
<!--访问用户：<%= name%>-->
```

```
<table><tr><td>Welcome! <%= name%></td></tr></table>
```

访问页面后，将会在客户端浏览器中输出下面的内容：

```
Welcome! My Friend
```

通过 HTML 源代码可以看到如下内容：

```
<!-- 访问用户：My Friend -->
<table><tr><td>Welcome! My Friend</td></tr></table>
```

以上注释，在客户端浏览页面时不会看见，但仍然可以在 HTML 源代码中查看到。严格意义上说，这种注释并不太安全。为了提高安全性，有一种隐藏注释，不仅在客户端浏览时看不到，通过客户端查看 HTML 源代码时也不能看到。

隐藏注释格式如下：

```
<%-- 注释内容 --%>
```

示例：

```
<%--获取当前时间--%>
<table>
    <tr><td>当前时间为：<%= (new java.util.Date()).toLocaleString()%></td></tr>
</table>
```

访问该页面，会输出以下内容：

```
当前时间为：2024-02-26 13:40:38
```

然而，通过客户端查看 HTML 源代码会看到如下内容：

```
<table>
    <tr><td>当前时间为：2024-02-26 13:40:38</td></tr>
</table>
```

3.4.2 JSP 注释

JSP 注释就是常见的脚本程序中的注释，与 Java 注释是相同的。JSP 注释包含 3 种注释方法。

1. 单行注释

单行注释的格式如下：

```
//注释内容
```

单行注释通常以双斜线“//”开头。单行注释是程序中用于注释一行代码的注释方式，它的作用是为了让代码更易读和更易维护，有时也可以起到暂时删除某一行代码的作用。在单行注释中，从注释符号开始到行末都被认为是注释内容，注释内容在程序编译和执行时将被忽略。

示例代码如下：

```
<%
    //这是一个JSP的单行注释，用于注释掉此处的一行代码
    int x = 10; //定义int变量x并赋值10
    int y = 20; //定义int变量y并赋值20
    int result = x + y; //计算x和y的和
    out.println ("x + y = "+result); //输出计算结果
%>
```

以上示例代码中，双斜线“//”后的都是单行注释，服务器不会对注释的内容进行处理，所以以上代码的运行结果为：

```
x + y = 30
```

2. 多行注释

如果我们需要进行多行注释，可以采用更方便的方式，多行注释的格式如下：

```
/*
    注释内容1
    注释内容2
    …
    …
*/
```

在符号“/*”和“*/”之间的内容都是被注释的内容，即使是 JSP 表达式或其他基本程序，服务器都不会做任何处理，并且多行注释的开始标记和结束标记可以不在同一个脚本程序中同时出现。

示例：

```
/*
    这是一个多行注释示例
    该部分内容不会被服务器端解析
    可以用于注释较大的代码块或者添加注释说明
*/
```

以上示例代码，不会被服务器做任何处理，没有任何输出结果。

3. 文档注释

在 JSP 中，文档注释是一种特殊的注释形式，通常用于为 JSP 页面添加详细的文档说明。文档注释以“<%--”开始，以“--%>”结束，它们之间的内容会被视为文档注释，在 JSP 页面被解析时会被忽略。

文档注释通常包含有关 JSP 页面的作者、版本、变更记录、使用方法等信息，以及对其中代码逻辑和功能的详细描述。这些注释可以帮助其他开发人员更好地理解和使用该 JSP 页面。

以下是一个简单的 JSP 文档注释示例。

```
<%--
        /**
        * 这是一个JSP页面的文档注释示例
        *
        * 作者：binjie09
        * 版本：1.0
        * 创建日期：2024-02-26
        *
        * 描述：此页面用于展示用户信息
        *
        * 使用方法：
        *   可以通过输入用户ID来获取用户信息，然后展示在页面上
        */
--%>
```

在上面的示例中，文档注释提供了作者、版本、创建日期、描述和使用方法等信息，这些信息可以帮助其他开发人员更好地了解该 JSP 页面的作用和使用方式。

3.5　上机实验

任务描述

上机实验文档

设计一个简单的登录页面，用户需要输入用户名、密码和验证码进行登录。在用户提交表单后，验证用户名和密码是否正确，如果正确则跳转到欢迎页面，否则显示错误信息。

任务实施

（1）创建一个名为“code.jsp”的 JSP 文件，用于实现生成随机验证码的图片，并将生成的信息保存在 session 中。

（2）创建一个名为“admin_head.txt”的记事本文件，用于保存需要在 admin.jsp 页面显示的内容信息。核心代码如下：

```
<center>
    <table order = "0">
      <tr><td><a href = "">学生信息管理</a> </td></tr>
      <tr><td><a href = "">教师信息管理</a> </td></tr>
      <tr><td><a href = "">班级信息管理</a> </td></tr>
      <tr><td><a href = "">授课信息管理</a> </td></tr>
      <tr><td><a href = "Example03_05.jsp">重新登录</a> </td></tr>
    </table>
</center>
```

（3）创建一个名为“admin.jsp”的 JSP 文件，用于实现登录验证合格后跳转页面。核心代码如下：

```
<table align = "center" width = "180" >
    <tr>
      <td><font color = 'red'> 当前用户：<%= request.getParameter ("username")
%></font></td>
    </tr>
    <tr>
      <td align = "center">
        <jsp: include flush = "true" page = "admin_head.txt"></jsp:include>
        <!-- <%@ include file = "admin_head.txt" %> -->
      </td>
    </tr>
</table>
```

（4）创建一个名为“checkuser.jsp”的 JSP 文件，用于实现接收 Example03_05.jsp 页面提交的用户名、密码及验证码信息，并进行验证。核心代码如下：

```
<%
    String rand = (String)session.getAttribute ("rand");
    String input = request.getParameter ("rand");
    String usertype1 = request.getParameter ("usertype");
    String Username1 = request.getParameter ("username");
    String Userpass1 = request.getParameter ("userpass");
    if (rand.equals (input)) {
      if ("admin".equals (Username1) &&"admin".equals (Userpass1)) {
          response.sendRedirect ("admin.jsp? username = "+ Username1);
```

```
            }else{
                response.sendRedirect ("Example03_05.jsp");
            }
        } else {
            response.sendRedirect ("Example03_05.jsp");
        }
    %>
```

（5）创建一个名为“Example03_05.jsp”的 JSP 文件，用于验证用户输入的用户名和密码，并根据验证结果显示相应的信息。

运行 Example03_05.jsp 文件，结果如图 3-4、图 3-5 所示。

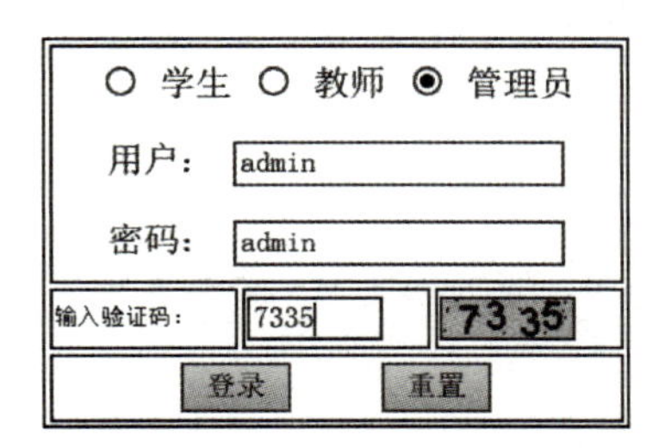

图3-4　Example03_05.jsp运行结果图

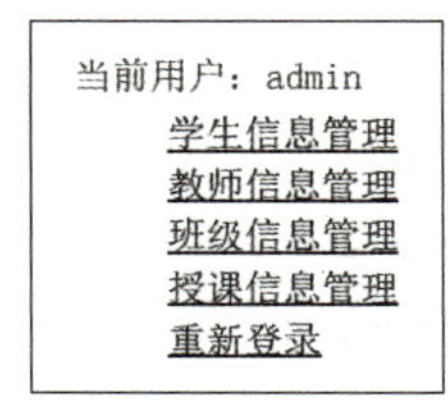

图3-5　Example03_05.jsp验证结果跳转图

项目小结

本项目介绍了 JSP 的基本构成、JSP 指令标识、JSP 脚本标识、JSP 注释。完成本项目，读者能够独立编写符合 JSP 语法规范的动态 Web 页面，实现数据展现、业务逻辑处理等功能，同时提升快速学习和适应新技术的能力。

思考与练习

一、填空题

1. JSP 中用来输出文本内容的标签是 ________。

2. JSP 中用来声明一个 Java 方法的标签是“<%!”和“%>”，这个标签叫做 ________。

3. JSP 中用来插入 Java 代码片段的标签是“<%”和“%>”，这个标签叫做 ________。

4. JSP 中用来定义页面指令的标签是“<%@”和“%>”，可以用来引入外部的类库或者定义页面属性，这个标签叫做 ________。

5. JSP 中用来获取客户端请求参数的内置对象是 ________。

二、选择题

1. JSP 的全称是什么？（　　）

A. Java Server pages

B. Java Servlet pages

C. Java Script pages

D. Java Web pages

2. JSP 中用来声明变量的标签是？（　　）

A. <% var %>

B. <% new var %>

C. <%= var %>

D. <%! var %>

3. JSP 中用来定义一个包含参数和返回值的方法的标签是？（　　）

A. <% method() %>

B. <% return method() %>

C. <%! public void method() %>

D. <%! public int method(int arg) %>

4. JSP 中可以通过哪个内置对象获取 HTTP 请求的信息？（　　）

A. response

B. session

C. application

D. request

5. 下面哪个标签用于引入外部的类库或者定义页面属性？（　　）

A. <% and %>

B. <%@ and %>

C. <%! and %>

D. <%= and %>

三、判断题

1. JSP 页面可以独立运行，不需要与后台 Java 代码结合。（　　）

2. 在 JSP 页面中声明的变量只能在当前页面中使用，不能在其他页面或者 Java 代码中使用。（　　）

3. JSP 页面中使用“<%”“%>”标签插入的 Java 代码片段会在服务器端被编译成 Servlet。（　　）

4. JSP 中的 request 对象用于获取客户端 HTTP 请求的参数。（　　）

5. 在 JSP 页面中使用“<%--”“--%>”标签可以注释掉一段代码或者一行代码。（　　）

四、简答题

1. 什么是 JSP？简要描述其作用和特点。

2. 请简要介绍一下 JSP 页面的生命周期。

3. 在 JSP 中如何输出文本内容？

4. JSP 中的内置对象有哪些？请简要描述它们的作用。

5. JSP 中如何获取客户端提交的表单数据？

五、上机实训

1. 编写一个简单的 JSP 页面，实现从客户端获取用户名并显示欢迎信息。

2. 编写一个 JSP 页面，展示如何使用 JSP 标签库（Taglib）来创建自定义标签。

项目 4 JSP 标准动作

知识目标

1. 理解 JSP 标准动作的基本概念和用途。

2. 掌握各种常用的 JSP 动作标识，如 <jsp:include>、<jsp:forward>、<jsp:param>、<jsp:useBean>、<jsp:setProperty>、<jsp:getProperty> 等。

3. 理解常用的 JSP 动作标识在 Web 应用中的实际应用场景。

4. 提高 Web 开发技能，提升项目开发的效率和质量。

技能目标

1. 能够熟练地在 JSP 页面中使用标准动作来包含其他资源、转发请求、处理 JavaBean 等。

2. 能够解决在使用 JSP 标准动作过程中遇到的常见问题。

素养目标

1. 培养良好的编程习惯，遵循 JSP 标准动作的规范。

2. 提升自主学习能力，能够主动查找和学习 JSP 标准动作相关的进阶知识和技术。

4.1 JSP 标准动作概述

4.1.1 JSP 标准动作

JSP 提供内建的动作集——JSP 标准动作（JSP standard action），开发者能够方便地在页面中执行各种任务，如数据访问、流程控制、错误处理、XML 文档处理，以及

JavaBean 的使用等。

JSP 标准动作通过一组预定义的标签，在 JSP 页面中执行特定的功能。这些动作允许开发者在 HTML 或 XML 文档中嵌入 Java 代码，而无须编写大量的 Java 脚本。通过使用 JSP 标准动作，开发者可以更加专注于业务逻辑和页面布局，提高开发效率和代码的可读性。

4.1.2　JSP 动作标识

JSP 动作标识是 JSP 标准动作的具体实现，是 JSP 技术的核心组件之一。它提供了在 JSP 页面中执行各种动态操作的能力，如包含其他文件、转发请求、处理 JavaBean 等。JSP 动作标识是在 JSP 页面中使用的特殊标签，可以包含在 JSP 页面中的任何位置，并允许开发者控制页面的流程和内容。

JSP 动作标识在请求处理阶段按照在页面中出现的顺序被执行，只有它们被执行的时候才会去实现自己所具有的功能。JSP 动作标识遵循 XML 的语法，通用的语法格式如下：

```
<jsp:动作名称 属性名1 = "属性值1" 属性名2 = "属性值2" .../>
```

或者

```
<jsp:动作名称 属性名1 = "属性值1" 属性名2 = "属性值2" .../>
        <jsp:子动作名称 属性名1 = "属性值1" 属性名2 = "属性值2" .../>
</jsp:动作名称>
```

注意：JSP 动作标识在使用时严格区分大小写，在编写程序时要特别注意字母的大小写。例如，<jsp:useBean> 标识不能写成 <jsp:usebean>。

4.2　常用的 JSP 动作

JSP2.0 规范中定义了 20 个标准的 JSP 动作标识。本项目将详细介绍其中常用的 7 个，如图 4-1 所示。

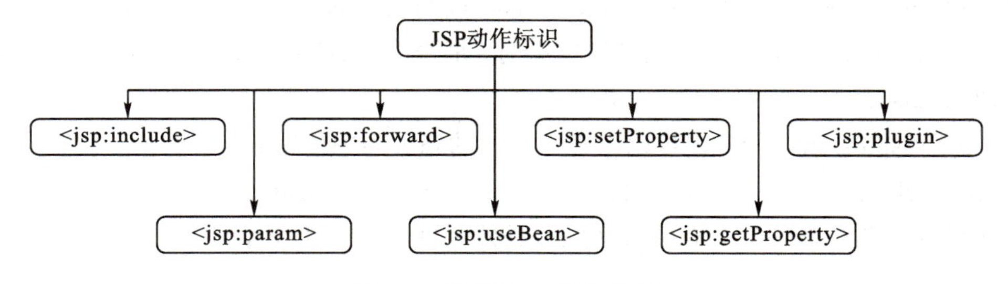

图4-1　常用的JSP动作标识

4.2.1 <jsp:include> 动作标识

include动作标识

1. <jsp:include> 的作用

<jsp:include> 动作标识是 JSP 中用于在当前页面中包含其他文件的一种机制。被包含的文件可以是静态的（如 HTML、XML 文件等），也可以是动态的（如 JSP 页面、Servlet 生成的响应等）。

当 <jsp:include> 标识用于包含静态文件时，被包含文件的内容会被直接复制到包含它的 JSP 页面中，而不会进行任何特殊的处理，这意味着被包含的文件将以其原始形式出现在 JSP 页面中。

然而，当 <jsp:include> 用于包含动态文件时，被包含的文件会先被执行，然后将执行的结果（即动态生成的内容）插入到包含它的 JSP 页面中。这意味着每次包含动态文件时，都可能会得到不同的内容，因为动态文件可能会根据请求参数、会话状态等因素而生成不同的输出。例如，在 page1.jsp 中通过 <jsp:include> 动作包含了 page2.jsp，则先将被包含文件 page2.jsp 转译为 Servlet 类，然后编译为字节码文件，最后在运行 page1.jsp 时将 page2.jsp 的运行结果包含到 page1.jsp 中并动态地显示出来。因此，这种包含也称为动态包含。

2. <jsp:include> 的语法

<jsp:include> 动作标识的语法格式如下：

```
<jsp:include page = "被包含文件的路径" flush = "true|false"/>
```

也可以向被包含的动态页面中传递参数，语法格式如下：

```
<jsp:include page = "被包含文件的路径" flush = "true|false">
        <jsp:param name = "参数名称" value = "参数值"/>
</jsp:include>
```

属性说明如下。

（1）page 属性：该属性指定了被包含文件的路径，其值可以是一个代表了相对路径的表达式。当路径是以单斜线“/”开头时，则按照当前应用的路径查找这个文件；如果路径是以文件名或目录名称开头，那么将按照当前的路径来查找被包含的文件。

（2）flush 属性：表示当输出缓冲区满时，是否清空缓冲区。该属性值为 boolean 型，默认值为 false，通常情况下设为 true。

（3）<jsp:param> 子标识可以向被包含的动态页面中传递参数。

<jsp:include> 动作标识实现页面包含功能，和 <%@include> 指令的作用类似，但是在使用细节和处理细节上有一些区别。具体区别如表 4-1 所示。

表4-1　<jsp:include>动作标识和<%@include>指令的区别

区别点	<jsp:include> 动作标识	<%@include> 指令
语法格式	<jsp:include page = "..." >	<%@ include file = "..." %>
执行过程	对包含文件和被包含文件分别进行转译和编译，只有在客户端请求并执行包含文件时才会动态地编译载入	在 JSP 程序的转译时期就将 file 属性所制定的程序内容嵌入，再编译执行
执行结果	生成多个 Servlet 和 .class 文件	生成一个 Servlet 和 .class 文件
传递参数	可以通过 <jsp:param> 子标识传递参数	不能传递参数
文件变化处理	如果被包含的文件发生变化，这种变化总是会被检测到，并重新包含最新内容	如果包含的文件发生变化，大多数服务器不会重新编译主 JSP 页面，除非主页面本身也发生了变化
灵活性	较好	较差

3. <jsp:include> 的应用

例4-1代码

【例 4-1】使用 <jsp:include> 标识进行文件包含。

新建一个 chapter04 的动态 Web 项目，在 WebContent 目录下创建一个名为 Example04_01.jsp 的文件，主要代码如下：

```
<body>
        <h1>欢迎来到学习平台</h1>
            <ul>
            <li><a href = "#">首页</a></li>
            <li><a href = "#">思政课程</a></li>
            <li><a href = "#">学习资源</a></li>
            <li><a href = "#">我的账户</a></li>
        </ul>
        <h2>今日学习内容</h2>
        <p>在这里，我们将学习关于爱国主义的重要性和实践。</p>
        <!-- 动态包含-->
        <jsp:include page = "Example04_02.jsp" flush = "true" />
        <p>通过学习，我们将更好地理解和传承爱国主义精神。</p>
        <hr>
        <p align = "center">版权所有 &copy; 2024 学习平台</p>
</body>
```

以上代码展示了一个学习平台的网页界面，包含了一个标题、一个无序列表（包括“首页”“思政课程”“学习资源”和“我的账户”等链接，用于导航）、一段介绍今日学习内容的文本、一个动态包含其他 JSP 页面的指令，以及版权信息。这个页面通过 <jsp:include> 动作动态包含另一个 JSP 文件 Example04_02.jsp 的内容，从而实现了页面的模块化和可重用性。

在 WebContent 目录下创建一个名为 Example04_02.jsp 的文件，主要代码如下：

```
<div>
    <h2>爱国主义案例</h2>
    <p>每逢国庆，社区的张大爷都会早早地在小区门口挂起五星红旗。当邻居
    们问起，他说："旗帜是国家的象征，我要让每个人都感受到我们的爱国情
    怀。" </p>
    <p>这个案例体现了中国人民的爱国热情和对国家的忠诚。</p>
    <p>作为新时代的青年，我们应该如何继承和发扬爱国主义精神？请思考并讨
    论。</p>
</div>
```

以上代码是一个单独的 JSP 页面，包含了一个爱国主义教育案例，该页面被包含在 Example04_01.jsp 页面中。

运行 Example04_01.jsp，结果如图 4-2 所示。

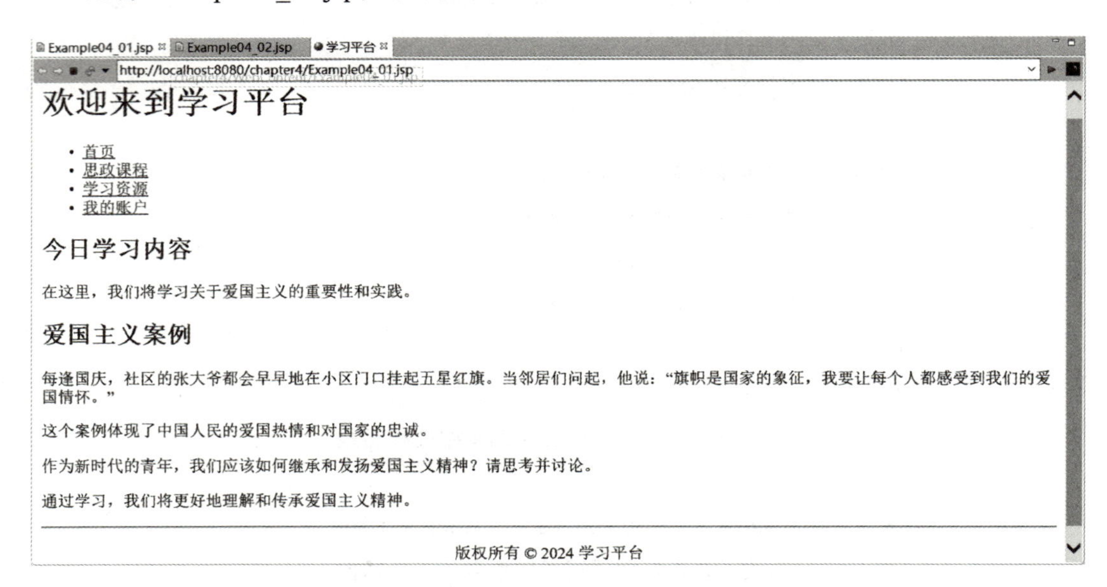

图4-2　Example04_01.jsp运行结果

本例中，Example04_01.jsp 是主页面，它使用 <jsp:include> 动作来动态地包含 Example04_02.jsp 页面。当 Example04_01.jsp 被请求时，服务器会先处理 Example04_02.jsp 页面，并将其结果插入 <jsp:include> 标签所在的位置。

这样，每当 Example04_01.jsp 被访问时，它都会显示最新的 Example04_02.jsp 页

面内容，这对于需要经常更新思政案例的情况非常有用。同时，由于 Example04_02.jsp 是一个独立的 JSP 文件，它可以被多个页面重复使用，提高了代码的可重用性。

4.2.2　<jsp:param> 动作标识

1. <jsp:param> 的作用

<jsp:param> 动作标识用于向一个 JSP 页面或 Servlet 传递参数，该动作以键值对的形式为其他动作提供附加的参数信息。<jsp:param> 动作不能单独使用，常常与 <jsp:include>、<jsp:forward> 等动作一起使用，以便向被包含或被转发的页面传递一个或多个参数。<jsp:param> 传递的参数会被封装在 request 请求中，在目标页面中可以通过 request.getParameter() 方法来获取。

2. <jsp:param> 的语法

<jsp:param> 动作标识的语法格式如下：

```
<jsp:param name = "参数名称" value = "参数值"/>
```

或

```
<jsp:param name = "参数名称" value = "参数值"></jsp:param>
```

属性说明如下。

（1）name 属性：表示要传递的参数的名称。

（2）value 属性：表示要传递的参数的值。

3.<jsp:param> 的应用

【例 4-2】使用 <jsp:param> 标识传递参数。

在 WebContent 目录下创建一个名为 Example04_03.jsp 的文件，主要代码如下：

```
<body>
    <h2>计算1 ~ n之间所有偶数之和</h2>
    <jsp:include page = "Example04_04.jsp">
        <jsp:param name = "number" value = "100" />
    </jsp:include>
</body>
```

以上代码中，首先使用 <jsp:include> 动作动态加载 Example04_04.jsp 文件，然后使用 <jsp:param> 动作将 number 的值 100 传递到 Example04_03.jsp 要加载的 Example04_04.jsp 文件中。

例4-2代码

在 WebContent 目录下再创建一个名为 Example04_04.jsp 的文件，主要代码如下：

```
<body>
    <% String str = request.getParameter ("number"); //获取值
      int n = Integer.parseInt (str);
      int sum = 0;
      for (int i = 1; i <= n; i++) {
        if (i % 2 == 0)
        sum = sum + i;
      }
  %>
<p> 从1到<%= n%>的偶数和是：<%= sum%> </p>
</body>
```

以上代码中，首先使用 request 对象的 getParameter() 方法获取 Example04_03.jsp 传递过来的名为“number”的请求参数的值，并将其转换为整数，然后使用循环和条件判断来累加所有偶数。最终，将计算出的和显示在页面上。

运行 Example04_03.jsp，结果如图 4-3 所示。

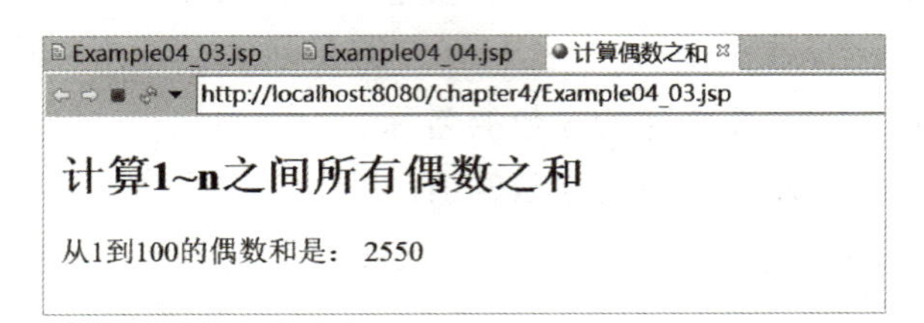

图4-3　Example04_03.jsp运行结果

本例中，展示了使用 <jsp:include> 和 <jsp:param> 标识来动态包含页面并传递参数，以及在 JSP 页面中执行简单的计算和结果展示。通过 <jsp:param> 标识，实现了页面之间的参数化交互。

4.2.3　<jsp:forward> 动作标识

1. <jsp:forward> 的作用

<jsp:forward> 动作标识用于将客户端的请求从当前页面转发到另一个资源（可以是一个 JSP 页面、Servlet 或 HTML 文件等）。当执行转发操作时，客户端的 URL 地址栏中显示的是原始请求的 URL，因为它实际上是在服务器端进行了一次透明的跳转。即在转发的过程中，客户端浏览器上的 URL 地址不发生变化。当

forward动作标识

该标识被执行后，当前的页面将不再被执行，而是去执行该标识指定的目标页面。

2. <jsp:forward> 的语法

<jsp:forward> 动作标识的语法格式如下：

```
<jsp:forward page = "转发到的页面URL"/>
```

如果转发的目标是一个动态文件，还可以向该文件中传递参数，使用格式如下：

```
<jsp:forward page = "转发到的页面URL">
    <jsp:param name = "参数名称" value = "参数值"/>
</jsp:forward>
```

属性说明如下。

page 属性：表示要请求转发到的网页地址，其值可以使用绝对路径或相对路径，也可以使用经过表达式运算出来的路径。

3. <jsp:forward> 的应用

文档

例4-3代码

【例 4-3】使用 <jsp:forward> 标识进行页面跳转。

在 WebContent 目录下创建一个名为 Example04_05.jsp 的文件，主要代码如下：

```
<body>
<%
    int itemCount = 2; //假设购物车中的商品数量
    double itemPrice = 10.0; //假设每个商品的单价
    double totalPrice = itemCount * itemPrice; //计算总价
%>
<h2>你的购物车</h2>
<p>商品数量: <%= itemCount %></p>
<p>商品总价: <%= totalPrice %></p>
<%
    //根据总价决定跳转到哪个支付页面
    String paymentPage = totalPrice <= 50 ? "Example04_06.jsp" : "Example04_07.
jsp";
%>
<jsp:forward page = "<%= paymentPage %>">
    <jsp:param name = "total" value = "<%= totalPrice %>" />
</jsp:forward>
</body>
```

以上代码首先定义了两个变量：itemCount 和 itemPrice，分别表示购物车中的商品数量和每个商品的单价。然后，计算了商品的总价 totalPrice。根据商品的总价，使用了一个三元操作符来决定用户应该被转发到哪个支付页面。如果商品总价小于或等于 50，用户将被转发到名为 Example04_06.jsp 的页面；否则，用户将被转发到名为 Example04_07.jsp 的页面。在转发请求时，使用了 <jsp:param> 标签来将商品的总价作为参数传递给支付页面。这样，支付页面就可以知道用户需要支付的总金额。

在 WebContent 目录下再创建一个名为 Example04_06.jsp 的文件，主要代码如下：

```
<body>
    <h2>Low Price Payment</h2>
    <p>您的商品总价为： <%= request.getParameter ("total") %></p>
    <p>抱歉！ 您的商品总价未达到50元，暂时不能享受优惠。请继续为您的商品付
款。</p>
</body>
```

以上代码中通过 request 对象的 getParameter() 方法获取 Example04_05.jsp 跳转时传递过来的参数 total，并显示当商品总价小于 50 元时的结账信息。

在 WebContent 目录下再创建一个名为 Example04_07.jsp 的文件，主要代码如下：

```
<body>
    <h2>High Price Payment</h2>
    <p>您的商品总价为：<%= request.getParameter ("total") %></p>
    <p>您的商品总价达到50元，可享有9折优惠。请继续为您的商品付款。</p>
</body>
```

以上代码中通过 request 对象的 getParameter() 方法获取 Example04_05.jsp 跳转时传递过来的参数 total，并显示当商品总价大于 50 元时的结账信息。

运行 Example04_05.jsp，效果如图 4-4 所示。

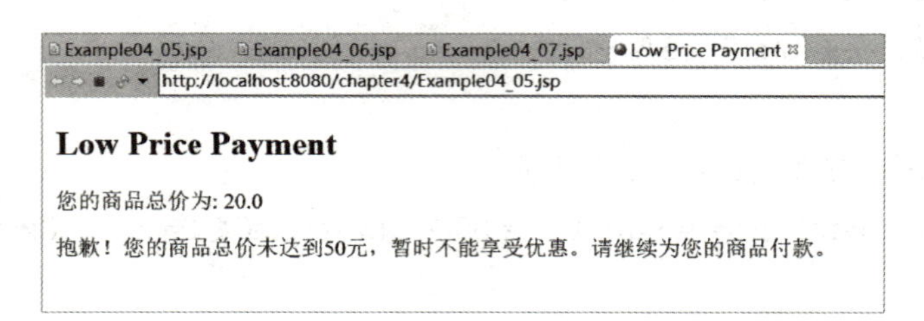

图4-4 商品总价小于50元的效果

修改 Example04_05.jsp 中变量 itemCount 的值为 6 后，再次运行，效果如图 4-5 所示。

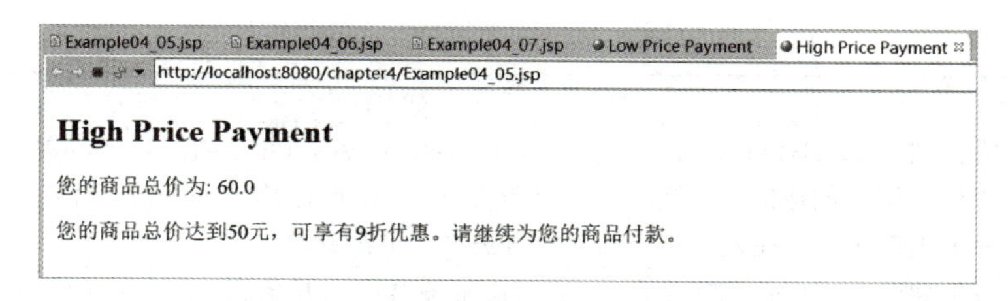

图4-5 商品总价大于50元的效果

本例模拟了一个购物车的结账过程。其中 <jsp:forward> 标识用于执行实际的页面转发操作，将用户请求转发到相应的支付页面，从而显示不同的页面内容。

4.2.4 <jsp:useBean> 动作标识

1. <jsp:useBean> 标识的作用

<jsp:useBean> 动作标识用于在 JSP 页面中查找或实例化一个 JavaBean，并且可以通过属性的设置将该实例存储到 JSP 中指定的作用域范围内。如果在指定的作用域范围内查找到 JavaBean 对象，则直接返回该 JavaBean 对象的引用；如果未查找到，则实例化一个新的 JavaBean 对象并将它以指定的名称存储到指定的作用域范围中。

2. <jsp:useBean> 标识的语法

<jsp:useBean> 动作的语法格式如下：

```
<jsp:useBean id = "beanName" class = "package.className" scope = "page|request|
session|application" />
```

属性说明如下。

（1）id 属性：指定 JavaBean 的唯一标识符，用于在 JSP 页面中引用该 JavaBean。

（2）class 属性：指定要查找或实例化的 JavaBean 的完整类名。

（3）scope 属性：可选属性，指定 JavaBean 的作用范围，即 JSP 引擎分配给用户自定义 JavaBean 的存活时间。属性值可以是 page（默认）、request、session 或 application，这决定了 JavaBean 的生命周期和可见性。各种范围的说明如表 4-2 所示。

表4-2 scope属性取值说明

范围	说明
page	默认值，所创建的 JavaBean 实例只能够在当前的 JSP 文件中使用，在通过 include 指令静态包含的页面中有效
request	所创建的 JavaBean 实例可以在请求范围内进行存取。在请求被转发至的目标页面中可通过 request 对象的 getAttribute（"id 属性值"）方法获取创建的 JavaBean 实例。一个请求的生命周期是从客户端向服务器发出一个请求开始，到服务器响应这个请求给用户后结束，请求结束后，存储在其中的 JavaBean 实例也就失效了

续表

范围	说明
session	所创建的 JavaBean 实例的有效范围为 session。session 是当用户访问 Web 应用时，服务器为用户创建的一个对象，服务器通过 session 的 ID 值来区分其他的用户。针对某一个用户而言，在该范围中的对象可被多个页面共享
application	所创建的 JavaBean 实例的有效范围从服务器启动开始到服务器关闭结束。application 对象是在服务器启动时创建的，它被多个用户共享。所以访问该 application 对象的所有用户共享存储于该对象中的 JavaBean 实例

3. <jsp:useBean> 标识的应用

例4-4代码

【例 4-4】使用 <jsp:useBean> 标识实例化对象。

首先定义一个 JavaBean。在 src 目录下新建一个包名为 bean，类名为 MyBean 的 Java 类，主要代码如下：

```
package bean;
public class MyBean {
    private String name;
    private String password;
    ...//省略了属性的set×××()方法和get×××()方法
}
```

以上代码中定义了一个 JavaBean，包含两个成员变量 name 和 password，以及它们对应的 get××× 和 set××× 方法。

接下来在 JSP 页面中要使用 <jsp:useBean> 标识对该 JavaBean 实例化，在 WebContent 目录下创建一个名为 Example04_08.jsp 的文件，主要代码如下：

```
<body>
<%--查找或实例化一个MyBean类型的JavaBean，id为"userinfo"，作用域为
session --%>
<jsp:useBean id = "userinfo" class = "bean.MyBean" scope = "session" />
</body>
```

以上代码中，如果页面第一次访问，MyBean 类型的 JavaBean 将被实例化为 userinfo。如果页面再次访问，并且之前的会话还存在，那么 MyBean 类型的 JavaBean 将从之前的会话中恢复，而不是重新实例化。这取决于 <jsp:useBean> 标签中指定的 scope 属性值。在这个例子中，scope 被设置为 session，意味着 JavaBean 将在整个会话期间保持有效。如果将其更改为 page，则 JavaBean 的作用域仅限于当前页面。

4.2.5 <jsp:setProperty> 动作标识

1. <jsp:setProperty> 的作用

<jsp:setProperty> 标识通常情况下与 <jsp:useBean> 标识一起使用，它将调用 JavaBean 中的 set×××() 方法将请求中的参数赋值给由 <jsp:useBean> 标识创建的 JavaBean 中对应的简单属性或索引属性。所以，要想使用此标识设置 JavaBean 对象的属性值，JavaBean 类中必须含有共有的 set×××() 方法。

2. <jsp:setProperty> 的语法

<jsp:setProperty> 标识有三种使用方法，语法格式如下。

第一种形式：通过通配符 *，使用同名表单元素的值给 JavaBean 的属性赋值。

```
<jsp:setProperty name = "beanName" property = "*"/>
```

第二种形式：通过指定 JavaBean 属性名给相应的属性赋值。

```
<jsp:setProperty name = "beanName" property = "JavaBean属性名" />
```

第三种形式：通过 value 属性，使用常量或表达式给 JavaBean 的属性赋值。

```
<jsp:setProperty name = "beanName" property = "JavaBean属性名" value =
"BeanValue"/>
```

第四种形式：通过 param 属性，使用指定的参数给 JavaBean 的属性赋值。

```
<jsp:setProperty name = "beanName" property = "JavaBean属性名" param =
"request对象中的参数名" />
```

以上格式中常用属性说明如下。

（1）name 属性：用于指定 JavaBean 实例的名称。

（2）property 属性：用于指定 JavaBean 实例对象的属性名，可选值为“*”或 JavaBean 中的属性名。当取值为“*”时，则 request 请求中所有参数的值将被一一赋给 JavaBean 中与参数具有相同名字的属性。如果请求中存在值为空的参数，那么 JavaBean 中对应的属性将不会被赋值为 null；如果 JavaBean 中存在一个属性，但请求中没有与之对应的参数，那么该属性同样不会被赋值为 null，在这两种情况下的 JavaBean 属性都会保留原来或默认的值。当取值为 JavaBean 属性名时，则只会将 request 请求中与该 JavaBean 属性同名的一个参数的值赋给这个 JavaBean 属性。

当请求中的参数类型与 JavaBean 中的属性类型不一致时，JSP 会自动进行转换。

（3）value 属性：用于指定 JavaBean 实例对象的某个属性的值。其值可以是字符串，也可以是表达式。通常与 property 属性一起使用，表示将指定的值赋给指定的 JavaBean 属性。当 value 属性指定的是一个字符串，但指定的 JavaBean 属性与其类型不一致时，则会将该字符串值自动转换成对应的类型。当 value 属性指定的是一个表达式时，那么该表达式所表示的值的类型必须与 property 属性指定的 JavaBean 属性一致，否则会抛出"argument type mismatch"异常。

（4）param 属性：用于指定一个 request 请求中的参数。该参数值将被赋给由 property 属性指定的 JavaBean 属性，允许将请求中的参数赋值给 JavaBean 中与该参数不同名的属性。如果 param 属性指定参数的值为空，那么由 property 属性指定的 JavaBean 属性会保留原来或默认的值而不会被赋为 null。param 属性不能与 value 属性一起使用。

3. <jsp:setProperty> 的应用

【例4-5】使用<jsp:setProperty>标识设置JavaBean的属性值。

例4-5代码

在例 4-4 中已经将定义好的 JavaBean 实例化为 userinfo。下面展示用 <jsp:setProperty> 标识的四种不同形式为 JavaBean 的属性赋值。在 WebContent 目录下创建一个名为 Example04_09.jsp 的文件，代码如下：

```
<body>
<%-- 查找或实例化一个MyBean类型的JavaBean，id为"userinfo"，作用域为
session --%>
<jsp:useBean id = "userinfo" class = "bean.MyBean" scope = "session" />
<%-- 第一种形式：使用 * 通配符自动为匹配的属性赋值 --%>
<jsp:setProperty name = "userinfo" property = "*"/>
<%-- 第二种形式：通过指定JavaBean属性名给name属性赋值 --%>
<jsp:setProperty name = "userinfo" property = "user"/>
<%-- 第三种形式：通过value属性，使用字符串给name属性赋值为John --%>
<jsp:setProperty name = "userinfo" property = "name" value = "John" />
<%-- 第四种形式：通过param属性，使用指定的参数name给JavaBeanname属性赋
值 --%>
<jsp:setProperty name = "userinfo" property = "name" param = "name" />
</body>
```

以上代码中，演示了使用 <jsp:setProperty> 标识为 JavaBean 属性赋值的四种形式。

需要注意的是，当程序执行 <jsp:setProperty> 标识时，如果在多个范围内（例如在 session 和 request 范围内）存在相同名称的 JavaBean 实例，则会按照 page、request、session 和 application 的顺序来查找 name 属性指定的 JavaBean 实例，并且返回第一个被找到的实例；如果任何范围内都不存在这个 JavaBean 实例，就会抛出异常。

4.2.6 <jsp:getProperty> 动作标识

1. <jsp:getProperty> 的作用

<jsp:getProperty> 动作标识用于读取并输出 JavaBean 对象的属性值，也就是调用 JavaBean 对象的 get×××() 方法，然后将读取的属性值转换成字符串后插入输出的响应正文中。所以，要想使用此标识获取 JavaBean 对象的属性值，JavaBean 类中必须含有共有的 get×××() 方法。

2. <jsp:getProperty> 的语法

<jsp:getProperty> 标识的语法格式如下：

```
<jsp:getProperty name = "beanName" property = "JavaBean属性名"/>
```

属性说明如下。

（1）name 属性：用于指定 JavaBean 实例的名称。

（2）property 属性：用于指定要获取由 name 属性指定的 JavaBean 中的哪个属性的值。如它指定的值为“userName”，那么 JavaBean 中必须存在 getUserName() 方法，否则会抛出异常。

3. <jsp:getProperty> 的应用

【例 4-6】使用 <jsp:getProperty> 标识获取并输出 JavaBean 的属性值。

例4-6代码

首先定义一个名为 Product 的 JavaBean，包含了产品的信息，如 id、name 和 price。在 src 目录下名为 bean 的包下创建一个类，类名为 Product，主要代码如下：

```
package bean;
public class Product {
        private int id; //商品ID
        private String name; //商品名称
        private double price; //商品价格
        ...//省略了属性的set×××()方法和get×××()方法
}
```

然后在 JSP 页面中，可以使用 <jsp:useBean> 标识来创建或获取这个 JavaBean 的实例，并使用 <jsp:getProperty> 标签来显示它的属性值。

在 WebContent 目录下创建一个名为 Example04_10.jsp 的文件，主要代码如下：

```
<body>
<%-- 创建或获取 Product 类型的 Bean，id 为“product” --%>
<jsp:useBean id = "product" class = "bean.Product" scope = "request" />
<%-- 设置 Product Bean 的属性值--%>
<jsp:setProperty name = "product" property = "id" value="1" />
<jsp:setProperty name = "product" property = "name" value = "Laptop" />
<jsp:setProperty name = "product" property = "price" value = "999.99" />
<%-- 显示 Product Bean 的属性值 --%>
<h2>商品信息</h2>
<p>商品ID：<jsp:getProperty name = "product" property = "id" /></p>
<p>商品名称：<jsp:getProperty name = "product" property = "name" /></p>
<p>商品价格：<jsp:getProperty name = "product" property = "price" /></p>
</body>
```

以上代码中，首先使用 <jsp:useBean> 标识来创建或获取一个 Product 类型的 JavaBean 实例，并将其绑定到名为 product 的变量上。然后，通过 <jsp:setProperty> 标识的 value 属性来设置这个 JavaBean 的属性值。在显示产品信息的部分，使用 <jsp:getProperty> 标识来检索并显示 id、name 和 price 属性的值。

运行 Example04_10.jsp，效果如图 4-6 所示。

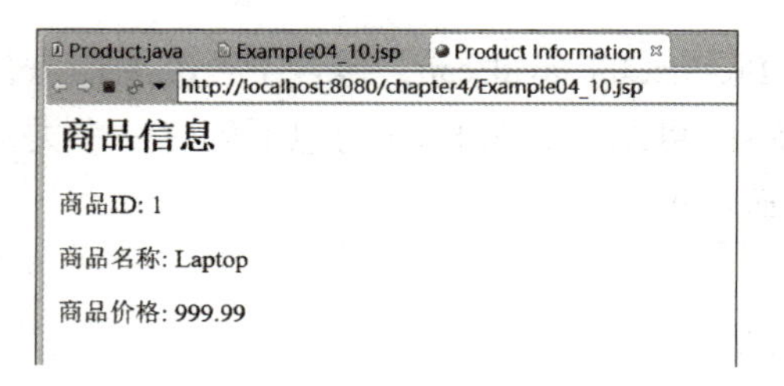

图4-6　显示商品信息效果

4.2.7　<jsp:plugin> 动作标识

1. <jsp:plugin> 的作用

<jsp:plugin> 动作标识主要用于指示 JSP 页面加载 Java Plugin，该插件被下载到客户端，用于运行 Java Applet 程序。该标识会根据客户端浏览器的版本转换成 <object> 或 <embed>HTML 元素。

2. <jsp:plugin> 的语法

<jsp:plugin> 标识的语法格式如下：

```
<jsp:plugin
    type = "class-name"
    code = "class-file"
    codebase = "directory"
    width = "number"
    height = "number"
    ... >
    <jsp:fallback>
    ...
    </jsp:fallback>
</jsp:plugin>
```

属性说明如下。

（1）type 属性：指定 Java 插件的 MIME 类型。

（2）code 属性：指定 Java Applet 的类文件名称。

（3）codebase 属性：指定包含 Java Applet 类文件的目录或 URL。

（4）width 和 height 属性：分别指定插件的宽度和高度。

其中，<jsp:fallback> 子标识是可选的，用于在不支持 Java 插件的浏览器中显示替代内容。

由于安全问题和浏览器对 Java 支持的减少，<jsp:plugin> 在现代 Web 开发中很少使用。相反，开发者更倾向于使用 HTML5、CSS 和 JavaScript 等现代 Web 技术来创建动态和交互式的 Web 应用。

4.3　上机实验

任务描述

构建一个简单的网上商城网站，利用 JSP 动作标识来实现页面之间的逻辑跳转和公共元素的文件包含。使用 <jsp:include> 动作来包含头部和底部等公共页面元素，确保这些元素能够在多个页面中重复利用，提高代码的可维护性和复用性。同时，使用 <jsp:forward> 动作来处理用户的请求，当用户的用户名和密码输入正确时，跳转到网站首页；输入不正确时，继续跳转到登录页面。

任务实施

（1）创建用户登录页面 userlogin.jsp。在 WebContent 目录下创建一个名为 onlineshop 的文件夹，并在此文件夹下创建名为 userlogin.jsp 的文件，主要代码如下：

```
<body>
<form action = "logincheck.jsp" method = "post">
        <table align = center>
                <tr><td colspan = 2>
                        <p style = "font-size:40px; color:red; text-align:center;
"><strong><b>网上商城用户登录</b></strong></p>
                        </td>
                </tr>
                <tr>
                        <td align = center class = "font">
                          <p>用户名:
                        <input type = "text" name = "username"/></p>
                          <p>密    码:
                        <input type = "password" name = "userpassword" /></p>
                        <br/>
                        <input type = "submit" value = "登录" style = "width:200px;
font-size:20px; text-align:center; " /><br/><br/>
                        </td>
                </tr>
        </table>
</form>
</body>
```

上述代码实现了一个用户登录表单，用户可以在此输入用户名和密码。表单的数据将通过 POST 方法发送到名为 logincheck.jsp 的页面进行处理。页面的样式通过内嵌的 CSS 进行了基本的美化，如设置字体、大小和文本对齐方式。表单的标题为“网上商城用户登录”，使用了红色大号字体以突出显示。

（2）登录验证页面 logincheck.jsp。在 WebContent 目录下的 onlineshop 的文件夹下创建名为 logincheck.jsp 的文件，主要代码如下：

```
<body>
<%
    request.setCharacterEncoding ("utf-8");
    String name = request.getParameter ("username");
    String pwd = request.getParameter ("userpassword");
    if (name.equals ("admin") && pwd.equals ("123456")) {
%>
    <jsp:forward page = "index.jsp">
            <jsp:param value = "<%= name %>" name = "user"/>
    </jsp:forward>
<% }else{ %>
    <jsp:forward page = "userlogin.jsp" />
<%}%>
</body>
```

上述代码用于处理用户登录验证。它从 request 请求中获取用户输入的用户名（username）和密码（userpassword），并检查它们是否匹配预设的凭据（用户名“admin”和密码“123456”）。如果凭据匹配，通过 <jsp:forward> 动作标识将用户请求转发到商城首页（index.jsp 页面），并传递一个名为“user”的参数，其值为用户名。如果凭据不匹配，用户将被转发回登录页面（userlogin.jsp）重新登录。

（3）网站头部信息 header.jsp。在 WebContent 目录下的 onlineshop 的文件夹下创建名为 header.jsp 的文件，主要代码如下：

```
<body>
    <div>
        <div>
            <a href = "index.jsp">首页</a>
            <a href = "userlogin.jsp">请登录</a>
        </div>
        <div><h2>欢迎光临网上商城</h2></div>
    </div>
    <!-- 显示菜单栏 -->
    <div>
    <ul>
    <li><a href = "index.jsp">首页</a></li>
    <li><a href = "#">家电区</a></li>
```

```
        <li><a href = "#">服装区</a></li>
        <li><a href = "#">玩具区</a></li>
        <li><a href = "#">智能产品区</a></li>
        <li><a href = "#">体育用品区</a></li>
        <li><a href = "#">联系我们</a></li>
        </ul>
        </div>
</body>
```

以上代码实现了网上商城的头部部分（header），提供了用户导航和基本信息展示的功能，包含了一些基本的 HTML 元素和 CSS 样式，用于展示商城的导航菜单和欢迎信息。页面背景色被设置为浅蓝色（#eef），字体大小设置为 18 像素。头部部分包括两个主要区域：一个包含“首页”和“请登录”链接的导航栏，以及一个显示“欢迎光临网上商城”的标题栏。此外，页面还包含一个菜单栏，列出了该商城商品的不同领域，如家电区、服装区、玩具区等。

（4）网站尾部信息 footer.jsp。在 WebContent 目录下的 onlineshop 的文件夹下创建名为 footer.jsp 的文件，主要代码如下：

```
<body>
<%!
        int count = 0;
        synchronized void add(){
                count++;
        }
%>
<% add(); %>
        <div class = "footer">
        <hr>
        <h3>当前访问次数：<%= count %></h3>
        Copyright © 2024，版权所有JSP.COM<br/>
        客服电话：0000-12345678<br/>
        如有意见或建议，请留言<br/>
        </div>
</body>
```

以上代码实现了网上商城的页脚部分（footer），提供了访问次数的统计和网站页脚的基本信息的显示功能。包含一个水平分隔线、访问次数的信息、版权声明、客服电话和一个留言提示。在页面加载时，通过调用 add() 方法来递增访问次数，并通过 <%=count %> 表达式将其动态显示在页脚中。

（5）商城主页 index.jsp。在 WebContent 目录下的 onlineshop 的文件夹下创建名为 index.jsp 的文件，主要代码如下：

```
<body>
    <jsp:include page = "header.jsp" />
    <!-- 页面主体 -->
    <%
      String username = request.getParameter ("user");
      out.print ("<h2>欢迎" + username + "来到网上商城！</h2>");
    %>
    <!-- 底部，显示访客人数和有关版权信息 -->
    <jsp:include page = "footer.jsp" />
</body>
```

以上代码使用 <jsp:include> 动作标识来引入外部的 JSP 页面（header.jsp 和 footer.jsp），分别作为页面的头部和底部内容。在页面的主体部分，使用脚本片段（“<% ...%>”）来获取请求参数中的用户名（user），并通过 out.print() 方法动态显示一个欢迎信息，包含用户名和欢迎语。该页面是一个用户登录后的欢迎页面，用于展示个性化的欢迎信息和网站的其他内容。

（6）运行效果。单独访问页面头部 header.jsp 页面，效果如图 4-7 所示。

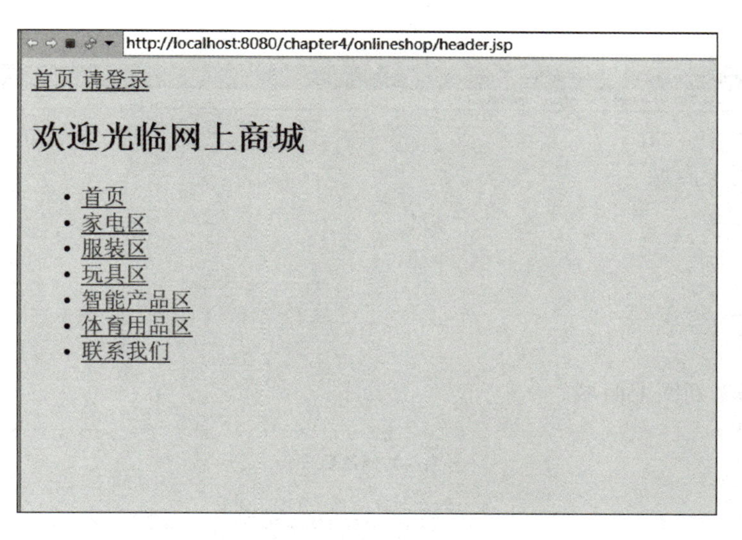

图4-7　网站头部信息

单独访问页面尾部 footer.jsp 页面，效果如图 4-8 所示。

http://localhost:8080/chapter4/onlineshop/footer.jsp

当前访问次数：1

Copyright © 2024, 版权所有JSP.COM
客服电话：0000-12345678
如有意见或建议，请留言

图4-8 网站尾部信息

访问登录页面，运行 userlogin.jsp，效果如图 4-9 所示。

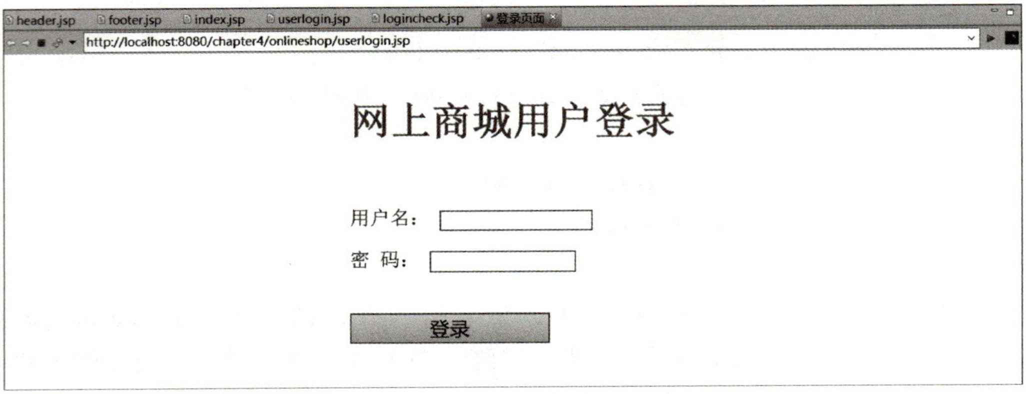

header.jsp footer.jsp index.jsp userlogin.jsp logincheck.jsp 登录页面

http://localhost:8080/chapter4/onlineshop/userlogin.jsp

网上商城用户登录

用户名：

密 码：

登录

图4-9 用户登录页面

输入错误的用户名和密码，页面继续跳转到登录页面，如图 4-9 所示。

输入正确的用户名“admin”和密码“123456”，页面跳转到商城首页，如图 4-10 所示。

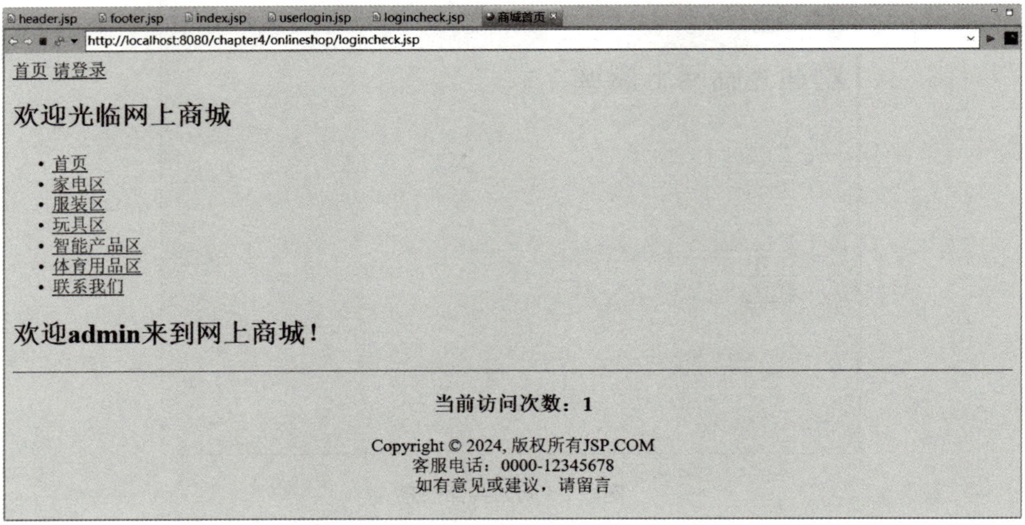

header.jsp footer.jsp index.jsp userlogin.jsp logincheck.jsp 商城首页

http://localhost:8080/chapter4/onlineshop/logincheck.jsp

首页 请登录

欢迎光临网上商城

- 首页
- 家电区
- 服装区
- 玩具区
- 智能产品区
- 体育用品区
- 联系我们

欢迎admin来到网上商城！

当前访问次数：1

Copyright © 2024, 版权所有JSP.COM
客服电话：0000-12345678
如有意见或建议，请留言

图4-10 商城首页

刷新页面后，首页中访问次数会增加，效果如图 4-11 所示。

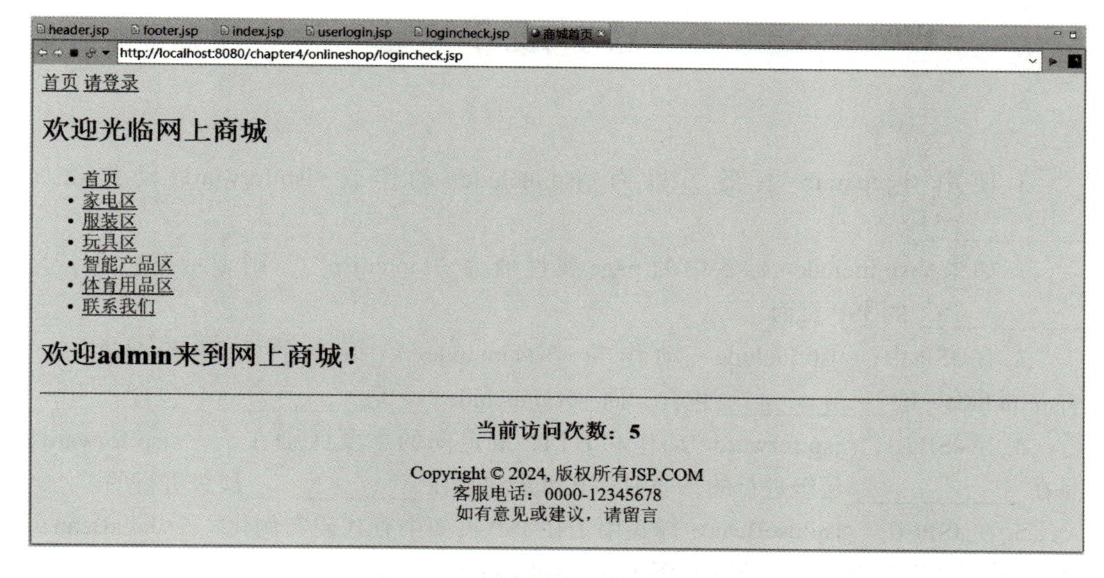

图4-11　商城首页：更新访问次数

项目小结

本项目讲解了 JSP 标准动作的基本概念、用途及几种常用的 JSP 动作标识，通过实例演示了如何在 JSP 页面中使用这些动作标识来实现各种 Web 开发需求。通过本项目的学习，读者将能够熟练掌握 JSP 标准动作的使用方法，并能够在实际开发中灵活应用这些动作来实现各种 Web 应用的需求，为后续的 Web 开发工作打下坚实的基础。

思考与练习

一、填空题

1. 使用 <jsp:param> 标签可以为 <jsp:include> 动作或 <jsp:forward> 动作添加____________。

2. 如果 <jsp:include> 标签中的 page 属性值为"footer.jsp"，则表示要包含名为____________的 JSP 页面。

3. 在 JSP 中，<jsp:include> 动作与 <%@include %> 指令的主要区别在于，<jsp:include> 是____________包含，而 <%@include %> 是____________包含。

4. 在 JSP 中，<jsp:forward> 动作和 HTTP 重定向的主要区别在于，<jsp:forward> 是在____________层级进行的，而 HTTP 重定向是在____________层级进行的。

5. 在 JSP 中，<jsp:useBean> 标签用于在 JSP 页面中查找或实例化一个 JavaBean，其 class 属性用于指定要查找或实例化的 JavaBean 的____________。

二、选择题

1. JSP 动作标识 <jsp:useBean> 的主要作用是（　　）。

A. 实例化 JavaBean 对象

B. 在 JSP 页面中显示 JavaBean 的内容

C. 获取 JavaBean 中的属性

D. 设置 JavaBean 中的属性

2. 当使用 JSP 动作标识 <jsp:setProperty> 时，它的 value 属性用来（　　）。

A. 指定 JavaBean 的属性名

B. 指定要设置的属性值

C. 指定属性的读写权限

D. 指定属性的类型

3. 当使用 JSP 动作标识 <jsp:include> 时，它的 page 属性用来指定要包含的文件的（　　）。

A. 路径

B. 名称

C. 相对位置

D. 绝对路径

4. 在 JSP 中，<jsp:setProperty> 标签的 name 属性指的是什么？（　　）

A. JavaBean 的类名

B. JavaBean 的 id

C. JavaBean 的属性名

D. JavaBean 的属性值

5. 在 JSP 中，可以使用 <jsp:forward> 动作来实现页面的（　　）。

A. 重定向

B. 转发

C. 包含

D. 请求映射

三、判断题

1. JSP 的 forward 动作用于实现页面跳转。（　　）

2. <jsp:setProperty> 标签的 param 属性允许从请求参数中设置 JavaBean 的属性值。（　　）

3. <jsp:forward> 动作和 <jsp:include> 动作一样，都是在页面加载时包含其他资源的内容。（　　）

4. <jsp:getProperty> 动作用于获取 JavaBean 的属性值，并将其插入生成的页面中。（　　）

5. JSP 中的 include 动作可以动态地包含其他文件。（　　）

四、简答题

1. 简述 JSP 中 <jsp:include> 动作标识的作用。

2. 解释 JSP 中的 <jsp:param> 标签在 include 动作中的作用。

3. 解释 <jsp:forward> 动作与 HTTP 重定向之间的主要区别。

4. 解释 <jsp:useBean>、<jsp:setProperty> 和 <jsp:getProperty> 三个标签在 JSP 中的作用及相互之间的关系。

5. 描述 <jsp:forward> 动作的执行流程。

五、上机实训

使用 <jsp:include> 和 <jsp:forward> 动作标识，编程实现如下效果。

（1）head.jsp 页面定义为一个导航条，要求使用 <jsp:include> 动作被 one.jsp、two.jsp、three.jsp、error.jsp 四个页面包含。被其他页面调用后，效果如图 4-12 所示。

one.jsp页面	two.jsp页面	three.jsp页面

图4-12　head.jsp导航条效果

（2）one.jsp 页面设计一个表单，供用户输入 1 ～ 100 之间的整数，效果如图 4-13

所示。如果输入的整数在 1 ～ 50 之间就转向 two.jsp 页面，效果如图 4-14 所示；如果输入的整数在 50 ～ 100 之间（不包括 50）就转向 three.jsp 页面，效果如图 4-15 所示；如果输入不符合要求的整数，就转向 error.jsp，效果如图 4-16 所示。要求使用 <jsp:forward> 动作实现页面转发，并使用 <jsp:param> 标识将输入的整数传递到转发的页面。

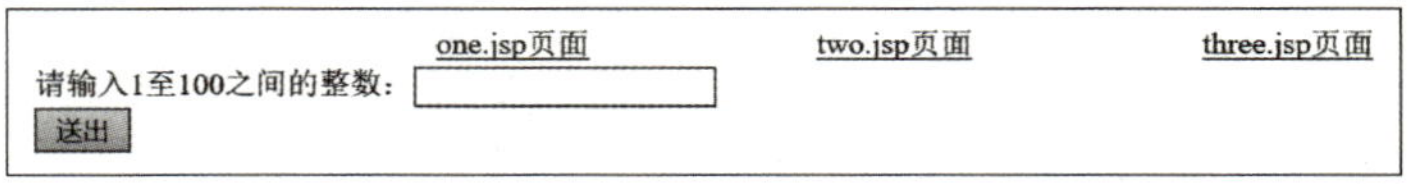

one.jsp页面　two.jsp页面　three.jsp页面
请输入1至100之间的整数：
送出

图4-13　one.jsp页面效果

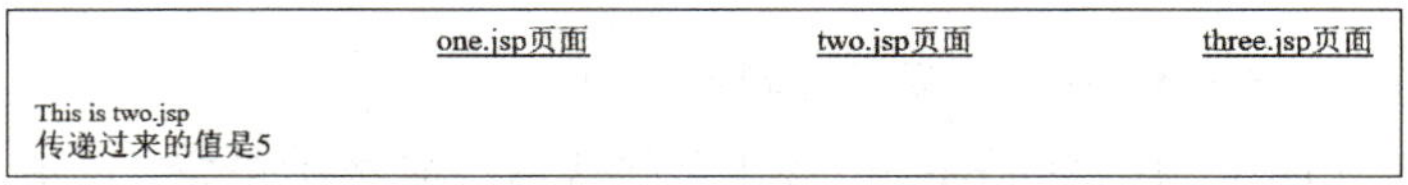

one.jsp页面　two.jsp页面　three.jsp页面
This is two.jsp
传递过来的值是5

图4-14　two.jsp页面效果

one.jsp页面　two.jsp页面　three.jsp页面
This is three.jsp
传递过来的值是55

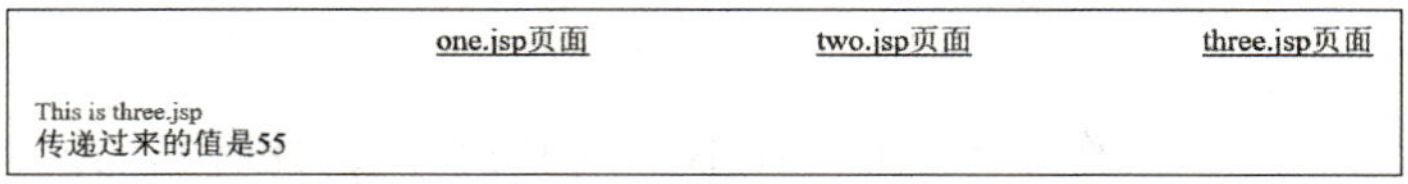

图4-15　three.jsp页面效果

one.jsp页面　two.jsp页面　three.jsp页面
This is error.jsp
传递过来的错误信息111

图4-16　error.jsp页面效果

项目 5 JSP 内置对象

知识目标

1. 理解 JSP 内置对象的概念及其重要性。

2. 掌握 JSP 内置对象的分类及其作用。

3. 了解并掌握输入 / 输出对象（request、response 和 out）、作用域通信对象（session、application 和 pageContext）、Servlet 对象（page 和 config）及错误对象（exception）的基本应用。

技能目标

1. 能够熟练、准确、高效地运用 JSP 内置对象完成各种任务。

2. 学会使用 exception 对象捕捉和处理 JSP 页面执行过程中出现的异常和错误。

素养目标

1. 培养良好的编程习惯，遵循 JSP 标准动作的规范和最佳实践。

2. 具备较强的自主学习能力，不断提升编程技能。

5.1 JSP 内置对象概述

5.1.1 JSP 内置对象的概念

JSP 内置对象是指在 JSP 页面系统中已经默认内置的 Java 对象，这些对象不需要开发人员显式声明即可使用，也称为 JSP 隐式对象。JSP 内置对象的存在，是为了简化开发过程，提高开发效率，并允许开发者更方便地与 JSP 页面和 Servlet 环境进行交互。

每个 JSP 内置对象都有其对应的 Servlet API（application program interface，应

用程序接口）类型，这意味着它们实际上是 Servlet API 中相关对象的封装。通过 JSP 内置对象，开发者可以轻松地访问和处理与 Web 应用程序相关的各种资源和服务，如用户请求数据、会话信息、应用程序级别的数据等。

5.1.2 JSP 内置对象的分类

JSP 所支持的内置对象共有 9 个，如表 5-1 所示，根据其作用不同又可分为输入 / 输出对象（request、response 和 out）、作用域通信对象（session、application 和 pageContext）、Servlet 对象（page 和 config）及错误对象（exception）四大类，如图 5-1 所示。

表5-1 JSP内置对象

对象名称	所属类型	作用
request	javax.servlet.http.HttpServletRequest	封装了来自客户端的请求信息，接收通过 HTTP 协议发送到服务器的数据
response	javax.servlet.http.HttpServletResponse	封装服务器的响应信息，将处理过的对象发送回客户端
out	javax.servlet.jsp.JspWriter	向客户端（通常是 Web 浏览器）输出内容
session	javax.servlet.http.HttpSession	表示客户端和服务器之间的一次会话，管理用户的会话信息
application	javax.servlet.ServletContext	存放全局变量，实现用户间的数据共享
pageContext	javax.servlet.jsp.PageContext	提供了对 JSP 页面所有对象及命名空间的访问，允许开发者访问 JSP 页面中的其他内置对象
page	java.lang.Object	表示当前 JSP 页面本身
config	javax.servlet.ServletConfig	获取服务器的配置信息
exception	java.lang.Throwable	封装 JSP 程序执行过程中发生的异常和错误信息

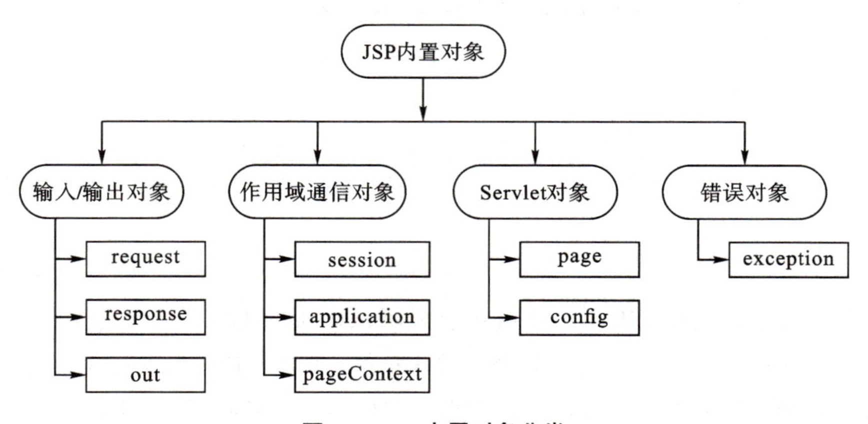

图5-1 JSP内置对象分类

（1）输入 / 输出对象：主要作为客户端和服务器间通信的桥梁，负责处理数据的输入和输出。通过输入输出对象，开发人员可以轻松地实现 Web 应用程序中的数据处理和通信。

（2）作用域通信对象：主要用于在不同的作用域之间共享和传递数据。这些对象允许开发者在不同的请求、会话和应用程序级别之间存储和检索信息，从而实现数据的持久性、全局性和跨请求的数据访问。

（3）Servlet 对象：一般情况下，在一个 Servlet 初始化时，JSP 引擎向它传递信息时会用到该类的对象，主要用于处理客户端的请求并生成响应。

（4）错误对象：即 exception 对象，是一个异常对象。当一个页面在运行过程中发生了异常或错误时就会产生一个错误对象。

注意：request、response、out 等是 JSP 内置对象的名称，也是 JSP 的保留字。变量的声明不能与这些保留字重名。

5.2　输入 / 输出对象

输入 / 输出对象包括 request 对象、response 对象和 out 对象，可以控制页面数据的输入和输出，用于访问所有与请求和响应有关的数据。它们提供了丰富的 API 和方法，使得数据的获取、处理和传输变得简单而高效。

使用request对象获取表单数据

5.2.1　request 对象

1. request 对象概述

request 对象是服务器与客户端进行交互的桥梁，它可以收集客户端通过 HTTP 请求发送的数据、获取有关客户端的信息，并且提供了各种方法来处理客户端浏览器提交的请求中的各项参数和选项，如表 5-2 所示。服务器通过 request 对象获取客户端的请求数据，并根据这些数据生成相应的响应。同时，request 对象还可以将服务器端的数据（如 Cookie）发送给客户端。

需要注意的是，request 对象只能获取客户端发送给服务器的信息，而不能将服务器端的数据发送给客户端的浏览器。另外，request 对象的生命周期通常只限于一个请求 – 响应周期，即当客户端发送一个请求到服务器，服务器处理该请求并生成响应后，request 对象就会被销毁。

表5-2 request对象提供的方法

方法名	功能
getRequestURL()	返回客户端发出请求时的完整 URL
getRequestURI()	返回请求行中的资源名部分，也就是 URL 中路径和查询字符串之前的部分
getQueryString()	返回请求行中的查询字符串部分，即 URL 中“?”之后的部分
getRemoteAddr()	返回发出请求的客户机的 IP 地址
getRemoteHost()	返回发出请求的客户机的完整主机名
getServerPort()	返回服务器接受此请求所用端口号
getServerName()	返回接受请求的服务器的主机名
getMethod()	返回客户机请求方式，通常是 GET、POST 等
getContextPath()	返回虚拟目录的路径
getServletPath()	返回 Servlet 的路径（资源路径）
getRealPath（"url"）	返回虚拟目录对应的实际目录
getProtocol()	返回请求所使用的协议及版本，如 HTTP/1.1
getHeader（String name）	返回指定的请求头的值
getHeaders（String name）	返回指定请求头的所有值
getHeaderNames()	返回一个枚举，包含所有请求头的名称
getParameter（String name）	返回指定名称的请求参数的值
getParameterValues（String name）	返回指定名称的请求参数的所有值
getParameterNames()	返回一个枚举，包含所有请求参数的名称
setAttribute（String，Object）	存储（赋值）请求中的属性
getAttribute（String name）	返回指定属性的属性值

2. 获取请求参数

例5-1代码

【例 5-1】编写一个 JSP 页面，通过表单提交数据，使用 request 对象相关方法获取提交的数据并将其输出到页面上。

（1）在 WebContent 目录下创建一个名为 Example05_01.jsp 的登录表单页面，代码如下：

```
<form action = "doWith5-1.jsp" method = "post">
    <table style = "text-align:center; " >
      <tr><td><h2>添加新留言</h2> </td></tr>
      <tr><td><textarea name = "message" rows="4" cols = "30"></textarea></td></tr>
      <tr><td><input type = "submit" value = "提交留言"></td></tr>
    </table>
</form>
```

（2）在 WebContent 目录下创建一个名为 doWith5-1.jsp 的文件，获取提交的数据并将其输出到页面上，代码如下：

```
<%
request.setCharacterEncoding ("UTF-8");
String message = request.getParameter ("message"); // 获取用户提交的留言
// 如果用户提交了留言（即表单被提交）
if (message != null && !message.isEmpty()) {
        out.println ("<style> span{width: 200px; float: left; }</style>");
        out.println ("<span>");
        out.println ("最新留言：" + message);
        out.println ("</span> ");
}
%>
```

Example05_01.jsp 的运行结果如图 5-2 所示，输入内容并点击“提交留言”按钮，页面跳转到 doWith5-1.jsp 页面，输出结果如图 5-3 所示。在本例中，doWith5-1.jsp 文件中添加了“request.setCharacterEncoding("UTF-8");”，这句代码的作用是设置获取上一个页面提交内容的编码格式为“UTF-8”，否则当提交内容为中文时会出现乱码现象。

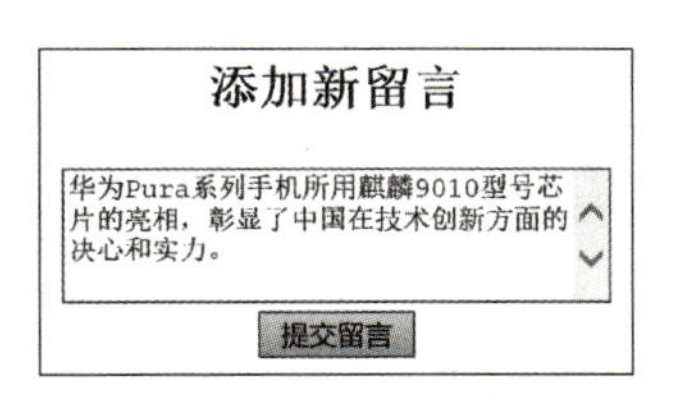

图5-2　例5-1运行结果

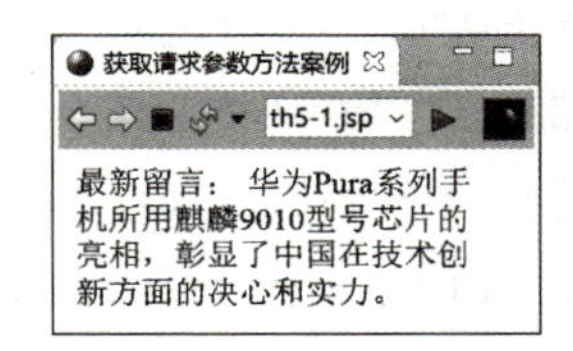

图5-3　提交留言后的运行结果

3. request 对象设定及获取属性值方法运用

有时在进行请求转发时，需要把一些数据置于转发后的页面进行处理，此时需要使用 request 对象的 setAttribute() 方法设定属性值。若要获取属性值，可在转发后的页面使用 request 对象的 getAttribute() 方法进行获取。

【例 5-2】编写一个 JSP 页面，使用 request 对象设定及获取属性值。

（1）在 WebContent 目录下创建一个名为 Example05-02.jsp 的页面，在该页面使用 setAttribute() 方法设定属性值，并使用 getAttribute() 方法获取属性值，关键代码如下：

```
<% request.setAttribute ("error", "对不起！您输入的信息有误！"); %>
<jsp:forward page = "error.jsp"></jsp:forward>
```

（2）编写一个 error.jsp 页面，在 <body> 中添加以下代码：

```
错误提示信息为：<%= request.getAttribute ("error") %>
```

Example05-02.jsp 页面运行结果如图 5-4 所示。

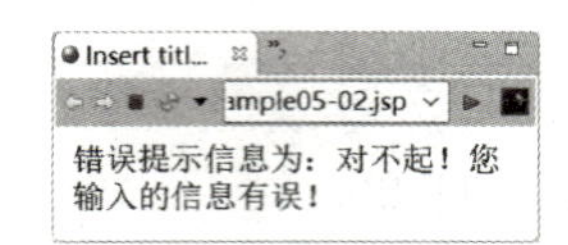

图5-4　Example05-02.jsp运行结果

4. request 对象获取客户信息方法运用

【例 5-3】编写一个 JSP 页面，使用 request 对象相关方法获取客户信息，如请求方式、协议类型及版本号、服务器名称、端口号等。

在 WebContent 目录下创建一个名为 Example05_03.jsp 页面，代码如下：

```
请求方式：<%= request.getMethod()%><br>
使用的协议类型及版本号：<%= request.getProtocol()%><br>
HTTP协议定义的文件头信息Host的值：<%= request.getHeader ("host")%><br>
HTTP协议定义的文件头信息User-Agent的值：<%= request.getHeader ("user-agent")
%><br>
URL：<%= request.getRequestURL()%><br>
URL的部分值：<%= request.getRequestURI()%><br>
客户端IP地址：<%= request.getRemoteAddr()%><br>
客户端主机：<%= request.getRemoteHost()%><br>
服务器名：<%= request.getServerName()%><br>
服务器端口号：<%= request.getServerPort()%><br>
当前请求文件的绝对路径：<%= request.getRealPath ("requestExample04.jsp")
%><br>
<%out.println ("<hr>"); %>
```

Example05_03.jsp 页面运行结果如图 5-5 所示。

请求方式：GET
使用的协议类型及版本号：HTTP/1.1
HTTP协议定义的文件头信息Host的值:localhost:8080
HTTP协议定义的文件头信息User-Agent的值:Mozilla/5.0 (Windows NT 10.0; Win64; x64; Trident/7.0; rv:11.0) like Gecko
URL：http://localhost:8080/chapter5/Example05_03.jsp
URL的部分值：/chapter5/Example05_03.jsp
客户端IP地址：0:0:0:0:0:0:0:1
客户端主机：0:0:0:0:0:0:0:1
服务器名：localhost
服务器端口号：8080
当前请求文件的绝对路径：C:\Program Files\Apache Software Foundation\Tomcat 9.0\wtpwebapps\chapter5\Example05_03.jsp

图5-5　Example05_03.jsp页面运行结果

5. request 对象综合实例

例5-4代码

【例 5-4】编写一个简单的用户注册页面，实现在用户注册页面输入用户注册信息，注册完成后单击“注册”按钮提交注册信息，页面跳转至注册成功页面，显示获取到的用户注册信息。

（1）在 WebContent 目录下创建一个名为 Example05_04.jsp 的用户注册页面，运行界面如图 5-6 所示。

图5-6　Example05_04.jsp运行界面

（2）在 WebContent 目录下创建一个名为 doWith5-4.jsp 的注册成功页面，代码如下：

```
<%
    request.setCharacterEncoding ("utf-8") ;
    String[] hobbies = request.getParameterValues ("hobbies") ;
%>
用户名：<%= request.getParameter ("name") %><br>
密码：<%= request.getParameter ("pwd") %><br>
性别：<%= request.getParameter ("sex") %><br>
年龄：<%= request.getParameter ("age") %><br>
学历：<%= request.getParameter ("education") %><br>
<% out.println ("爱好：") ;
    for (int i = 0; i < hobbies.length; i++ ) {
        out.println (hobbies[i] + "  ");
    }
%><br>
备注说明：<%= request.getParameter ("remark") %><br>
```

（3）单击 Example05_04.jsp 页面中的“注册”按钮提交注册信息，页面跳转至

doWith5-4.jsp 页面，运行界面如图 5-7 所示。

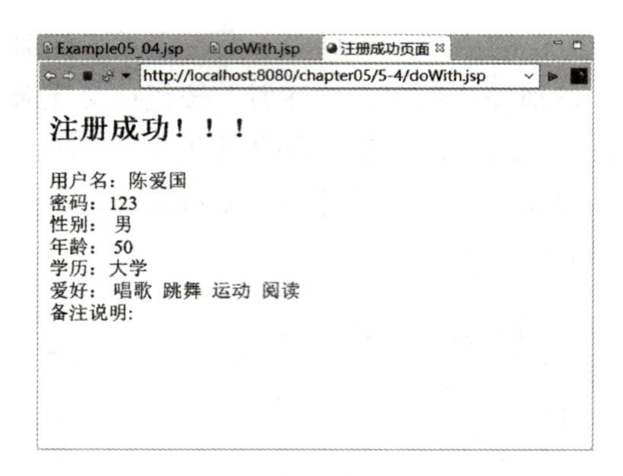

图5-7　注册成功页面示例

5.2.2　response 对象

1. response 对象概述

response 对象在 Web 应用程序中扮演着非常重要的角色，通常用于处理客户端的请求并生成相应的响应，是实现客户端和服务器之间通信的关键环节之一。response 对象与 request 对象相对应，request 对象用于获取客户端的请求信息，而 response 对象则用于将服务器端处理后的结果发送回客户端。

response对象

response 对象是 javax.servlet.http.HttpServletResponse 接口的一个实例，提供了很多方法用于向客户端发送响应，包括设置响应头、状态码、发送重定向等，方法名及功能如表 5-3 所示。

表5-3　response对象提供的方法

方法名	功能
setContentType（String type）	设置响应的 MIME 类型，例如"text/html"表示 HTML 文档，"application/json"表示 JSON 数据等
setCharacterEncoding（String charset）	设置字符编码，例如，"UTF-8"
setHeader（String name, String value）	设置特定的响应头，可以用于设置缓存控制、安全策略等
setIntHeader（String name, int value）	设置整数值的响应头
addCookie（Cookie cookie）	向响应中添加一个 Cookie
setDateHeader（String name, long date）	设置日期和时间值的响应头
setStatus（int sc）	设置 HTTP 响应的状态码
sendRedirect（String location）	发送一个重定向响应到指定的 URL
getWriter()	返回一个 PrintWriter 对象，用于向客户端发送字符输出

续表

方法名	功能
getOutputStream()	返回一个 ServletOutputStream 对象，用于向客户端发送二进制输出
flushBuffer()	清空响应的输出缓冲区，确保所有待发送的数据都被发送到客户端
setBufferSize()	设置缓冲区大小
sendRedirect（String url）	使用指定重定向 URL 向客户端发出响应
sendError（int number）	使用指定的状态码向客户端发出错误响应
sendError（int number, String msg）	使用指定的状态码和描述向客户端发出错误响应

2. response 对象重定向网页方法运用

例5-5代码

在 JSP 中，可以使用 response 对象的 sendRedirect() 方法将请求页面重定向到指定的其他页面，还可以使用 sendError() 方法指明一个错误状态。

【例 5-5】编写一个 JSP 页面，使用 response 对象实现页面重定向。

（1）在 WebContent 目录下创建一个名为 Example05_05.jsp 的简单用户登录表单页面文件，代码如下：

```
<form id = "form" name = "form" method = "post" action = "doWith5-5.jsp">
    用户名：<input name = "username" type = "text" id = "username" ><br><br>
    密    码：<input name = "pwd" type = "password" id = "pwd"
><br><br>
    <input type = "submit" name = "Submit" value = "登录" >
    <input type = "reset" name = "Submit2" value = "重置" >
</form>
```

（2）在 WebContent 目录下创建一个名为 doWith5-5.jsp 的页面文件，处理提交的用户信息，根据处理结果决定是否进行页面重定向，代码如下：

```
<%
    request.setCharacterEncoding ("UTF-8");
    if (!request.getParameter ("username").equals ("")&&!request.getParameter
 ( "pwd").equals ("")) {
          response.sendRedirect ("success5-5.jsp"); }
    else{
      response.sendError (500, "请求页面存在错误！ ");
```

```
    }
%>
```

（3）在 WebContent 目录下创建一个名为 success5-5.jsp 的页面文件，在 <body> 标签内添加以下代码：

```
<body>恭喜你，登录成功！</body>
```

Example05_05.jsp 运行页面内，输入用户名和密码后点击“登录”按钮，则由 doWith5-5.jsp 页面进行处理，如果用户名和密码不为空，则跳转到 success5-5.jsp 显示登录成功页面，否则将提示如图 5-8 所示的错误提示信息。

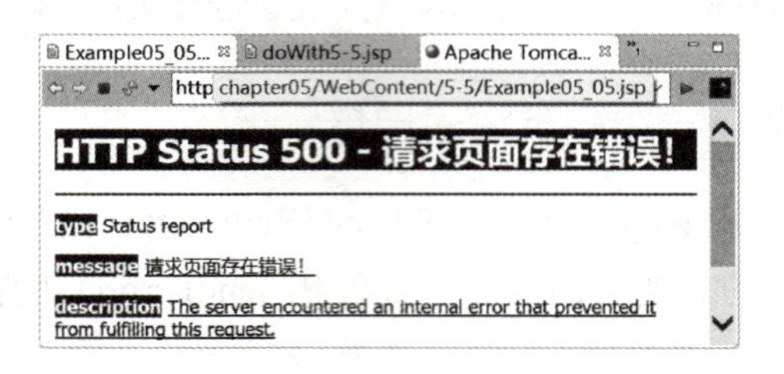

图5-8　错误提示信息

3. response 对象页面自动刷新方法运用

response 对象提供 setHeader(String name, String value) 方法设置 HTTP 响应头信息，该方法接受两个参数：头部名称和头部值。例如，刷新“response.setHeader("refresh", "1");”、5 s 之后跳转“response.setHeader ("refresh", "5; URL = another_page.jsp")”。

【例 5-6】编写一个 JSP 页面，使用 response 对象实现页面自动刷新，同时通过设置 response 对象的 setContentType()，实现将网页保存为 Word 文件。

在 WebContent 目录下创建一个名为 Example05_06.jsp 的页面文件，代码如下：

```
<%@ page language = "java" contentType = "text/html; charset = UTF-8"
pageEncoding = "UTF-8"%>
<%@ page  import = "java.util.*"%>
<html>
<body>
    <%
        out.println ("此页面一秒刷新一次: <br>");
        //创建一个Date对象，表示当前的日期和时间。
        Date now = new Date();
        //将当前日期和时间以本地格式输出到页面
        out.println (now.toLocaleString());
```

```
        //设置HTTP响应头信息，指定页面刷新的时间间隔为1 s
        response.setHeader ("refresh", "1");
        if (request.getParameter ("submit1") != null){
            response.setContentType ("application/msword; charset = gb2312");
        }
    %>
    <form action = "" method = "post" name = "form1">
        <input name = "submit1" type="submit" id = "submit1" value = "保存为word">
    </form>
</body>
</html>
```

运行结果如图 5-9 所示，继续观察该页面可发现页面中的时间以秒（s）为单位发生变化，这是因为此页面每秒刷新一次。点击“保存为 Word”按钮，会将当前页面内容保存为一个名为 Example05_06.doc 的 Word 文档，如图 5-10 所示。

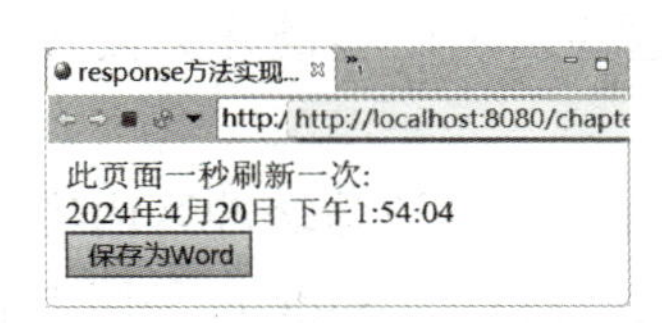

图5-9　Example05_06.jsp页面运行结果

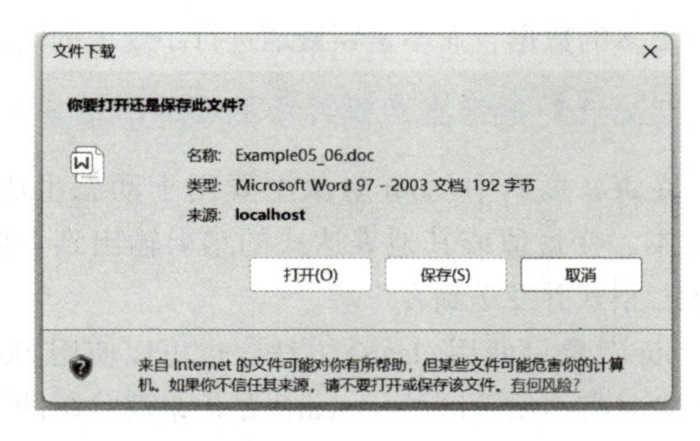

图5-10　保存为Example05_06.doc页面

5.2.3　out 对象

1. out 对象概述

out 对象是 javax.servlet.jsp.JspWriter 类的实例，充当了一个输出流的角色，用于向客户端（通常是 Web 浏览器）输出数据，可以输出各种数据类型的内容，包括文本、HTML 标记、脚本元素等。out 对象的方法名及功能如表 5-4 所示。

表5-4　out对象提供的方法

方法名	作用
print() 和 println()	这两个方法是 out 对象最常用的，用于向客户端输出数据。print() 方法输出数据后不换行，而 println() 方法则在输出数据后添加一个换行符（部分浏览器原因，可能不识别此换行符）
clear()	用于清除输出缓冲区的内容，但不关闭输出流
clearBuffer()	清除输出缓冲区的内容，与 clear() 方法类似
flush()	用于刷新输出缓冲区，即将缓冲区中的数据立即发送到客户端
close()	关闭输出流。在关闭输出流后，将无法再向客户端发送数据
getBufferSize()	获取输出缓冲区的大小
getRemaining()	获取输出缓冲区中剩余的可用空间
isAutoFlush()	检查是否启用了自动刷新功能

需要注意的是，由于 out 对象是一个带缓冲区的输出流，因此在向客户端发送数据时，并不是立即发送的，而是先写入缓冲区中。当缓冲区满或者显式调用 flush() 方法时，数据才会被发送到客户端。这种缓冲机制有助于提高输出的效率，因为它允许一次性发送更多的数据，而不是频繁地进行小规模的输出操作。

2. out 对象输出数据并获取缓冲区信息方法运用

在 JSP 页面中，out 对象主要用于动态生成 HTML 内容，print() 或 println() 方法将文本、变量值或其他表达式的结果输出到页面上，这些输出内容最终会被转换成 HTML 格式并发送到客户端。

out 对象可使用 clear() 方法，也可以使用 cleaBuffer() 方法来清除缓冲区内容，但是两者是有本质不同的。clear() 是用来清除缓冲区内容的，而 clearBuffer() 是用来清除缓冲区并重置缓冲区大小的。在调用 flush() 方法后，缓冲区的内容已经发送到了客户端，此时缓冲区已经没有内容可以清除了，因此再调用 clear() 方法会抛出 IOException 异常。而 clearBuffer() 只是重置缓冲区的大小，并不依赖于缓冲区的内容是否已经被发送，所以可以在 flush() 之后安全地调用。

【例 5-7】编写一个简单的 JSP 页面，使用 out 对象输出数据并获取缓冲区信息。

在 WebContent 目录下创建一个名为 Example05_07.jsp 的页面文件，代码如下：

```
<%@ page language = "java" contentType = "text/html; charset = UTF-8"
pageEncoding = "UTF-8"%>
<!DOCTYPE html>
<html>
<head><title>out对象输出获取缓冲区信息</title></head>
<body>
```

```
<%
   out.print ("好好学习，");
   out.println ("天天向上！");
   out.print ("<br>");
   out.flush();
   out.clearBuffer(); //这里不会抛出异常
%>
缓冲区大小: <%= out.getBufferSize() %>byte<br>
缓冲区剩余大小: <%= out.getRemaining() %>byte<br>
是否自动清空缓冲区: <%= out.isAutoFlush() %><br>
</body>
</html>
```

运行结果如图 5-11 所示。

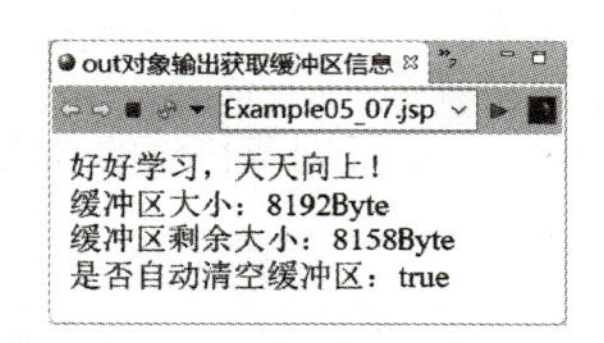

图5-11　Example05_07.jsp页面运行结果

5.3　作用域通信对象

作用域（Scope）是用来存储数据的一种机制，它定义了数据在应用程序中的可访问性和生命周期，一旦生命周期结束，该对象就不能再被使用。作用域通信对象包括 session 对象、application 对象和 pageContext 对象，输入输出对象中的 request 对象其实也是一种作用域对象。

5.3.1　session 对象

视频

session对象的常用方法

1. session 对象概述

HTTP 是一种无状态协议。也就是说，当一个客户向服务器发出请求，服务器接收请求并返回响应后，该连接就被关闭了，此时服务器不保留连接的关信息。因此当下一次连接时，服务器已没有了以前的连接信息，此时将不能判断这一次连接和以前的连接是否属于同一客户。

为了弥补这一缺点，JSP 提供了一个 session 对象，这样服务器端和客户端之间的连接在一定时间内（系统默认在 30 min 内）可以一直保持下去，如果客户端不向服务器端发出应答请求，session 对象就会自动消失。不过在编写程序时，可以修改这个时间限定值，使 session 对象在特定时间内保存信息。保存的信息可以是与客户端有关的信息，也可以是一般信息，还可以根据需要设定相应的内容。

session 对象的作用域是会话级别的，这意味着它只在当前会话中有效。每个用户都有自己的 session 对象，这些对象在服务器上独立存储，互不干扰。服务器通过 Session ID 来识别和管理不同的 session 对象。Session ID 通常是一个唯一的标识符，它可以通过 Cookie 或其他机制传递给浏览器，以便浏览器在后续的请求中能够识别并恢复用户的会话状态。需要注意的是，由于 session 对象存储在服务器上，因此相对于客户端存储（如 Cookie）来说更加安全。然而，这也意味着如果服务器发生故障或数据丢失，用户的会话信息可能会受到影响。因此，在设计和实现 Web 应用程序时，需要谨慎地考虑 session 对象的使用和管理，以确保数据的可靠性和安全性。

session 对象提供了一系列方法来存储和检索会话数据，如表 5-5 所示。

表5-5　session对象提供的方法

方法名	功能
setAttribute（String name, Object value）	在 session 对象中添加或修改属性。如果会话中已存在同名的属性，则该方法会更新该属性的值；如果不存在，则会创建一个新的属性
getAttribute（String name）	从 session 对象中获取指定名称的属性值，如果找不到该属性，则返回 null
removeAttribute（String name）	从 session 对象中移除指定名称的属性，如果成功移除了属性，则该方法返回 void；如果属性不存在，则不会执行任何操作
getAttributeNames()	返回 session 对象中所有属性名称的枚举，遍历这个枚举，可以获取会话中所有属性的名称
getId()	返回当前会话的唯一标识符（Session ID），每个会话在服务器上都有一个唯一的 Session ID，它用于标识和跟踪用户的会话状态
invalidate()	使当前会话无效，并清除所有与之关联的属性，一旦会话被无效化，它将不再可用，并且所有与之关联的数据都将被删除
setMaxInactiveInterval（int interval）	设置会话的最大不活动时间间隔（以秒为单位）；如果用户在指定的时间间隔内没有执行任何操作，则会话将自动失效，负数表示会话永不过期
getMaxInactiveInterval()	返回会话的最大不活动时间间隔（以秒为单位），该值是在调用 setMaxInactiveInterval() 方法时设置的
getCreationTime()	返回会话的创建时间，以毫秒为单位（从 1970 年 1 月 1 日 00:00 起至该会话创建时刻所经过的毫秒数）
getLastAccessedTime()	返回会话最后一次被访问的时间，以毫秒为单位，这可以帮助跟踪用户的活动状态

2. session 对象创建并获取会话方法运用

setAttribute (String name，Object value) 和 getAttribute(String name) 是 session 对象最常用的方法，它们分别用于在 session 对象中设置和获取属性值。这些属性以键值对的形式存储，其中名称（name）是一个字符串，而值（value）可以是一个 Java 对象。session 对象通过 setAttribute() 方法设置指定名称的属性值并将其保存在 session 对象中来创建会话，然后通过 getAttribute() 方法获取会话数据。

【例 5-8】编写一个简单的 JSP 页面，使用 session 对象创建并获取会话。

（1）在 WebContent 目录下创建一个名为 Example05_08.jsp 的页面文件，通过 setAttribute() 方法设置指定名称的属性值并将其保存在 session 对象中，关键代码如下：

```
<%
    // 设置session属性
    String Name = "username";
    String Value = "student01";
    // 将属性保存到session对象中
    session.setAttribute (Name，Value);
%>
<!-- 显示设置到session中的属性值 -->
<p> '<%= Name %>' 的session属性设置为：'<%= session.getAttribute (Name) %>'</
p>
<!-- 提供一个简单的表单来演示session属性的使用 -->
<form action = "doWith5-8.jsp" method="post">
    <label for = "username">username:</label>
    <input type = "text" id = "username" name = "username" value = "<%= session.
getAttribute (Name) %>" >
    <input type = "submit" value = "保存">
</form>
```

（2）在 WebContent 目录下创建一个名为 doWith5-8.jsp 的页面文件，通过 getAttribute() 方法获取指定名称的属性值，关键代码如下：

```
<%
    // 如果属性存在，则显示其值
    if (session.getAttribute ("username") != null ) {
      out.println ("'username' 的属性值是： " + session.getAttribute ("username"));
    } else {
      // 如果属性不存在，则显示一个消息
      out.println ("'username' 的属性值不存在！ ");
```

```
    }
%>
```

Example05_08.jsp 运行后，点击“保存”按钮，页面跳转到 doWith5-8.jsp，获取到的会话结果如图 5-12 所示。

图5-12　Example05_08.jsp运行结果

3. session 对象设置会话时效方法运用

记忆力游戏代码

在一个 Servlet 程序或 JSP 文件中，因为 Web 客户在进入非活动状态时不以显式的方式通知服务器，所以确保客户会话终止的唯一方法是进行会话时效设置。这是为了清除存储在 session 对象中的客户申请资源，在 Servlet 程序容器设置一个超时窗口。当非活动时间超出窗口大小时，将使 session 对象无效并撤销所有属性的绑定，从而管理会话的生命周期。

例5-9代码

【例 5-9】编写一个简单的 JSP 页面，使用 setAttribute() 方法设置用户名和密码值，单击“登录”按钮，跳转到登录成功页面，登录成功页面使用 getAtribute() 方法获取用户名和密码并显示在页面上，调用 setMaxInactiveInterval() 方法设置最大会话有效期，当页面静止等待超过会话有效期后刷新页面，用户名和密码显示为 null。

（1）在 WebContent 目录下创建一个名为 Example05_09.jsp 的登录页面，添加相关表单，使用 setAttribute() 方法设置用户名和密码值，关键代码如下：

```
<%
    session.setAttribute ("username", "student01");
    session.setAttribute ("password", "123456");
%>
```

（2）在 WebContent 目录下创建一个名为 doWith5-9.jsp 的登录跳转页面，使用 getAtribute() 方法获取用户名和密码并显示在页面上，调用 setMaxInactiveInterval() 方法设置最大会话有效期为 3 s，关键代码如下：

```
<%
    //设置会话有效期为3 s
    session.setMaxInactiveInterval (3);
```

```
    恭喜您，登录成功!<br>
%>
您的用户名是：<%= session.getAttribute ("username") %><br>
您的密码是：<%= session.getAttribute ("password") %>
```

Example05_09.jsp 运行结果如图 5-13 所示，页面中的用户名和密码是 setAtribute() 方法设置的，单击“登录”按钮，跳转到 doWith5-9.jsp，如图 5-14 所示。3 s 后会话失效，刷新页面，结果如图 5-15 所示。

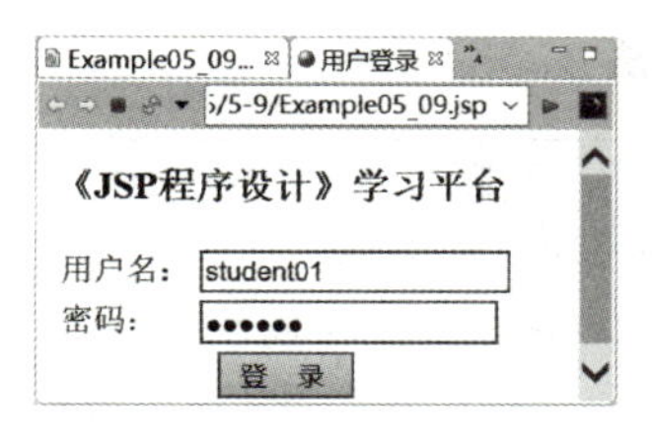

图5-13　Example05_09.jsp 运行页面

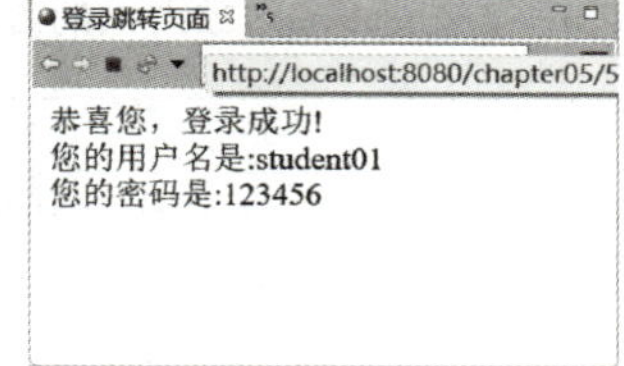

图5-14　doWith5-9.jsp运行结果

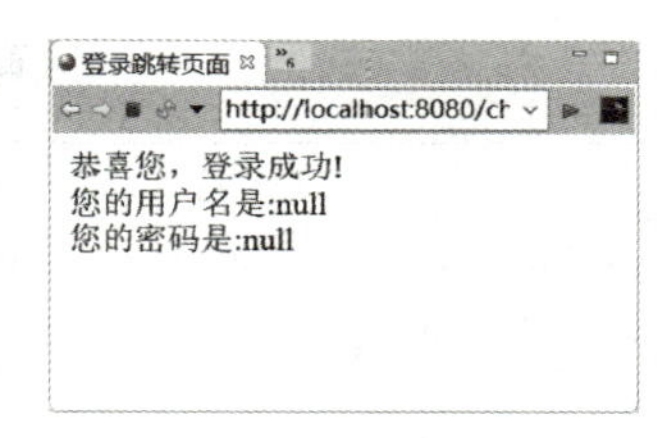

图5-15　会话失效页面运行结果

4. session 会话对象的删除及销毁

（1）使用 invalidate 方法。在 Java 中，session 对象提供了一个名为 invalidate 的方法，用于销毁当前会话。该方法会立即终止会话，并且删除其中存储的所有属性和值。以下是使用 invalidate 方法销毁 Session 的示例代码。

```
session.invalidate();
```

（2）使用 removeAttribute 方法。除了销毁整个会话，我们有时也需要仅仅移除某个特定的会话属性，而不是销毁整个会话。在 Java 中，session 对象提供了一个名为 removeAttribute() 的方法，用于移除指定的属性。以下是使用 removeAttribute() 方法移除会话属性的示例代码。

```
session.removeAttribute ("username");  //username是已经在session中定义的对象
变量
```

5.3.2　application 对象

1. application 对象概述

application 对象的作用域是整个 Web 应用程序，即所有访问当前网站的客户都共享一个 application 对象。application 对象在 Web 应用程序中主要用于保存应用程序

application对象

application留言板代码

中的公有数据，实现了多客户之间的数据共享。当 Web 服务器启动时，application 对象会自动为每个 Web 服务目录创建一个 application 对象，这些对象各自独立，与 Web 服务目录一一对应。因此，application 对象可以用来存储和访问来自任何页面的变量，这些信息可以被应用程序中的许多页面使用，例如数据库连接信息。这意味着可以从任何页面访问这些信息，并且在一个地方对这些信息做出的改变会自动反映在所有的页面上。application 对象的生命周期从 Web 服务器启动开始，直到 Web 服务器关闭。application 对象的方法名及功能如表 5-6 所示。

表5-6　application对象提供的方法

方法名	功能
setAttribute (String name, Object value)	在 application 对象中添加或修改属性
getAttribute (String name)	从 application 对象中获取指定名称的属性值
removeAttribute (String name)	从 application 对象中移除指定名称的属性。如果成功移除了属性，则该方法返回 void；如果属性不存在，则不会执行任何操作
getAttributeNames()	返回 application 对象中所有属性名称的枚举
getInitParameter (String name)	返回在 Web 应用程序的部署描述符中指定的初始化参数的值
getServletContextName()	返回 ServletContext 的名称，通常是 Web 应用程序的上下文根路径
getRealPath (String path)	将给定的虚拟路径转换为服务器文件系统上的真实路径，常用于访问存储在 Web 应用程序之外的资源
getContextPath()	返回 Web 应用程序的上下文路径
getMajorVersion() 和 getMinorVersion()	这两个方法分别返回 Servlet 规范的主要版本号和次要版本号，这有助于确定应用程序支持哪些 Servlet 特性
getMimeType (String file)	根据文件扩展名返回 MIME 类型

2. application 对象统计网页访问次数方法运用

【例 5-10】编写一个简单的 JSP 页面，使用 application 对象实现对网页访问次数的统计。

通过 application 对象调用 web.xml 文件中的初始化参数。

在 web.xml 文件中通过 <context-param> 元素初始化参数，程序代码如下：

```
<?xml version = "1.0" encoding = "UTF-8"?>
<web-app>
    <context-param>
        <param-name>num</param-name>
        <param-value>5000</param-value>
```

```
    </context-param>
</web-app>
```

在 WebContent 目录下创建一个名为 Example05_10.jsp 的页面文件，代码如下：

```
<%@ page language = "java" contentType = "text/html; charset = UTF-8"
pageEncoding = "UTF-8"%>
<!DOCTYPE html>
<html>
<head><title>网页访问计数器</title></head>
<body>
    <%
      int num = 0;
      java.util.Enumeration enema = application.getInitParameterNames();
      while (enema.hasMoreElements()){
            String num1 = (String) enema.nextElement();
            String value = application.getInitParameter (num1);
            num = Integer.parseInt (value);
    }
    if (application.getAttribute ("visitCount") != null){
            num = Integer.parseInt ((String) application.getAttribute ("visitCount"));
            /* 如果"visitCount"属性存在，则将其从String类型转换为Integer类型，并
            将其值赋给num变量 */
            num = num + 1; // 然后将num的值加1，以表示有新的访问
    }
    out.print ("访问次数:" + num); // 使用out对象将当前访问次数打印到页面上
    application.setAttribute ("visitCount", String.valueOf (num));
    /* 将更新后的num值转换回String类型，并重新设置为Application对象中的
"visitCount"属性 */
    %>
</body>
</html>
```

Example05_10.jsp 页面运行结果如图 5-16 所示。在每次页面加载时执行，检查 application 对象中是否存在 visitCount 属性。如果不存在，则 web.xml 文件中读取初始化参数，将计数器设置为 5000。如果存在，则将其值加 1，以反映新的访问次数。然后将更新后的访问次数打印到页面上，并将新值存储回 application 对象中，以便在后

续的页面访问中使用。

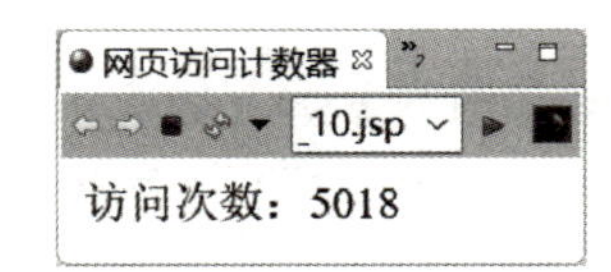

图5-16　Example05_10.jsp页面运行结果

注意：由于 application 对象在整个 Web 应用程序中都是共享的，因此这个计数器会在所有用户之间共享，即不同用户访问此网页，计数器都会计数。此外，由于 application 对象在 Web 应用程序重启时会被重置，因此计数器也会在应用程序重启后被重置。因此，这种简单的计数器实现方式可能不适用于需要长期跟踪访问次数或者需要高并发访问的应用场景。

对需要长期跟踪访问次数或需要处理高并发访问的应用场景，更可靠和可扩展的解决方案是使用数据库来存储和更新访问次数。通过数据库，即使 Web 应用程序重启，访问数据也不会丢失，而且数据库通常具有更好的并发处理能力，可以处理大量的用户访问请求。在这种情况下，每次页面被访问时，可以通过数据库查询获取当前的访问次数，然后更新数据库中的计数，并将新的访问次数返回给页面显示。

5.3.3　pageContext 对象

1. pageContext 对象概述

pageContext 对象是 JSP 页面本身的上下文，提供了对 JSP 页面所有其他内置对象的访问。pageContext 对象自身也是一个域对象，它的作用域仅限于当前 JSP 页面。这意味着在 pageContext 中设置的属性只对当前页面有效，不会影响到其他页面或应用程序范围。pageContext 对象是 javax.servlet.jsp.PageContext 类的实例，这个类提供了许多方法来访问和操作页面相关的信息和资源，如表 5-7 所示。

表5-7　pageContext对象提供的方法

方法名	作用
setAttribute(String name, Object value)	设置指定范围内的属性
getAttribute(String name)	获取指定范围内的属性
removeAttribute(String name, int scope)	移除指定范围内的属性
getPage()	返回当前页面对象
getRequest()	返回当前页面的请求（request）对象
getResponse()	返回当前页面的响应（response）对象
getSession()	返回当前页面的会话（session）对象

续表

方法名	作用
getServletContext()	返回当前 Web 应用程序的上下文对象
getServletContextName()	返回 Web 应用程序的名称
getServletConfig()	返回当前 JSP 页面的 ServletConfig 对象
getException()	返回在当前页面中抛出的异常（如果有的话）
getMimeType(String file)	根据文件扩展名返回相应的 MIME 类型
getRealPath(String path)	返回虚拟路径对应的真实文件系统路径
getResource(String path)	返回指定路径下的资源对象
getOut()	返回 out 对象，用于输出内容

2. pageContext 与其他三个域对象对比

pageContext 对象与其他三个常见的 JSP 域对象（request、session、application）在作用域、生命周期和使用场景上有明显的区别。

1）在作用域上的区别

pageContext：只作用于当前 JSP 页面，范围最小。当页面关闭或转发、重定向后，pageContext 中存储的数据将失效。

request：作用于一次 HTTP 请求，范围涵盖从请求开始到响应结束。在一个请求的生命周期内，多个 JSP 页面可以共享 request 中的数据。

session：作用于一次用户会话，范围涵盖从用户打开浏览器窗口开始到关闭窗口或会话超时。在会话期间，用户在不同页面间导航时，session 中的数据保持有效。

application：作用于整个 Web 应用程序，范围最大。从应用程序部署开始到应用程序停止运行，application 中的数据一直存在，并且所有用户共享这些数据。

2）在生命周期上的区别

pageContext：与 JSP 页面的生命周期相同，在页面被请求时创建，页面处理完成后销毁。

request：从 HTTP 请求开始，到服务器完成对该请求的处理并返回响应为止。

session：通常始于用户开始与 Web 应用程序交互的时刻，并在用户结束会话时结束，如关闭浏览器窗口或注销。

application：从 Web 应用程序部署开始到应用程序停止运行。

3）在使用场景上的区别

pageContext：主要用于访问 JSP 中的其他内置对象，如 request、session、application 等，并提供页面相关的操作，如包含其他页面或转发请求。

request：常用于获取和设置 HTTP 请求参数，如查询字符串、表单数据等，并在一次请求的生命周期内，在不同页面间传递数据。

session：用于跟踪用户的会话状态，存储用户的个性化信息，如用户登录状态、购物车内容等。

application：用于存储整个应用程序范围内的数据，如配置参数、统计信息等。这些数据对整个应用程序的所有用户都是共享的。

上述四个域对象在 JSP 中提供了不同级别的数据存储和共享能力。根据数据的性质和使用需求，开发者可以选择适当的域对象来存储和访问数据。在实际 JSP 开发过程中，很少使用 pageContext 对象，因为相对于 request 和 response 等对象来说，使用 pageContext 对象来调用其他对象比较麻烦。

例5-11代码

【例 5-11】编写一个 JSP 页面，比较 pageContext、request、session 和 application 这四个域对象的数据有效范围。

（1）在 WebContent 目录下创建一个名为 Example05_11.jsp 的页面文件，代码如下：

```
<h3>春望</h1>
<h4>唐 · 杜甫</h2>
<% //在当前JSP页面范围中设置四个不同作用域的属性
        pageContext.setAttribute ("pageContext的数据：", "国破山河在，城春草木深。
");
        request.setAttribute ("request的数据：", "感时花溅泪，恨别鸟惊心。");
        application.setAttribute ("application的数据：", "烽火连三月，家书抵万
金。");
        session.setAttribute ("session的数据：", "白头搔更短，浑欲不胜簪。");
        // session.setMaxInactiveInterval (30000);
        //使用pageContext对象的findAttribute方法来检索四个不同作用域的属性
        String data1 = (String) pageContext.findAttribute ("pageContext的数据：");
        String data2 = (String) pageContext.findAttribute ("request的数据：");
        String data3 = (String) pageContext.findAttribute ("application的数据：");
        String data4 = (String) pageContext.findAttribute ("session的数据：");
%>
<%= data1%><br>
<%= data2%><br>
<%= data3%><br>
<%= data4%><br>
```

上述代码在 JSP 页面中设置了四个不同作用域的属性，使用 pageContext 对象的 findAttribute() 方法来检索四个不同作用域的属性并输出检索到的数据，可以取出全部数据，运行结果如图 5-17 所示。

（2）在 WebContent 目录下创建一个名为 doWith5-11.jsp 的页面文件，代码如下：

```
<h3>春望</h3>
<h4>唐 · 杜甫</h4>
<%
    String data1 = (String) pageContext.findAttribute ("pageContext的数据：");
    String data2 = (String) pageContext.findAttribute ("request的数据：");
    String data3 = (String) pageContext.findAttribute ("application的数据：");
    String data4 = (String) pageContext.findAttribute ("session的数据：");
%>
<%= data1%><br>
<%= data2%><br>
<%= data3%><br>
<%= data4%><br>
```

上述代码使用 pageContext 对象的 findAttribute() 方法来检索四个不同作用域的属性并输出检索到的数据，只能取出 data3 和 data4 的数据，运行结果如图 5-18 所示。获得不同结果是因为 pageContext 对象将数据存储在页面的作用域中，只作用于当前 JSP 页面，当页面关闭或转发、重定向后，pageContext 中存储的数据将失效。request 对象将数据存储在请求的作用域中，在一次请求的生命周期内，可在不同页面间传递数据。

（3）一般来说，请求转发也算同一次请求，如果在 Example05_11.jsp 文件中加这样一行代码：

```
<% request.getRequestDispatcher ("doWith5-11.jsp") .forward (request, response);
%>
```

来请求转发doWith5-11.jsp页面，此时Example05_11.jsp运行结果会发生变化（请求转发URL不发生变化），如图5-19所示。

session 对象将数据存储在会话的作用域中，这意味着保存的数据可以在当前用户的整个会话期间的所有页面中被访问，直到会话结束，也就是说在关闭浏览器之前都可以取到。application 对象将数据存储在应用程序的作用域中，数据对整个应用程序的所有用户都是共享的，可以在整个 Web 应用程序中的所有页面中被访问，直到 Web 应用程序停止。

（4）如果重启服务器，再直接访问 doWith5-11.jsp 文件，是取不到任何数据的，如图 5-20 所示。

图5-17　Example05_11.jsp页面运行结果（1）

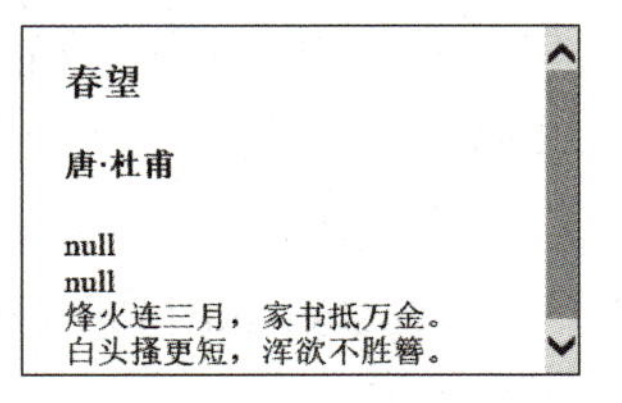

图5-18　doWith5-11.jsp页面运行结果（2）

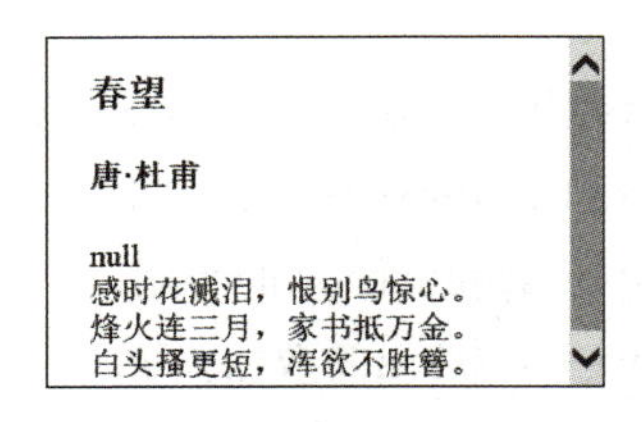

图5-19　Example05_11.jsp页面运行结果（3）

图 5-20　doWith5-11.jsp页面运行结果（4）

5.4　Servlet 对象

Servlet 对象提供了访问 Servlet 信息的方法和变量，该对象又包括 page 对象和 config 对象。当一个 HTTP 请求到达 Web 服务器时，服务器会根据请求的 URL 匹配相应的 Servlet 对象来处理该请求。

5.4.1　page 对象

page 对象代表了当前的 JSP 页面本身，提供了对页面级属性和方法的访问。它的作用域仅限于当前页面，并且其生命周期与页面的生命周期相同。page 对象通常不直接用于存储和共享数据，因为它的作用域仅限于当前 JSP 页面。对于需要在不同页面之间共享的数据，通常会使用 request、session 或 application 等域对象。在 JSP 页面中，很少使用 page 对象。page 对象的方法名及功能如表 5-8 所示。

表5-8　page对象提供的方法

方法名	作用
getclass()	返回当前 Object 的类
hashCode()	返回此前 Object 的哈希代码
toString()	将此 Object 类转换成字符串
equals(Object o)	比较此对象和指定对象是否相等
copy(Object o)	把此对象赋值到指定的对象中去
clone()	对此对象进行克隆

5.4.2　config 对象

config 对象允许 Servlet 访问其初始化参数以及服务器的配置信息，从而能够根据这些信息进行适当的配置和操作。通过 ServletConfig 对象，Servlet 能够更好地适应不同的环境和需求，提高了应用的灵活性和可维护性。config 对象的方法名及功能如表 5-9 所示。

表5-9　out对象提供的方法

方法名	作用
getInitParameter()	返回指定名称的初始化参数的值
getInitParameterNames()	返回一个枚举，其中包含所有初始化参数的名称
getServletContext()	返回 Servlet 的 ServletContext 对象（表示整个 Web 应用程序的上下文环境）
getServletName()	返回 Servlet 的名字

5.5　错误对象

错误对象也就是 exception 对象，表示 JSP 引擎在执行代码过程中抛出的种种异常。exception 对象和 Java 的所有对象一样，都具有系统的继承结构，exception 对象几乎定义了所有异常情况，这样的 exception 对象和我们常见的错误有所不同。错误指的是可以预见的，并且知道如何解决的情况，一般在编译时可以发现。异常是指在程序执行过程中不可预料的情况，由潜在的错误概率导致，如果不对异常进行处理，程序会崩溃。在 Java 中，利用名为“try/catch”的关键字来处理异常情况，如果在 JSP 页面中出现没有捕捉到的异常，就会生成 exception 对象，并把这个 exception 对象传送到在 page 指令中设定的错误页面中，然后在错误提示页面中处理相应的 exception 对象。异常处理机制和异常对象，可以有效地用于处理和管理程序中的错误和异常情况。捕获异常并获取其相关信息，可以为用户提供有用的信息，帮助用户采取适当的措施来恢复文档或处理异常。这对于构建可靠的 Web 应用程序非常重要。

exception 对象的方法名及功能如表 5-10 所示。

表5-10　exception对象提供的方法

方法名	作用
getMessage()	返回错误信息
printState Trace()	以标准形式输出一个错误和错误的堆栈
toString()	以字符串形式返回一个对异常的描述

5.6 上机实验

5.6.1 网页计算器的实现

任务描述

编写 JSP 网页，实现图 5-21 所示的网页计算器。要求允许用户通过 Web 表单输入两个数字和一个运算符，然后提交表单进行计算。程序需要对输入参数是否合法进行判断，例如参数是否为数字，被除数是否为 0 等。

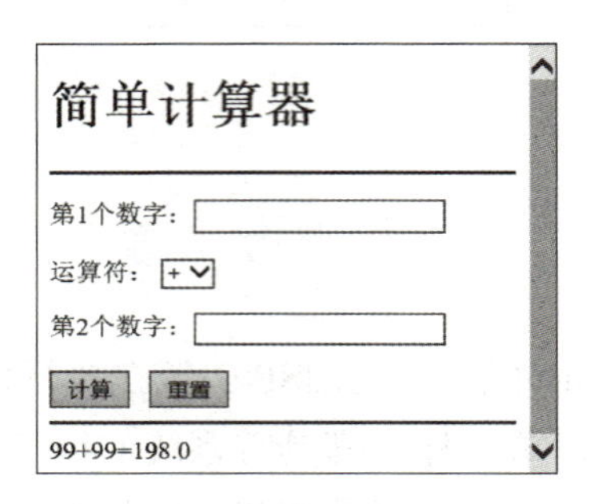

图5-21　简单网页计算器

任务实施

在 WebContent 目录下创建一个名为 Example05_12.jsp 的 JSP 文件，页面布局代码如下：

```
<form action = "Example05_12.jsp" method = "post">
    <p>第1个数字：<input type = "text" name = "num1" /></p>
    <p>运算符：
      <select name = "operation">
        <option value = "+">+</option>
        <option value = "-">-</option>
        <option value = "*">*</option>
        <option value = "/">/</option>
      </select>
```

文档

网页计算器代码

```
            </p>
            <p>第2个数字：<input type = "text" name = "num2" /></p>
            <input type = "submit" value = "计算" name = "operation"/>   
            <input type = "reset" value = "重置" />
        </form>
```

上述代码通过 request.getParameter() 方法获取用户输入的两个数字和运算符，在进行数据处理前先检查这些参数是否为空或无效。如果任何一个参数为空或无效，页面将显示相应的错误消息；如果所有参数都有效，代码将使用 switch 语句根据用户选择的运算符执行相应的计算。在执行除法运算之前，代码会检查第 2 个数字（除数）是否为零，以避免除以零的错误。

5.6.2　猜数字游戏

任务描述

编写 JSP 网页，使用 JSP 内置对象实现猜数字的小游戏。要求随机产生一个 1~100 的整数，然后将这个整数存在用户的 session 对象中。用户在表单里输入一个整数，来猜测分配给自己的那个整数，判断这个整数是否和用户 session 对象中存在的那个整数相同，如果相同输出“恭喜你，猜对了！”，如果不相同就输出“猜小啦，再猜一次吧！”或“猜大啦，再猜一次吧！”，同时在页面上显示猜测次数。

猜数字游戏代码

任务实施

（1）在 WebContent 目录下创建一个名为 GuessNumber.jsp 的 JSP 文件，该文件是游戏开始页面。

```
<% int num = (int) (Math.random() * 100) + 1;
    session.setAttribute ("count", 0);
    session.setAttribute ("answer", num); %>
<form action = "Deal.jsp" method = "post">
    <input type = "text" name = "usernum">
    <input type = "submit" value = "提交" name = "submit">
</form>
```

该页面文件能够随机产生一个 1 ～ 100 的整数保存在用户的 session 对象中，并在页面上显示一个供用户输入猜测数据的表单。

（2）编写一个判断数字大小的页面文件 Deal.jsp，页面代码如下：

```
<% String str = request.getParameter ("usernum");
    if (str == null)
        str = "0";
    int guessNum = Integer.parseInt (str);
    int answer = (int)session.getAttribute ("answer");
    int count = (int)session.getAttribute ("count");
    count++;
    session.setAttribute ("count", count);
    if (guessNum == answer){ response.sendRedirect ("Sucess.jsp"); } else if
(guessNum > answer){
        response.sendRedirect ("Big.jsp");
        }else{response.sendRedirect ("Small.jsp" ); }
%>
```

该页面接收用户在 GuessNumber.jsp 页面提交的数据，判断应转至哪一个页面。如果猜大了就跳转至 Big.jsp 页面，猜小了就跳转至 Small.jsp 页面，猜对了就跳转至 Sucess.jsp 页面。

（3）在 WebContent 目录下创建一个名为 Big.jsp 的 JSP 文件，代码如下：

```
<% out.println ("猜大啦，再猜一次吧！");        %>
<form action = "Deal.jsp" method = "post">
    <input type = "text" name = "usernum">
    <input type = "submit" value = "提交" name = "submit">
</form>
```

该页面文件显示相应的消息，并提供表单让用户再次猜测，表单仍然提交给 Deal.jsp 处理。

（4）在 WebContent 目录下创建一个名为 Small.jsp 的 JSP 文件，代码如下：

```
<% out.println ("猜小啦，再猜一次吧！"); %>
<form action = "Deal.jsp" method = "post">
    <input type = "text" name = "usernum">
    <input type = "submit" value = "提交" name = "submit">
</form>
```

该页面文件显示相应的消息，并提供表单让用户再次猜测，表单仍然提交给 Deal.jsp 处理。

（5）在 WebContent 目录下创建一个名为 Success.jsp 的 JSP 文件，代码如下：

```
<h1>猜数字游戏</h1>
恭喜你，猜对啦！<br>
<%
    int count = (int) session.getAttribute ("count");
    int answer = (int) session.getAttribute ("answer");
    out.println ("正确答案就是:"+answer+"<br>");
    out.println ("您猜了"+count+"次<br>");
%>
<form action = "GuessNumber.jsp" method = "post">
    <input type = "submit" value = "再玩一次" name = "submit">
</form>
```

该页面文件显示猜中数字后的相应的消息，用户点击“再玩一次”按钮可重新跳转至 GuessNumber.jsp 页面，开始一局新游戏。

（6）运行 GuessNumber.jsp 文件，多次输入所猜数字后，猜对答案的结果如图 5-22 所示。

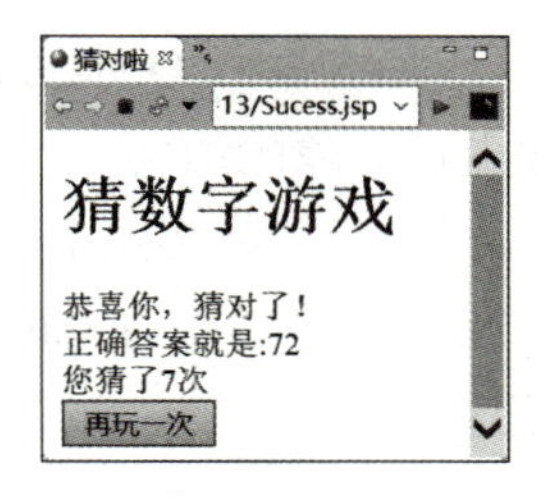

图5-22　GuessNumber.jsp运行结果

项目小结

本项目讲解了 JSP 内置对象的概念、分类及其作用，详细介绍了 JSP 内置对象的使用方法，通过学习本项目，读者能够熟练、准确、高效地运用 JSP 内置对象完成各种任务。

思考与练习

一、填空题

1. JSP 的内置对象按照其不同的作用可分为____________对象、____________对象、Servlet 对象和错误对象。

2.____________对象代表了当前 JSP 页面本身，提供了对页面属性和方法的访问。

3.____________对象用于向客户端（通常是 Web 浏览器）输出数据，可以输出各种数据类型的内容。

二、选择题

1. 在 JSP 中，pageContext 对象的作用是（　　）。

A. 代表当前 JSP 页面本身　　B. 提供对页面属性和方法的访问

C. 代表整个 Web 应用程序的上下文环境　　D. 提供对 HTTP 请求和响应的访问

2. request 对象用于获取（　　）信息。

A. 当前用户的会话状态　　B. 整个 Web 应用程序的上下文环境

C. HTTP 请求的信息　　D. 服务器配置信息

3.（　　）对象提供了对其他内置对象的访问。

A.request　　B.session

C.pageContext　　D.application

4. session 对象的主要用途是什么？（　　）

A. 存储用户的个人信息　　B. 存储整个 Web 应用程序的配置信息

C. 存储 HTTP 请求的信息　　D. 存储服务器的状态信息

5. 调用 getCreationTime() 可以获取 session 对象创建的时间，该时间的单位是(　　)。

A. 秒　　B. 分秒

C. 毫秒　　D. 微秒

三、判断题

1. 在 JSP 中，page 对象是一个内置对象，用于代表当前 JSP 页面本身。（　　）

2. config 对象代表了当前的 JSP 页面本身，提供了对页面级属性和方法的访问。（　　）

3. request 对象能将服务器端的数据发送给客户端的浏览器。（　　）

4. request 对象的生命周期通常只限于一个请求 – 响应周期。（　　）

5. pageContext 对象自身也是一个域对象，它的作用域仅限于当前 JSP 页面。(　　)

四、简答题

1. 简述 JSP 内置对象的作用。

2. session 对象和 application 对象有什么区别?

3. 简述请求转发和请求重定向的定义及区别。

五、上机实训

1. 编写一个简易购物车，实现向购物车内添加、移除指定商品和清空购物车功能。

2. 利用 JSP 内置对象为某一网站编写一个 JSP 程序，统计该网站的访问次数。

（1）按照客户进行统计（按照浏览器进行统计，同一个浏览器访问网站多次刷新网站，算一次访问）。

（2）每刷新一次页面，算是一次访问。

项目 6　JavaBean 技术

知识目标

1. 理解 JavaBean 的基本概念、特点和种类。
2. 掌握 JavaBean 的规范和设计原则。
3. 熟悉 JavaBean 在 JSP 中的应用。

技能目标

1. 能够在 JSP 中正确使用 JavaBean。
2. 能够解决 JavaBean 应用中的常见问题。

素养目标

1. 培养问题解决能力和团队合作精神。
2. 提升自主学习能力和创新精神。

6.1　JavaBean 技术

JSP 网页开发的早期阶段，开发者常常将 Java 代码直接嵌入到网页中，用于处理诸如字符串操作、数据库交互等业务逻辑。这种早期的 JSP 开发模式如图 6-1 所示。然而，这种做法将大量的 Java 代码混杂在包含 HTML、CSS 等其他代码的 JSP 页面中，不仅使得页面设计者和 Java 开发者的工作相互干扰，增加了出错的概率，而且极大地增加了后期维护和调试的难度。此外，这种方式也无法很好地体现面向对象的编程思想，限制了代码的重用性。

JavaBean概述

为了解决这个问题，人们将 Java 代码从 JSP 页面中抽离出来，封装成专门处理特定业务逻辑的类，即 JavaBean 组件。这样，在 JSP 页面中就只需要调用这些组件，而无需再嵌入大量的 Java 代码。这种开发模式如图 6-2 所示。通过 JavaBean 与 JSP 的整合，显著降低 HTML 代码与 Java 代码之间的耦合度，使 JSP 页面更加简洁清晰。同时，JavaBean 组件的重用性和灵活性也得到了极大地提升，使得整个开发过程更加高效和规范。

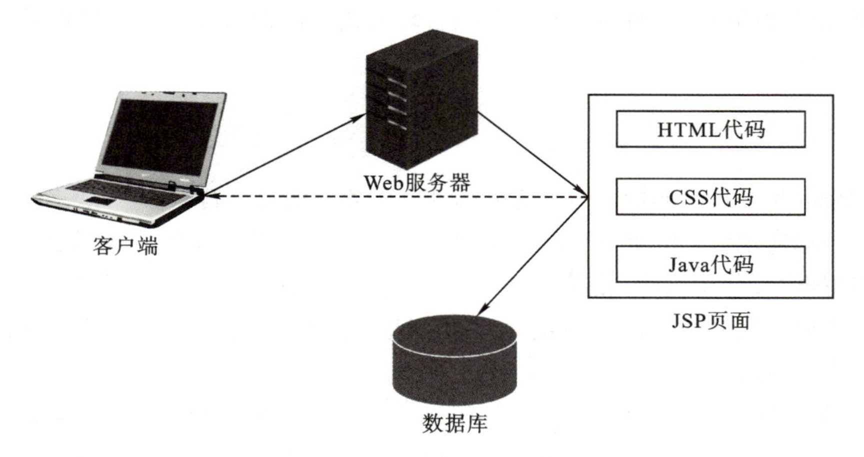

图6-1　早期JSP开发模式

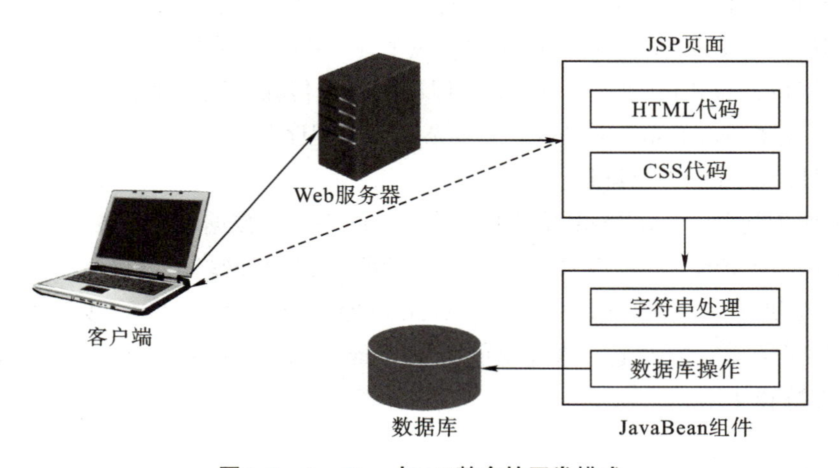

图6-2　JavaBean与JSP整合的开发模式

6.1.1　JavaBean 技术概念

JavaBean 是一种可以轻松重用并集成到应用程序中的 Java 类，它允许开发者将任何通过 Java 代码创建的对象进行封装。通过合理地组织和利用具有各种功能的 JavaBean，开发者能够迅速构建出全新的应用程序。JavaBean 最显著的优势在于其极大地提升了代码的可重用性，同时也显著增强了软件的可维护性和易用性。

可以形象地将 JavaBean 比喻为一个智能储物柜，其内部被巧妙地划分为多个独立的小格子，每个小格子都代表一个属性，这些属性是私有的，就像格子被上了锁一样，外部无法直接窥视或接触其中的内容。每个格子都可以存储不同类型的数据。此外，这个柜子不仅仅是一个简单的存储容器，它还拥有智能管理的能力。将物品放入智能储物柜的特定格子就相当于为 JavaBean 的某个属性设置值，而从格子中取出物品则相当于检索该属性的值。这种智能且直观的管理方式使得 JavaBean 成为软件开发中不可或缺的一部分。

6.1.2 JavaBean 技术特点

JavaBean 是一种遵循特定写法的 Java 类，通常具有如下特点。

（1）可以实现代码的重复利用。JavaBean 通过封装一些通用的功能，如数据库操作、事务处理逻辑等，使得这些功能可以在多个程序中重复使用，大大提高了代码的重用性。开发者只需要通过调用 JavaBean 的属性和方法，就可以快速地进行程序设计，而无须每次都从头开始编写代码。

（2）易于编写、维护和使用。JavaBean 实现了逻辑的封装，使得事务处理和结果显示互不干扰。这种模块化的设计方式可以让开发者更加专注于自己的业务逻辑，而不需要过多地关注底层的实现细节。同时，如果需要对某个功能进行修改或升级，只需要修改对应的 JavaBean 即可，而无须对整个程序进行大规模的改动。

（3）支持分布式运用。JavaBean 可以在网络上传输，这使得它非常适合用于分布式系统中。通过 JavaBean，可以将一个复杂的应用程序分解为多个小的、独立的组件，这些组件可以在不同的计算机上运行。

（4）便于管理。JavaBean 可以被存储在文件中或者数据库中，便于持久化存储和管理。此外，JavaBean 还可以被序列化成字节流，方便在网络上进行传输。

（5）提供了一种标准的接口。JavaBean 定义了一种标准的接口，即所有的 JavaBean 都必须遵守的规范。这种规范性使得 JavaBean 在不同的开发环境中都能够得到很好的支持和使用。

6.1.3 JavaBean 技术分类

JavaBean 根据功能差异可分为可视化与非可视化两类。传统的应用中，可视化 JavaBean 主要负责构建图形用户界面元素，如窗体、按钮和文本框等。然而，随着技术演进和项目需求的变化，非可视化 JavaBean 在现代开发中占据了主导地位，这类 JavaBean 没有用户界面，对最终用户是隐藏的，主要用于实现复杂的业务逻辑和封装关键业务对象，在 JSP 中的应用十分广泛。

非可视化 JavaBean 可进一步细分为值 JavaBean 和工具 JavaBean。值 JavaBean 严

格遵守 JavaBean 的命名约定，通常用于封装和传递表单数据，充当信息的载体。而工具 JavaBean 则更加灵活，可以不受 JavaBean 规范的约束。它们常用于封装后端业务逻辑、处理数据操作等任务，例如建立数据库连接、执行增删改查操作，以及处理字符编码问题等。工具 JavaBean 有助于将业务逻辑与前端显示解耦，从而提升代码的可读性和可维护性。

相对而言，可视化 JavaBean 更多用于构建 Applet 或独立的 Java 应用程序。在 JSP 程序中，主要使用非可视化 JavaBean。

在 JSP 中用 JavaBean 来封装用户登录时表单中的用户名和密码，代码如下：

```
public class UserBean {
    //声明userName属性，代表用户名
    private String userName;
    //声明password属性，代表密码
    private String password;
    //给userName属性提供get×方法
    public String getUserName() {return userName; }
    //给userName属性提供set×方法
    public void setUserName(String userName) { this.userName = userName; }
    //给password属性提供get×方法
    public String getPassword() { return password; }
    //给password属性提供set×方法
    public void setPassword(String password) { this. password = password; }
}
```

6.1.4　JavaBean 技术规范

JavaBean 是一个可重用的 Java 软件组件模型，在编写时，必须符合特定的规范，以便其他 Java 类能够方便地访问其属性、方法和事件。JavaBean 规范主要包括以下几个方面。

（1）JavaBean 类必须是 public 类。

（2）JavaBean 类必须拥有一个无参（默认）构造方法。

（3）JavaBean 类中不应该包含 public 变量，类成员变量应该是 private 类型。

（4）JavaBean 类通过 get× 和 set× 方法访问成员变量。

JavaBean 应该直接或间接实现 java.io.Serializable 接口，以支持序列化机制。JavaBean 序列化机制可以将一个实现了 Serializable 接口的对象转换成一组字节数据，这样日后要用这个对象时候，就能把这些字节数据恢复出来，并据此重新构建那个对象。在跨网络的环境下，序列化机制能自动补偿操作系统方面的差异。也就是说，可以在

Windows 机器上创建一个对象，序列化之后，再通过网络传到 Unix 机器上，然后在那里进行重建。而不用担心在不同的平台上数据是怎样表示的、byte 顺序怎样，或者别的什么细节。

这些规范确保了 JavaBean 的可重用性、可移植性和互操作性，使得 JavaBean 成为 Java 应用程序开发中的重要组件之一。在实际开发过程中，开发人员可以根据需要编写符合规范的 JavaBean 类，并在应用程序中重复使用它们，从而提高开发效率和代码质量。

6.1.5 创建 JavaBean 类

创建JavaBean的方法

JavaBean 组件在软件开发中的应用极为广泛。无论是之前学习的 Java 实体类，还是后续将要深入探索的数据库访问和数据处理功能都通过 JavaBean 实现。下面，我们将通过创建一个名为“Book”的 JavaBean 类，来展示如何创建并使用 JavaBean 类。

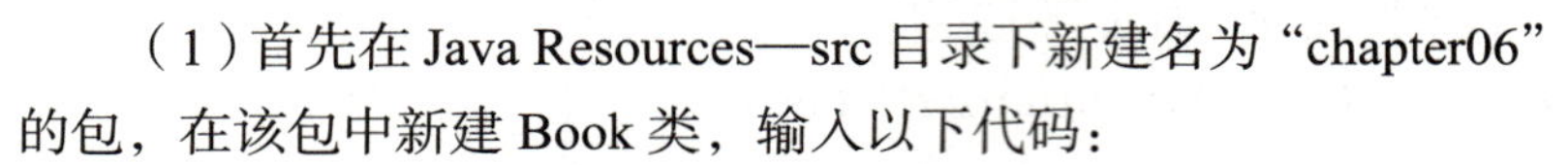

（1）首先在 Java Resources—src 目录下新建名为“chapter06”的包，在该包中新建 Book 类，输入以下代码：

```
//定义私有的属性，表示书籍相关信息
private String bookName; //书名
private String bookAuthor; //作者
private String bookISBN; //书号
```

（2）在光标定位到 bookISBN 变量后的任意位置，单击鼠标右键，选择“Source”选项后的“Generate Getters and Setters...”后，将对话框中显示的 bookName、bookAuthor 和 bookISBN 三个变量全部选中，点击“Generate”按钮后，上述三个变量被自动添加对应的 get×() 和 set×() 函数。关键代码如下：

```
public class Book {
    //定义私有的属性，表示书籍相关信息
    private String bookName; //书名
    private String bookAuthor; //作者
    private String bookISBN; //书号
    public String getBookName() { return bookName; }
    public void setBookName(String bookName) { this.bookName = bookName; }
    public String getBookAuthor() { return bookAuthor; }
    public void setBookAuthor(String bookAuthor) { this.bookAuthor =
bookAuthor; }
    public String getBookISBN() { return bookISBN; }
    public void setBookISBN(String bookISBN) {this.bookISBN = bookISBN; }
    }
```

6.2　JavaBean 的应用

JavaBean的创建和应用

JavaBean 的应用十分广泛，它可以应用到项目中的很多层。在 JSP 页面中，通常使用 <jsp:useBean>、<jsp:getProperty> 和 <jsp:setProperty> 这三个 JSP 动作元素来调用 JavaBean。

6.2.1　常用 JSP 动作元素

JSP 动作元素是 JSP 页面中的特殊标记，它们提供了与 JSP 容器进行交互的功能。这些动作元素通常以“<jsp:”开始并以“/>”结束，类似于 XML 或 HTML 的标记。动作元素在请求处理期间由 JSP 容器执行，它们可以控制页面的行为，如创建对象、处理 JavaBean、包含其他资源、重定向页面等。

JSP 动作元素提供了一种强大的方式来增强 JSP 页面的功能，并且使得页面开发更加模块化和可维护。它们通过容器提供的标准动作来实现与后端逻辑、数据处理和资源管理的交互。不过，需要注意的是，过度使用动作元素可能会使页面逻辑变得复杂，因此在设计时应当保持代码的清晰和简洁。

在 JSP 2.0 规范中定义了 20 多个标准的动作元素，在 JSP 中使用 JavaBean 的动作元素主要有 3 个，如表 6-1 所示。

表6-1　常用JSP动作元素

JSP 动作元素	作用
<jsp:useBean>	用于查找指定类型的 JavaBean，如果找到则返回引用，否则创建一个新的实例
<jsp:setProperty>	用于设置 JavaBean 对象的属性
<jsp:getProperty>	用于获取 JavaBean 对象的属性值

1. <jsp:useBean> 动作元素

<jsp:useBean> 动作用于在指定的域范围内查找指定名称的 JavaBean 对象。如果查找到，则直接返回该 JavaBean 对象的引用；如果未查找到，则实例化一个新的 JavaBean 对象并将它以指定的名称存储到指定的域范围。

进行查找定位或实例化 Bean 对象时，<jsp:useBean> 的工作流程如下。

（1）查找 Bean 对象：首先，<jsp:useBean> 动作会在由 scope 属性指定的作用域内，尝试查找一个与 id 属性值匹配的 JavaBean 对象。

（2）定义引用变量：使用由 id 属性指定的名称定义一个引用类型的变量。

（3）返回引用：若找到了匹配的 JavaBean 对象，则该对象被引用变量引用。

（4）实例化新 JavaBean 对象：如果没有找到匹配的 JavaBean 对象，<jsp:useBean> 动作会根据 class 属性中指定的完全限定类名实例化一个新的 JavaBean 对象，并被引用变量引用。

（5）执行体标记：如果此次 <jsp:useBean> 是实例化新的 JavaBean 对象而非定位已存在的 Bean 对象，且它有体标记（body tags）或元素（位于开始标签 <jsp:useBean> 和结束标签 </jsp:useBean> 之间的内容），则执行体标记。

<jsp:useBean> 动作的语法格式如下：

```
<jsp:useBean id = "beanName" class = "fully.qualified.ClassName"
scope = "scopeValue" type = "optionalType" />
```

其中，id 属性指定 JavaBean 实例对象的引用名称，以及在作用域中存储时的名称。此名称在 JSP 页面中必须唯一，并且大小写敏感，须符合 JSP 页面的脚本语言命名规则。class 属性指定 JavaBean 的完全限定类名，包名和类名的大小写敏感。这个类不能是抽象的，并且必须有一个公共的、无参数的构造器。scope 属性指定 JavaBean 实例对象存储的作用域，可选值为 page、request、session、application。如果不指定，则默认值为 page。type 是可选属性，用于指定 JavaBean 对象应被强制转换成的类型。

2. <jsp:setProperty> 动作元素

<jsp:setProperty> 动作用于设置 JavaBean 对象的属性。此动作标签底层是通过动作调用 JavaBean 对象的 set×() 方法给属性赋值，所以要想使用此动作给 JavaBean 对象的属性赋值，JavaBean 类中必须提供公有的 set×() 方法。

<jsp:setProperty> 动作有三种使用方法，语法格式如下。

格式一：通过 value 属性，使用常量或表达式值给 JavaBean 属性赋值。

```
<jsp:setProperty name = "beanName" property = "propertyName" value = "{string |
<%= expression%>}" />
```

格式二：通过 param 属性，使用指定的参数值给 JavaBean 属性赋值。

```
<jsp:setProperty name = "beanName" property = "propertyName"
param = "parameterName" />
```

格式三：通过通配符 *，使用同名表单元素的值给 JavaBean 的属性赋值。

```
<jsp:setProperty name = "beanName" property = "*" />
```

其中，name 属性用于指定 JavaBean 实例对象的名称。property 属性用于指定 JavaBean 实例对象的属性名。value 属性用于指定 JavaBean 对象的某个属性的值，可以是字符串，也可以是表达式。当属性值为字符串时，该值会自动转化为 JavaBean 属性相应的类型，如果属性值是一个表达式，那么该表达式的计算结果必须与所要设置的

JavaBean 属性的类型一致。param 属性用于将 JavaBean 实例对象的某个属性值设置为一个请求参数值。

3. <jsp:getProperty> 动作元素

<jsp:getProperty> 动作用于读取 JavaBean 对象的属性。此动作标签底层是通过调用 JavaBean 对象的 get × () 方法来获取属性值，然后将读取到的属性值转换成字符串，插入输出的响应正文中并显示到页面上。

<jsp:getProperty> 动作的语法格式如下：

```
<jsp:getProperty name = "beanInstanceName" property = "propertyName" />
```

其中，name 属性用于指定 JavaBean 实例对象的名称，其值应与 <jsp:useBean> 动作的 id 属性值相同；property 属性用于指定 JavaBean 实例对象的属性名。如果一个 JavaBean 实例对象的某个属性的值为 null，那么使用 <jsp:getProperty> 动作输出该属性的结果将是一个内容为“null”的字符串。

6.2.2　JavaBean 类的作用域

对于 JSP 程序而言，使用 JavaBean 组件不仅可以封装许多信息，而且还可以将一些数据处理的逻辑隐藏到 JavaBean 的内部。除此之外，我们还可以设定 JavaBean 的 scope 属性，使得 JavaBean 组件对于不同的任务具有不同的生命周期和不同的使用范围。

JSP 中 JavaBean 是通过标签 <jsp:useBean> 来声明的，基本语法如下：

```
<jsp:useBean id = "beanName" class = "className" scope = "page/request/session/
application></jsp:useBean>
```

JavaBean 的生命周期是通过 scope 属性来描述的，指定了 JavaBean 的实例 id 在 JSP 程序中存在的范围。scope 属性具有四个可能的值，分别是 application、session、request、page，分别代表 JavaBean 的四种不同的生命周期和四种不同的使用范围。各个取值的含义如下。

（1）page。JavaBean 实例保存在 pageContext 对象中，只能在当前创建这个 JavaBean 的 JSP 文件中进行操作，这个实例在请求返回给客户端后或者转移到另外的 JSP 页面后失效。page 范围的 JavaBean 常用于进行一次性操作，比如表单提交、计算处理等。

（2）request。JavaBean 实例保存在 request 对象中，在处理请求的所有 JSP 页面中都有效，在请求全部处理完毕后被释放。request 范围的 JavaBean 常用于需要共享同一次请求的 JSP 页面中，比如用户登录页面。

（3）session。保存在 session 范围的 JavaBean 实例的生存周期是整个 session，当 session 过期后被释放，常用于共享同一 session 的 JSP 页面，比如购物车、登录后的用户信息等。注意：<%@page 标签中不要设置“session = false”，否则在这个 JSP 页面中 session 将不会起作用，JSP 默认“session = true”，所以保持默认即可。

JavaBean中的属性

（4）application。JavaBean 实例保存在 application 对象中，有 application 范围的生存周期是整个应用程序，当 Web Server 停止才会失效。application 范围的 JavaBean 常用于共享同一 application 的 JSP 程序中，比如配置数据库连接、全局的计数器或者存储聊天室中人员信息等。

例6-1代码

【例 6-1】使用 <jsp:getProperty>、<jsp:etProperty> 动作元素获取 JavaBean 的属性信息，实现登录的功能。

（1）在 Java Resources—src 目录下 chapter06 包中新建 UserBean 类，声明 name 和 password 两个属性，并生成对应的 get × () 和 set × () 方法，然后再添加 validate() 函数用于实现登录判断的功能，关键代码如下：

```
public boolean validate(){
    String name = getName();
    String password = getPassword();
    //实际应用中，应该查询数据库，验证用户名和密码
    if("admin".equals(name) && "123".equals(password)){
        return true;
    }else{
        return false;
    }
}
```

（2）在 WebContent 目录下创建一个名为 Example06_01.jsp 的页面文件，用来接收登录账号和密码，如图 6-3 所示，关键代码如下：

```
<form action = "logincheck.jsp" method = "post">
    <div id = "box" style = "height:300px; width:400px; margin:auto; text-align:center">
        <h1>用户登录</h1>
        用户名：<input type = "text"  name = "name"/><br><br>
        密        码：<input type="password" name = "password"/><br><br>
        <input type = "reset" value = "重填">
        <input type = "submit" value = "登录">
```

```
    </div>
</form>
```

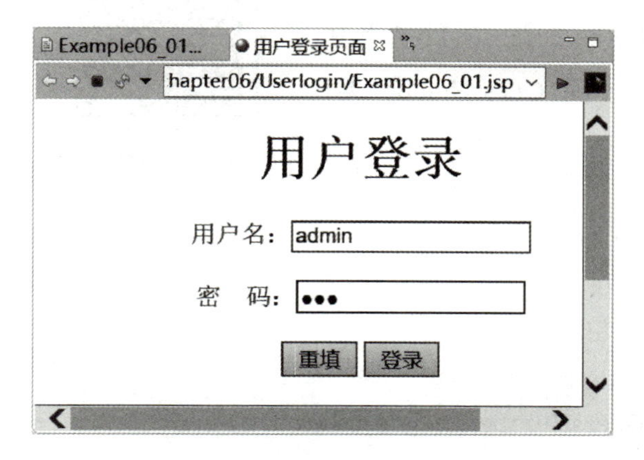

图6-3　例6-1登录界面

（3）在 WebContent 目录下创建一个名为 logincheck.jsp 的页面文件，用来使用 JavaBean 处理登录账号和密码的判断，关键代码如下：

```
<jsp:useBean id = "user" scope = "session" class = "UserBean.UserBean"></
jsp:useBean>
<jsp:setProperty property = "*" name = "user"/>
<%request.setCharacterEncoding("UTF-8"); %>
<%
    if(user.validate()){
%>
        <jsp:forward page = "welcome.jsp"></jsp:forward>
<%
        }else{
            out.println("用户名或密码错误，请<a href = \"Userlogin.jsp\">重新登录</
a>");
        }
%>
```

（4）在 WebContent 目录下创建一个名为 welcome.jsp 的页面文件，当验证成功时用来实现页面的跳转。关键代码如下：

```
<jsp:useBean id = "user" scope = "session" class = "UserBean.UserBean"></
jsp:useBean>
<jsp:setProperty property = "*" name = "user"/>
欢迎你，<jsp:getProperty name = "user" property = "name"/>!
```

【例 6-2】使用 JavaBean 设计一个猜数字大小的程序。

（1）在 Java Resources—src 目录下新建 GuessNumber 包，新建 GuessNumber 类，关键代码如下：

视频

JavaBean在JSP中的应用

文档

例6-2代码

```
int answer = 43;
int guessNumber = 0;
int guessCount = 0;
String result = null;
boolean right = false;
public void setGuessNumber(int guessNumber){
      this.guessNumber = guessNumber;
      guessCount++;
      if(guessNumber == answer){
          result = "恭喜你猜对了！ ";
          right=true;
      }
      else if(guessNumber > 100||guessNumber <= 0){
          result = "请输入1 ~ 100的整数";
          right = false;
      }
      else if(guessNumber > answer){
          result = "不好意思，你猜大了！ ";
          right = false;
      }
      else if(guessNumber < answer){
          result = "不好意思，你猜小了！ ";
          right = false;
      }
}
```

（2）在 WebContent 目录下创建一个名为 Example06_02.jsp 的页面，关键代码如下：

```
<jsp:useBean id = "guess" class = "GuessNumber.GuessNumber" scope = "application"/>
<%
        Random randomNumbers = new Random();
```

```
            int answer = 1+randomNumbers.nextInt(100);
            String str = response.encodeRedirectURL("guess.jsp");
%>
<jsp:setProperty name = "guess" property = "answer" value = "<%= answer%>"/>
    <hr>
    <form name = "from1" action = "<%= str%>" method = "get">
        输入你的猜的数：<input type = "text" name = "guessNumber">
        <input type = "submit" value = "提交">
</form>
```

（3）在 WebContent 目录下创建一个名为 guess.jsp 的页面，关键代码如下：

```
<jsp:useBean id = "guess" class = "GuessNumber.GuessNumber" scope = "session"/>
<%
      String  strGuess = response.encodeRedirectURL("guess.jsp"),
      strGetNumber = response.encodeRedirectURL("index.jsp");
%>
<jsp:setProperty name = "guess" property = "guessNumber" param = "guessNumber"/>
这是第<jsp:getProperty name = "guess" property = "guessCount"/>次猜。
<jsp:getProperty name = "guess" property = "result"/>
你猜的数是<jsp:getProperty name = "guess" property = "guessNumber"/>。
<!--答案是<jsp:getProperty name = "guess" property = "answer"/>。-->
<% if(!guess.isRight()){  %>
      <form action = "<%=strGuess%>" method = "get">
          请再猜一次：
          <input type = "text" name = "guessNumber">
          <input type = "submit" value = "提交">
      </form>
<%} %>
```

Example06_02.jsp 运行的结果如图 6-4 所示。

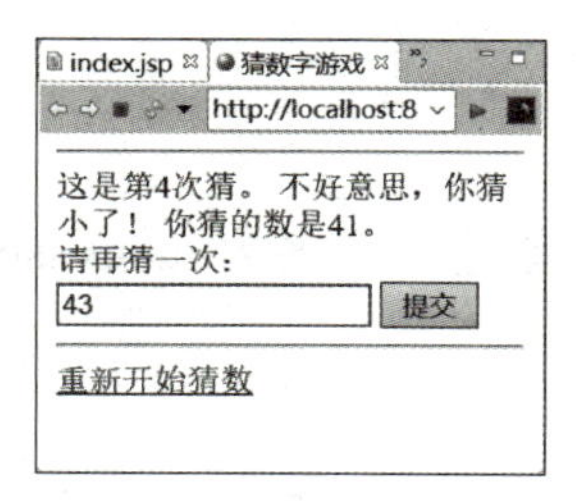

图6-4　例6-2运行界面

6.3 上机实验

6.3.1 使用 JavaBean 实现一个留言板

任务描述

使用 JavaBean 实现一个留言板，同时编写一个 Javabean 工具类来解决页面间参数传递的中文乱码问题。

任务实施

留言板代码　　在JSP页面中应用JavaBean工具类

（1）在 Java Resources—src 目录下新建 LiuYanBan 包，新建 messboard 和 MyTools 类。messboard 类用来接收留言者发布的信息，MyTools 类用来对字符进行转码处理。关键代码如下：

```
public static String toChinese(String str) {
    if (str == null)
        str = "";
    try {
        // 通过String类的构造方法，将指定的字符串转换为“UTF-8”编码
        str = new String(str.getBytes("ISO-8859-1"), "UTF-8");
    } catch (UnsupportedEncodingException e) {
        str = "";
        e.printStackTrace();
    }
    return str;
}
```

（2）在 WebContent 目录下创建一个名为 index.jsp 的页面文件，用于实现留言板页面信息的收集。

```
<%
   SimpleDateFormat sdf = new SimpleDateFormat("yyyy-MM-dd HH:mm:ss");
```

```
    Date now = new Date();
%>
<form action = "doWith.jsp" method="post">
    <table border = "1" >
    <tr height = "30">
      <td>留 言 者：</td>
      <td><input type = "text" name = "name" size = "20"></td>
    </tr>
    <tr height = "30">
      <td>留言标题：</td>
      <td><input type = "text" name = "title" size = "35"></td>
    </tr>
    <tr>
      <td>留言内容：</td>
      <td><textarea name = "content" rows = "8" cols="34"></textarea></td>
    </tr>
    <tr hidden = "hidden">
      <td colspan = "2">
        <textarea name = "datatime" cols = "34"><%= sdf.format(now) %></
        textarea>
      </td>
    </tr>
    <tr height = "15" align = "center" valign = "center">
      <td colspan = "2">
        <input type = "reset" value = "重置">       
        <input type = "submit" value = "提交">
      </td>
    </tr>
    <tr align = "center" valign = "center">
      <td colspan = "2"><a href = "show.jsp">查看留言板</a></td>
    </tr>
</table>
    </form>
```

（3）在 WebContent 目录下创建一个名为 doWith.jsp 的页面，用于接收 index.jsp

传递的参数信息，关键代码如下：

```
<jsp:useBean id = "mess" class = "LiuYanBan.messboard" scope = "request"/>
<jsp:useBean id = "MyTools" class = "LiuYanBan.MyTools" />
<jsp:setProperty name = "mess" property = "*" />
<%
    List<messboard> mlist = (List<messboard>)application.getAttribute("mlist");
    if(mlist == null){
       mlist = new ArrayList<>();
       }
    mlist.add(mess);
    application.setAttribute("mlist", mlist);
    response.sendRedirect("show.jsp");
%>
```

（4）在 WebContent 目录下创建一个名为 show.jsp 的页面文件，用于显示留言信息，关键代码如下：

```
<jsp:useBean id = "show" class = "LiuYanBan.messboard" />
<jsp:useBean id = "MyTools" class = "LiuYanBan.MyTools" />
<%
//获得mlist集合中的信息并输出
List<messboard> mlist = (List<messboard>)application.getAttribute("mlist");
for(messboard m:mlist){%>
    标题：<%= MyTools.toChinese(m.getTitle()) %><br>
    作者：<%= MyTools.toChinese(m.getName()) %><br>
    内容：<%= MyTools.toChinese(m.getContent()) %><br>
    留言时间：<%= MyTools.toChinese(m.getDatatime())%><br>
    <%out.print("*******************************************************"); %><br>
     <%} %>
<a href = "index.jsp">去留言</a>
```

在上面的代码中，MyTools.toChinese() 函数实现了将编码格式转换为“UTF-8”格式，从而避免出现乱码的情况。运行 index.jsp 页面文件，运行结果如图 6-5 所示。

留言者：中华崛起
留言标题：封锁失败！
留言内容：华为麒麟芯片的产能逐渐恢复，其实从当前华为已经正常发布手机就可以看出来。华为已经突破了封锁，并且还带来了搭载各种新技术和新配置的华为手机，并且也再度形成了鲶鱼效应，尤其对其他国产手机厂商而言，华为手机再度树立了一个标杆。
重置　提交
查看留言板

(1)

标题：封锁失败！
作者：中华崛起
内容：华为麒麟芯片的产能逐渐恢复，其实从当前华为已经正常发布手机就可以看出来。华为已经突破了封锁，并且还带来了搭载各种新技术和新配置的华为手机，并且也再度形成了鲶鱼效应，尤其对其他国产手机厂商而言，华为手机再度树立了一个标杆。
留言时间：2024-04-23 16:35:07
标题：祖国加油
作者：中国梦我的梦
内容：华为的技术突破，代表着中国一批有民族精神的企业肩负起了伟大的社会责任，加油华为！加油祖国！
留言时间：2024-04-23 16:40:36
去留言

(2)

图6-5　留言板运行界面

6.3.2　实现购物车

任务描述

在日常生活中，大家都很熟悉购物车，它被提供给顾客来存放自己所挑选的商品，顾客还可以从购物车中移出不打算购买的商品。在 Web 程序开发中，购物车的概念被应用到了网络电子商城中，用户同样可对该购物车进行商品的添加和删除操作，并且购物车会自动计算出用户需要交付的费用。

JavaBean应用实例：实现购物车　　购物车代码

任务实施

（1）在 Java Resources—src 目录下新建 shop 包，新建 Product 和 Car 类。Product 类用来实现对商品信息的封装，Car 类用来实现对购物车中商品的添加、移除功能。关键代码如下：

```
public Car() {//Car方法利用for循环，将数组内的值赋给list集合
    int[] ids = { 1, 2, 3, 4, 5, 6 };
    String[] names = { "苹果", "梨子", "西瓜", "丑橘", "香蕉", "橘子" };
    float[] prices = {5.5f, 2.8f, 2.5f, 8.5f, 3.0f, 3.5f};
    int[] numbers = {0, 0, 0, 0, 0, 0};
```

```
        for(int i = 0; i < ids.length; i++) {
            Product p = new Product(ids[i], names[i], prices[i], numbers[i]);
            list.add(p);
        }
    }
    public void add(int id){//添加方法
        for(int i = 0; i<list.size(); i++){
            Product p = list.get(i); //for循环，将list集合里Product类型的元素一一取出
                if(id == p.getId()){//用getId()方法取出元素p的id，与product传入的id对比
                    p.setNumber(p.getNumber() + 1); //对比成功，就给元素p的number属性加1
                    break;
                }
        }
    }
    public void remove(int id){//移除方法
        for(int i = 0; i < list.size(); i++){
            Product p = list.get(i);
                if(id == p.getId()&& p.getNumber()>0){
                    p.setNumber(p.getNumber() - 1);
                    break;
                }
        }
    }
    public void clear(){//清除方法
        for(int i = 0; i < list.size();  i++){
            Product p = list.get(i);
            p.setNumber(0); //for循环，将list集合里的元素全部置为0
        }
    }
```

（2）在 WebContent 目录下创建一个名为 doCar.jsp 的页面文件，用于接收 index.jsp 传递的参数信息，关键代码如下：

```
<jsp:useBean id = "car" class = "shop.Car" scope = "session"></jsp:useBean>
    <%
      String act = request.getParameter("action");
```

```
        String id = request.getParameter("id");
        if("buy".equals(act)){
            car.add(Integer.parseInt(id)); //把id转换成整数
            response.sendRedirect("product.jsp"); //重定向到products.jsp界面
    }else if("remove".equals(act)){
            car.remove(Integer.parseInt(id));
            response.sendRedirect("car.jsp");
    }else if("clear".equals(act)){
            car.clear();
            response.sendRedirect("car.jsp");
}
%>
```

（3）在 WebContent 目录下创建一个名为 car.jsp 的页面文件，用于接收 index.jsp 传递的参数信息，如图 6–6 所示，关键代码如下：

```
<jsp:useBean id = "car" class = "shop.Car" scope = "session"></jsp:useBean>
    <%List<Product> list = car.getList(); %>
    <table>
      <tr>
        <th>序号</th>
        <th>名称</th>
        <th>价格/（元/斤）</th>
        <th>数量</th>
        <th>总价/元</th>
        <th>移除/（-1/次）</th>
      </tr>
      <%
        double sum = 0;
        for (int i = 0; i < list.size(); i++){
          Product p = list.get(i);
          sum += p.getPrice() * p.getNumber();
          if(p.getNumber() != 0){
      %>
      <tr>
        <td><%= p.getId()%></td>
        <td><%= p.getName()%></td>
```

```
            <td><%= String.format("%6.2f", p.getPrice())%></td>
            <td><%= p.getNumber() %></td>
            <td><%= String.format("%10.2f", p.getPrice()*p.getNumber())%></td>
            <td><a href = "doCar.jsp ? action = remove&id = <%= p.getId()%>">移出购
物车</a></td>
        </tr>
            <%
              }}
        %>
        <tr>
            <td colspan = "6">总价/元：<%= String.format("%10.2f", sum) %></td>
        </tr>
        <tr>
            <td colspan = "3"><a href = "index.jsp">继续购物</a>
            <td colspan = "3"><a href = "doCar.jsp?action = clear">清空购物车</a>
        </tr>
</table>
```

序号	名称	价格/（元/斤）	数量	总价/元	移除/（-1/次）
1	苹果	5.50	1	5.50	移出购物车
2	梨子	2.80	1	2.80	移出购物车
3	西瓜	2.50	1	2.50	移出购物车
4	丑橘	8.50	1	8.50	移出购物车
总价/元：19.30					
继续购物			清空购物车		

图6-6　car.jsp购物车运行界面

（4）在 WebContent 目录下创建一个名为 index.jsp 的页面文件，在该页面中初始化商品信息列表，然后将请求转发到 show.jsp 页面显示商品，如图 6-7 所示。关键代码如下：

```
<jsp:useBean id = "car" class = "shop.Car" scope = "session"></jsp:useBean>
    <%List<Product> list = car.getList(); %>
<table>
<tr>
        <th>序号</th>
        <th>名称</th>
        <th>价格（元/斤）</th>
```

```
        <th>购买</th>
    </tr>
    <%
    for(int i = 0; i < list.size(); i++){
        Product p = list.get(i); //循环输出list集合里的product对象
    %>
    <tr>
        <td><%= p.getId()%></td>
        <td><%= p.getName()%></td>
        <td><%= String.format("%10.2f", p.getPrice())%></td>
        <td><a href = "doCar.jsp ? action = buy & id =<%= p.getId()%>">加入购物车</
a></td>
        <%//<a>超链接，传递action方法以及操作对象的ID给doCar.jsp %>
    </tr>
    <%
    }
    %>
    <tr>
        <td colspan = "4"><a href = "car.jsp">查看购物车</a>
    </tr>
    </table>
```

序号	名称	价格/（元/斤）	购买
1	苹果	5.50	加入购物车
2	梨子	2.80	加入购物车
3	西瓜	2.50	加入购物车
4	丑橘	8.50	加入购物车
5	香蕉	3.00	加入购物车
6	橘子	3.50	加入购物车
查看购物车			

图6–7　index.jsp运行界面

项目小结

本项目主要讲解了 JavaBean 技术的相关知识，包括 JavaBean 技术的概念、特点、分类、规范及应用，详细介绍了 JavaBean 组件的使用方法。通过学习本项目，读者能够熟练、准确、高效地运用 JavaBean 组件解决开发中遇到的实际问题。

思考与练习

一、填空题

1. JavaBean 根据功能差异可分为________与________两类。

2. JavaBean 技术规范主要包括________、________、________、________四个方面。

二、选择题

1. JavaBean 可以通过相关 JSP 动作进行调用，下面（　　）不是 JavaBean 可以使用的 JSP 动作指令。

A. <jsp:useBean>

B. <jsp:setProperty>

C. <jsp:getProperty>

D. <jsp:setParameter>

2. 关于 JavaBean，下列（　　）的叙述是不正确的。

A. JavaBean 的类必须是具体的和公共的，并且具有无参数的构造器

B. JavaBean 的类属性是私有的，要通过公共方法进行访问

C. JavaBean 和 Servlet 一样，使用之前必须在项目的中注册

D. JavaBean 属性和表单控件名称能很好地结合，得到表单提交的参数

3. JavaBean 的属性必须声明为（　　），方法必须声明为（　　）访问类型。

A. private

B. static

C. protect

D. public

4. JSP 页面通过（　　）来识别 Bean 对象。

A. name

B. class

C. id

D. cassname

三、判断题

1. JavaBean 需要有一个默认的无参构造方法。（　　）

2. JavaBean 中的属性必须私有化。（　　）

3. JavaBean 是一种遵循特定写法的 Java 类，不支持分布式运用。（　　）

4. JavaBean 和 Servlet 一样，使用前必须在项目的 web.xml 中注册。（　　）

5. JavaBean 可以实现代码的重用。（　　）

6. JavaBean 分为可视化组件和非可视化组件。（　　）

四、简答题

1. 简述 JavaBean 的特点。

2. 什么是 JavaBean？使用 JavaBean 的优点是什么？

3. 简述 JavaBean 技术分类及各自的使用场景。

五、上机实训

实现一个简单的登录程序。要求应用 JavaBean 来接收用户输入的用户名和密码，然后判断输入的用户名是否为“admin”、密码是否为“000”。若是，则转发到 sucess.jsp 页面显示“欢迎登录”提示信息，否则转发到 fault.jsp 页面显示“登录失败”提示信息。

项目 7　Servlet 技术

知识目标

1. 了解 Servlet 技术的基本概念、特点及其在 Java Web 应用中的作用。
2. 理解 Servlet 的工作过程和 Servlet 的生命周期。
3. 掌握 Servlet 的配置方法，如 web.xml 和注解的使用。
4. 熟悉 Servlet 在 Web 应用中的典型应用，如表单处理、会话管理等。
5. 掌握如何编写和配置自定义的 Servlet 过滤器。
6. 掌握如何编写和配置自定义的 Servlet 监听器。

技能目标

1. 能够独立编写、部署和调试基本的 Servlet 程序。
2. 能够编写和配置自定义的 Servlet 过滤器。
3. 能够编写和配置自定义的 Servlet 监听器。

素养目标

1. 具备较强的学习能力和自我驱动力，能够持续学习新技术和知识，不断提升自己的技能水平。

2. 具备解决问题的能力和创新意识，能够独立思考和解决问题，提出新的开发思路和方案。

7.1 Servlet 简介

7.1.1 Servlet 的概念

Servlet（Server Applet，服务器端组件），全称 Java Servlet，是用 Java 编写的服务器端程序。它具有独立于平台和协议的特性，主要功能在于交互式地浏览和生成数据，生成动态 Web 内容。狭义的 Servlet 是指 Java 语言实现的一个接口，广义的 Servlet 是指任何实现了这个 Servlet 接口的类，一般情况下，人们将 Servlet 理解为后者。

Servlet概述

Servlet 是在服务器上运行的小程序，一个 Servlet 就是 Java 编程语言中的一个类，通常被用来扩展服务器的性能，服务器上驻留着可以通过“请求－响应”编程模型来访问的应用程序。此外，Servlet 从 Web 客户端接收并响应请求，这些请求的接收和响应通常是通过 HTTP（超文本传输协议）进行的。

Servlet 的主要功能包括以下几点。

（1）创建动态 Web 内容：Servlet 能够基于客户端的请求生成并返回一个包含动态内容的 HTML 页面。每次用户请求页面时，Servlet 都可以根据用户的输入、服务器的状态或其他因素动态地生成和返回页面内容，提高页面的交互性和实时性。

（2）与服务器资源通信：Servlet 能够与其他服务器资源（包括数据库和基于 Java 的应用程序）进行通信。这意味着，Servlet 可以访问和操作数据库中的数据，也可以与其他 Java 应用程序进行交互，以实现更复杂的功能。

（3）处理多个客户端连接：Servlet 能够同时处理多个客户端的连接，接收多个客户端的输入，并将结果广播到多个客户端上。这使得 Servlet 非常适合作为多参与者的游戏服务器或其他需要同时处理多个用户请求的应用程序的服务器端组件。

（4）数据过滤和处理：Servlet 可以对特殊的处理采用 MIME 类型过滤数据。此外，Servlet 还可以将定制的处理提供给所有服务器的标准例行程序，例如修改如何认证用户等。

（5）处理 HTTP 请求：Servlet 通过实现特定的接口（如 javax.servlet.Servlet）来处理 HTTP 请求。它可以读取请求的参数、HTTP 头信息和请求体，并根据请求的内容执行相应的操作。这使得 Servlet 能够灵活地处理各种客户端请求，并根据需求生成相应的响应。

7.1.2 Servlet 的特点

Servlet 的特点主要包括以下几个方面。

（1）高效性：Servlet 在服务器上仅有一个 Java 虚拟机在运行，当 Servlet 被客户端发送的第一个请求激活后，它将继续在后台运行并等待以后的请求。每个请求将生成一个线程而不是进程，使得 Servlet 在处理大量请求时能保持高效。

（2）方便性：Servlet 提供了大量的实用工具例程，如处理复杂的 HTML 表单数据、读取和设置 HTTP 头、处理 Cookie 和跟踪会话等，使开发者能更便捷地开发 Web 应用。

（3）跨平台性：Servlet 使用 Java 类编写，因此可以在不同的操作系统平台和应用服务器平台运行。

（4）灵活性和可扩展性：采用 Servlet 开发的 Web 应用程序，由于 Java 类的继承性及构造函数等特点，开发者可以根据需要定制和扩展 Servlet 的功能。

（5）功能强大：Servlet 不仅能处理基本的 HTTP 请求和响应，还能在各个程序之间共享数据，提供强大的数据处理和交互能力。

（6）安全性：Servlet 在 Web 服务器的地址空间内执行，由 Java 安全管理器执行一系列限制，以保护服务器计算机上的资源，增强了应用的安全性。

7.1.3 Servlet 与 JSP 的区别

Servlet 与 JSP 都是用于构建动态 Web 应用程序的技术，它们之间存在一些关键的区别。具体区别如表 7-1 所示。

表7-1 Servlet与JSP的区别

区别点	Servlet	JSP
基本结构和语法	Servlet 是纯粹的 Java 类，它们扩展了特定的 Java 类（通常是 HttpServlet）并覆盖了特定的方法（如 doGet 和 doPost）来处理 HTTP 请求。Servlet 使用 Java 代码来生成 HTML 和其他页面内容	JSP 是特殊的页面，其中可以混合 HTML 代码和 Java 代码片段（称为 JSP 脚本元素）。JSP 页面在服务器上被转换为 Servlet，然后执行。JSP 主要用于呈现层，使开发人员能够更直观地创建动态 Web 页面
开发效率	需要编写大量的 Java 代码来生成 HTML，因此使用 Servlet 进行 Web 开发可能比较繁琐	JSP 允许开发人员在 HTML 代码中嵌入 Java 代码，使开发 Web 页面更加直观和高效
可维护性	对于大型应用程序，Servlet 中的 Java 代码可能会变得非常复杂和难以维护	JSP 的页面导向设计使得页面布局和逻辑分离，这有助于提高代码的可维护性
执行和性能	在每次修改后，Servlet 需要重新编译才能在服务器上运行。这可能会影响到开发效率。然而，一旦 Servlet 被编译和加载到内存中，它的执行速度通常比 JSP 快	JSP 页面在第一次请求时会被转换为 Servlet，然后被编译和执行。由于这个额外的编译步骤，JSP 的初始执行速度可能比 Servlet 慢

续表

区别点	Servlet	JSP
用途	Servlet 更适合处理复杂的业务逻辑，因为它们是纯 Java 类，可以利用 Java 的所有功能	JSP 更适合呈现层，因为它们允许开发人员直接在 HTML 中嵌入 Java 代码来动态生成内容

7.2 Servlet 技术原理

7.2.1 Servlet 工作过程与生命周期

1. Servlet 工作过程

Servlet 主要用于交互式地浏览和修改数据，并生成动态 Web 内容。其工作过程可分为以下四个步骤。

Servlet的处理过程

（1）当客户端对 Web 服务器发出请求，Web 服务器接收到请求后将其发送给 Servlet。

（2）Servlet 容器为请求产生一个实例对象并调用 Servlet API 中相应的方法来对客户端 HTTP 请求进行处理。

（3）Servlet 对象处理完请求后，将响应结果返回给 Web 服务器。

（4）Web 服务器将从 Servlet 实例对象中收到的响应结构发送回客户端。

工作过程如图 7-1 所示。

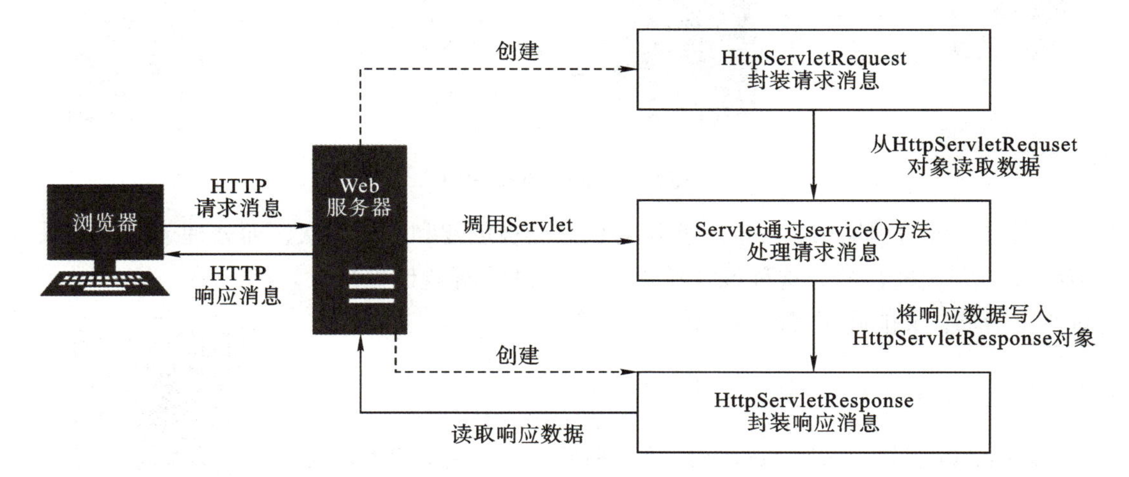

图7-1 Servlet工作过程

2. Servlet 生命周期

Servlet 的生命周期从 Web 服务器开始运行时开始，在此期间会不断处理来自浏览器的访问请求，并将响应结果通过 Web 服务器返回给客户端，直到 Web 服务器停止运行，Servlet 才会被清除。Servlet 的生命周期由 Web 容器（例如 Tomcat）管理，主要分为四个阶段。

（1）加载和实例化：当 Servlet 首次被请求或 Web 应用启动时，Servlet 容器负责加载 Servlet 类，并通过 Java 的反射机制创建 Servlet 的实例对象。

（2）初始化：在 Servlet 实例对象创建后，容器会调用 Servlet 的 init() 方法进行初始化。这个方法只会被调用一次，主要用于配置 Servlet，例如建立数据库连接等。

（3）服务：一旦 Servlet 被初始化，它就可以开始处理客户端的请求了。这通常是通过覆盖 doGet() 或 doPost() 方法来实现的。每次客户端请求 Servlet 时，容器都会调用相应的方法来处理请求并生成响应。这个过程是多线程的，因此 Servlet 必须能够安全地处理并发请求。

（4）销毁：当 Web 应用停止或 Servlet 需要被移除时，容器会调用 Servlet 的 destroy() 方法进行销毁。这个方法也只会被调用一次，通常用于释放 Servlet 在初始化阶段分配的资源，例如关闭数据库连接等。

Servlet 生命周期如图 7-2 所示。

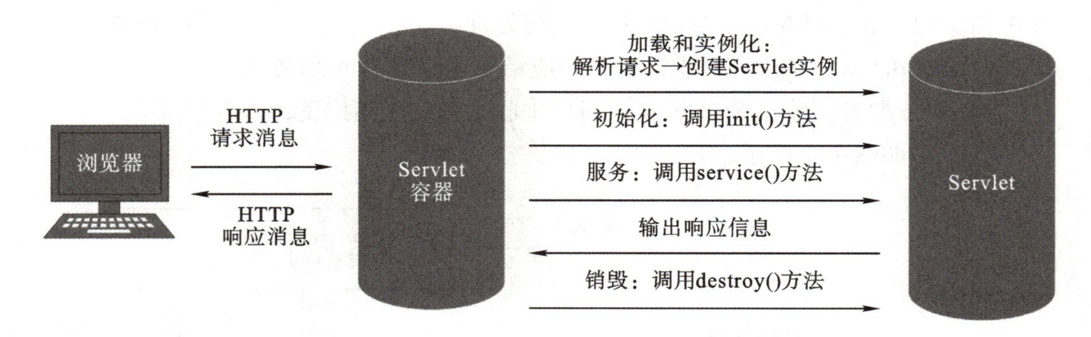

图7-2　Servlet生命周期

在整个生命周期中，Servlet 实例对象只会被创建和销毁一次，而处理请求则是以多线程的方式进行的。这种设计使得 Servlet 既能有效地处理大量并发请求，又能确保资源的正确管理和释放。

Servlet API编程常用接口和类

7.2.2　Servlet 的常用类与接口

Java API 提供了编写 Servlet 的接口和类，这些接口和类存放在 javax.servlet 和 javax.servlet.http 包中。javax.servlet 包中存放与

HTTP 协议无关的一般性 Servlet 类，javax.servlet.http 包中存放与 HTTP 协议相关的功能的类。所有的 Servlet 都必须实现 Servlet 接口，该接口定义了 Servlet 的生命周期方法。

注意：这两个包位于 Tomcat 的 servlet-api.jar 中。

javax.servlet 包中的主要接口和类如表 7-2 所示。

表7-2　javax.servlet包中主要接口和类

类型	名称	说明
接口	javax.servlet.Servlet	所有 Servlet 类必须实现的接口。定义了 Servlet 的生命周期方法，如 init()、service()、destroy()
	javax.servlet.ServletConfig	表示 Servlet 的配置信息。Servlet 容器在初始化 Servlet 时，会传递一个实现了这个接口的对象给 Servlet 的 init() 方法
	javax.servlet.ServletContext	表示整个 Web 应用程序的上下文环境。它提供了访问与 Servlet 容器相关的各种服务的方法，如资源访问、请求分发、会话管理等
	javax.servlet.ServletRequest	代表客户端的请求。定义了处理请求的基本方法
	javax.servlet.ServletResponse	代表客户端的 Servlet 的响应。定义了生成响应的基本方法
	ServletException	当 Servlet 遇到错误时抛出的运行时异常
类	javax.servlet.GenericServlet	实现了 Servlet 和 ServletConfig 接口的类，作为 Servlet 编写的基类，可以简化 Servlet 的编写
	ServletInputStream	用于读取和写入 Servlet 的输入流
	ServletOutputStream	用于读取和写入 Servlet 的输出流

javax.servlet.http 包中主要接口和类如表 7-3 所示。

表7-3　javax.servlet.http包中主要接口和类

类型	名称	说明
接口	javax.servlet.http.HttpServletRequest	表示 HTTP 请求，扩展了 ServletRequest 接口，提供了更多处理 HTTP 请求的方法
	javax.servlet.http.HttpServletResponse	表示 HTTP 响应，扩展了 ServletResponse 接口，提供了更多处理 HTTP 响应的方法
	javax.servlet.http.HttpSession	表示与客户端的会话。会话是客户端和服务器之间的一系列交互
类	javax.servlet.http.HttpServlet	是 HttpServlet 接口的通用实现，用于处理 HTTP 请求。大多数 Servlet 都会直接或间接地继承自 HttpServlet
	cookie	表示 HTTP 协议中的 Cookie，用于在客户端和服务器之间存储少量信息

javax.servlet 和 javax.servlet.http 包中的部分接口与 JSP 内置对象对应，对应关系如表 7-4 所示。

表7-4　Servlet接口与JSP内置对象的对应关系

Servlet 接口	JSP 内置对象
javax.servlet.http.HttpServletRequest	request
javax.servlet.http.HttpServletResponse	response
javax.servlet.ServletContext	application
javax.servlet.http.HttpSession	session
javax.servlet.ServletConfig	config

接下来对 Servlet 常用的接口和类进行详细介绍。

1. Servlet 接口

javax.servlet.Servlet 接口是 Java Servlet API 的核心接口，它定义了所有 Servlet 类必须遵循的规范，所有的 Servlet 都要直接或间接地实现这个接口。javax.servlet.Servlet 接口定义了 Servlet 的基本生命周期和请求处理模型。Servlet 接口的主要方法如表 7-5 所示。

表7-5　Servlet接口主要方法

方法	说明
void init(ServletConfig config)	在 Servlet 生命周期中，当 Servlet 第一次被加载到内存时调用此方法。Servlet 容器（例如 Tomcat）负责创建 Servlet 实例并调用其 init() 方法进行初始化。ServletConfig 参数提供了 Servlet 的配置信息，如初始化参数等
ServletResponse service(ServletRequest req, ServletResponse res)	这是 Servlet 的核心方法，用于处理客户端发送的所有请求。Servlet 容器调用此方法，并将 ServletRequest 和 ServletResponse 对象作为参数传递，以便 Servlet 可以读取请求信息和生成响应。开发者通常不会直接重写此方法，而是根据需要重写 doGet()、doPost()、doPut()、doDelete() 等方法，这些方法最终会调用 service() 方法
void destroy()	当 Servlet 实例不再需要时，Servlet 容器会调用此方法。通常发生在服务器关闭或重新加载 Web 应用程序时。在这个方法中，Servlet 可以执行任何必要的清理工作，如释放资源等
ServletConfig getServletConfig()	返回 Servlet 的配置信息，即 ServletConfig 对象。这个对象允许 Servlet 访问其初始化参数
String getServletInfo()	返回关于 Servlet 的简短描述性字符串。这个字符串通常显示在管理工具或文档中

2. HttpServlet 类

javax.servlet.http.HttpServlet 类是所有基于 HTTP 协议的 Servlet 的基类。HttpServlet 类扩展了 javax.servlet.Servlet 接口，并提供了处理 HTTP 请求和响应的默认实现。开发

者通常不需要直接实现 Servlet 接口，而是继承 HttpServlet 类并重写其中的一些方法来创建自己的 Servlet。HttpServlet 类中定义的主要方法如表 7-6 所示。

表7-6　HttpServlet类主要方法

方法	说明
service(HttpServletRequest req, HttpServletResponse res)	HttpServlet 的核心方法，用于处理所有类型的 HTTP 请求。当 Servlet 容器接收到一个 HTTP 请求时，它会调用此方法。但通常不直接调用此方法，而是根据需要重写 do×××() 方法
doGet(HttpServletRequest request, HttpServletResponse response)	用于处理 HTTP GET 请求。当客户端发送一个 GET 请求时，Servlet 容器会调用此方法
doPost(HttpServletRequest request, HttpServletResponse response)	用于处理 HTTP POST 请求。当客户端发送一个 POST 请求时，Servlet 容器会调用此方法
doPut(HttpServletRequest request, HttpServletResponse response)	用于处理 HTTP PUT 请求。PUT 请求通常用于上传文件或更新资源
doDelete(HttpServletRequest request, HttpServletResponse response)	用于处理 HTTP DELETE 请求。DELETE 请求通常用于删除服务器上的资源

3. HttpServletRequest 接口

HttpServletRequest 接口代表了客户端发送给服务器的 HTTP 请求。当 Web 容器（如 Tomcat）接收到一个 HTTP 请求时，它会创建一个实现了 HttpServletRequest 接口的对象，并将该对象传递给 Servlet 的 service 方法或其他相关方法，以便 Servlet 可以访问请求信息。HttpServletRequest 接口的主要方法如表 7-7 所示。

表7-7　HttpServletRequest接口主要方法

方法	说明
String getMethod()	返回请求的类型（如 GET、POST、PUT、DELETE 等）
String getRequestURI()	返回请求的行中指定的资源名（URL 路径部分）
String getProtocol()	返回用于此请求的协议名称和版本，如“HTTP/1.1”
String getServerName()	返回接收请求的服务器的主机名
int getServerPort()	返回接收请求的服务器端口号
String getRemoteAddr()	返回发出请求的客户端或最后一个代理的 IP 地址，即客户端的 IP 地址
String getRemoteHost()	返回发出请求的客户端或最后一个代理的完全限定名称，即客户端的主机名
void setAttribute(String name, Object o)	在此请求中存储一个属性。name 是属性的名称，o 是与名称关联的对象
void removeAttribute(String name)	从请求中删除一个属性。name 是要删除的属性的名称
String getContentType()	返回请求体的 MIME 类型。如果类型未知，则返回 null

4. HttpServletResponse 接口

HttpServletResponse 接口代表了 HTTP 响应，即服务器发送给客户端的数据和元信息。当 Servlet 处理完请求后，它会创建一个实现了 HttpServletResponse 接口的对象，并使用该对象来设置响应状态、添加响应头、写入响应体等。HttpServletResponse 接口的主要方法如表 7-8 所示。

表7-8　HttpServletResponse接口的主要方法

方法	说明
void setStatus(int sc)	设置 HTTP 响应的状态码。sc 是 HTTP 状态码，如 HttpServletResponse.SC_OK 表示 200 OK，HttpServletResponse.SC_NOT_FOUND 表示“404 Not Found”
void setStatus(int sc, String sm)	设置 HTTP 响应的状态码和相应的状态消息。sc 是 HTTP 状态码，sm 是与状态码相对应的状态消息
int getStatus()	返回 HTTP 响应的状态码
String getStatusMessage()	返回 HTTP 响应的状态消息
void setHeader(String name, String value)	设置响应头的名称和值。name 是响应头的名称，value 是与名称对应的值
void addHeader(String name, String value)	向响应中添加一个响应头，如果该响应头已经存在，则不会替换原有值，而是添加一个新的值。name 是响应头的名称，value 是与名称对应的值
void setContentType(String type)	设置响应体的 MIME 类型，如“text/html”
String getContentType()	返回响应体的 MIME 类型
PrintWriter getWriter()	返回一个 PrintWriter 对象，用于向客户端发送字符数据
void setCharacterEncoding(String charset)	设置响应体的字符编码，如“UTF-8”
String getCharacterEncoding()	返回响应体的字符编码

5. HttpSession 接口

HttpSession 接口是 Java Servlet API 中用于表示用户会话的一个核心接口。当用户首次访问 Web 应用程序时，服务器会为其创建一个 HttpSession 对象，该对象在整个用户会话期间都是可用的。会话通常是在用户打开浏览器窗口或标签页开始，直到用户关闭窗口或标签页结束，但也可以通过编程方式延长会话的有效期。HttpSession 接口提供了一系列方法来操作会话数据，包括设置和获取属性、使会话无效、获取会话的创建时间、获取会话的最后访问时间等。HttpSession 接口的主要方法如表 7-9 所示。

表7-9　HttpSession接口的主要方法

方法	说明
void setAttribute(String name, Object value)	在会话中设置一个属性。name 是属性的名称，value 是与该名称关联的值
Object getAttribute(String name)	从会话中获取指定名称的属性值。name 是属性的名称。如果没有找到该属性，则返回 null
void removeAttribute(String name)	从会话中移除指定名称的属性
String getId()	返回会话的唯一标识符
long getCreationTime()	返回会话的创建时间，以毫秒（ms）为单位
void setMaxInactiveInterval(int interval)	设置会话的最大不活动时间间隔，以秒（s）为单位。如果在这段时间内没有收到任何来自客户端的请求，则会话将失效
int getMaxInactiveInterval()	返回会话的最大不活动时间间隔，以秒（s）为单位
boolean isNew()	返回一个布尔值，指示会话是否是新的。如果会话是新创建的，则返回 true；否则返回 false
void invalidate()	使会话无效。一旦会话无效，它将不再可用，并且与其关联的所有属性都将被移除

7.2.3　Servlet 的程序结构

Servlet 的程序结构包含以下部分。

（1）导入必要的包。在 Servlet 类的开头，需要导入必要的 Java 包，以便使用 Servlet API 和其他相关类。通常，需要导入 javax.servlet 和 javax.servlet.http 包。示例代码如下：

```
import javax.servlet.*;
import javax.servlet.http.*;
```

（2）Servlet 类定义。Servlet 类必须扩展 javax.servlet.http.HttpServlet 类。这个类是 Servlet API 的一部分，提供了处理 HTTP 请求和生成 HTTP 响应的基础方法。示例代码如下：

```
public class MyServlet extends HttpServlet {
    // Servlet代码
}
```

（3）初始化方法。Servlet 类可以包含一个 init() 方法，该方法在 Servlet 实例化时被调用一次，用于执行初始化操作。此方法不是必需的，但如果需要在 Servlet 开始处理请求之前执行一些设置操作，可以使用这个方法。示例代码如下：

```
public void init() throws ServletException {
    // 初始化代码
}
```

（4）服务方法。Servlet 类必须覆盖 doGet() 和 doPost() 方法，这些方法用于处理 GET 和 POST 请求。doGet() 方法处理 HTTP GET 请求，而 doPost() 方法处理 HTTP POST 请求。示例代码如下：

```
protected void doGet(HttpServletRequest request, HttpServletResponse response)
        throws ServletException, IOException {
    // 处理GET请求的代码
}
protected void doPost(HttpServletRequest request, HttpServletResponse response)
        throws ServletException, IOException {
    // 处理POST请求的代码
}
```

（5）销毁方法。Servlet 类可以包含一个 destroy() 方法，该方法在 Servlet 实例被销毁之前被调用一次，用于执行清理操作。这不是必需的，但如果需要在 Servlet 停止处理请求后执行一些清理操作，可以使用这个方法。示例代码如下：

```
public void destroy() {
    // 销毁代码
}
```

7.3 Servlet 开发

7.3.1 创建 Servlet

创建一个 Servlet 的过程包括以下四个步骤。

Servlet创建及配置

（1）继承 HttpServlet 类。首先，需要创建一个类，该类继承自 javax.servlet.http.HttpServlet。

（2）覆盖 doGet() 或 doPost() 方法。需要根据 Servlet 处理的 HTTP 请求类型，覆盖 doGet() 或 doPost() 方法。

（3）获取 HTTP 请求信息。如果需要从 HTTP 请求中获取数据，可以使用 HttpServletRequest 对象的方法。

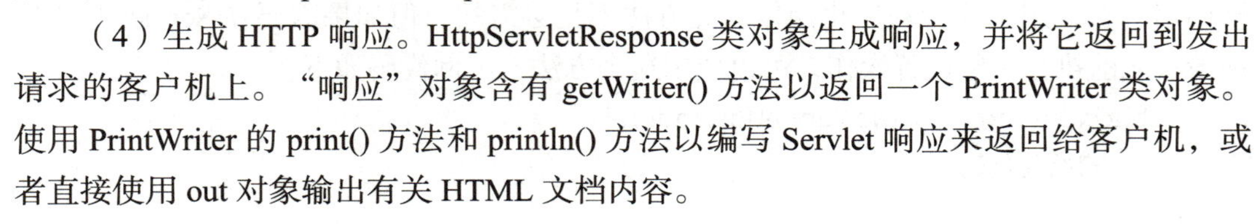

（4）生成 HTTP 响应。HttpServletResponse 类对象生成响应，并将它返回到发出请求的客户机上。“响应”对象含有 getWriter() 方法以返回一个 PrintWriter 类对象。使用 PrintWriter 的 print() 方法和 println() 方法以编写 Servlet 响应来返回给客户机，或者直接使用 out 对象输出有关 HTML 文档内容。

按照上述步骤创建的 Servlet 类如下：

```
//第一步：继承HttpServlet类
public class MyServlet extends HttpServlet {
    //第二步：覆盖doGet()或doPost()方法
    public void doGet(HttpServletRequest request, HttpServletResponse response)
throws ServletException, IOException {
        //第三步：获取HTTP 请求信息
        String myName = request.getParameter("myName");
        //第四步：生成HTTP响应
        PrintWriter out = response.getWriter();
        response.setContentType("text/html; charset = gb2312");
        response.setHeader("Pragma", "No-cache");
        response.setDateHeader("Expires", 0);
        response.setHeader("Cache-Control", "no-cache");
        out.println("<html>");
        out.println("<head><title>一个简单的Servlet程序</title></head>");
        out.println("<body>");
        out.println("<h1>“不忘初心，牢记使命”主题教育</h1>");
        out.println("<p>" + myName + "您好，欢迎访问！");
        out.println("</body>");
        out.println("</html>");
        out.flush();
    }
}
```

使用集成开发工具创建 Servlet 可以大大简化 Servlet 的创建过程，适合初学者。本书以 Eclipse 开发工具为例介绍创建 Servlet 的方法，步骤如下。

（1）创建动态 Web 项目，然后右键单击“src”，在弹出的快捷菜单中，选择“new”→“Servlet”打开“Create Servlet”对话框，在该对话框的“Java package”文本框中输入包名“myservlet”，在“Class name”文本框中输入类名“FirstServlet”，其他的采用默认设置，如图 7-3 所示，单击“Next”按钮。

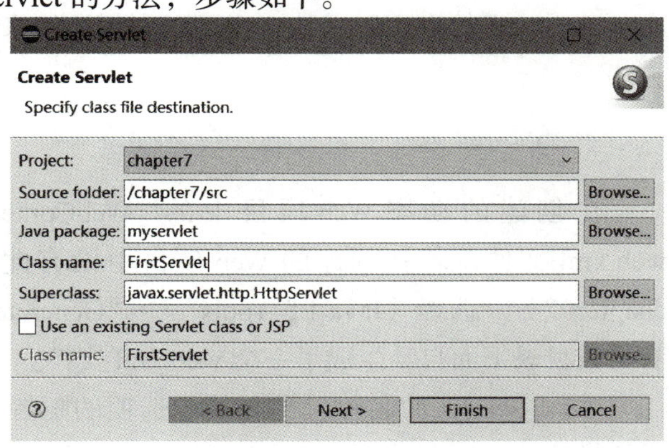

图7-3 “Create Servlet”对话框

（2）进入图 7-4 所示的配置 Servlet 的信息界面，在该界面中采用默认设置。可在“Description”栏添加描述信息；在“Initialization parameters”栏中添加初始化参数，即在 Servlet 初始化过程中用到的参数，这些参数可以通过 Servlet 的 init() 方法进行调用；在“URL mappings”栏指定通过哪一个 URL 来访问 Servlet。

（3）单击“Next”按钮，将进入图 7-5 所示的用于选择修饰符、实现接口和要生成的方法的界面。在该界面中，修饰符和接口保持默认设置，在下方复选框中选择“doGet”和“doPost”复选框，单击“Finish”按钮，完成 Servlet 的创建。

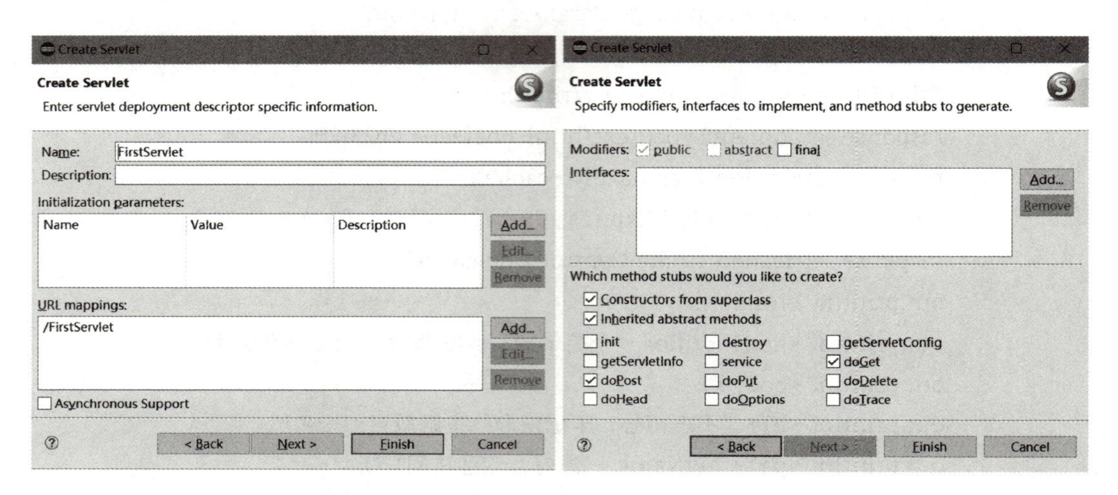

图7-4　配置Servlet　　图7-5　选择界面

7.3.2　配置 Servlet

创建了 Servlet 类后，还需要对 Servlet 进行配置，配置的目的是将创建的 Servlet 注册到 Servlet 容器之中，以方便告知容器哪一个请求调用哪一个 Servlet 对象处理。在 Servlet 3.0 以前的版本中，只能在 web.xml 文件中配置 Servlet，而在 Servlet 3.0 中除了在 web.xml 文件中配置以外，还可以利用注解来配置 Servlet。下面将分别介绍这两种方法。

1. 在 web.xml 文件中配置 Servlet

在创建的动态 Web 项目中的“WebContent”→“WEB-INF”目录下，找到 web.xml 文件，若新创建的 Web 项目中没有此文件，可以右键单击项目名称（如 chapter07），选择“Java EE Tools”→“Generate Deployment Descriptor Stub”后可以看见该目录下面自动生成了一个 web.xml 文件。

（1）Servlet 的名称、类和其他选项的配置。在 web.xml 文件中配置 Servlet 时，必须指定 Servlet 的名称、Servlet 的类的路径，可选择性地给 Servlet 添加描述信息和指定在发布时显示的名称。

具体代码如下：

```
<servlet>
    <description>My First Servlet</description>
    <display-name>Servlet</display-name>
    <servlet-name>FirstServlet</servlet-name>
    <servlet-class>myservlet.FirstServlet</servlet-class>
</servlet>
```

上述代码中，<description></description> 和 <display-name></display-name> 标签中分别是 Servlet 的描述信息和发布时 Servlet 的名称，通常情况下这两个标签可省略。<servlet-name></servlet-name> 和 <servlet-class></servlet-class> 标签用于指定 Servlet 名称和 Servlet 类的路径，其中 Servlet 名称可以是自定义的名称，Servlet 类的路径包含 Servlet 对象的包名和类名。

（2）初始化参数。为了在 Servlet 实例化时提供一些配置信息，可以配置一些初始化参数。这些初始化参数在 Servlet 的生命周期中是不可变的，一旦 Servlet 被加载和初始化，这些参数就可以通过 Servlet 的 getInitParameter() 方法访问，但是不能被修改。具体代码如下：

```
<servlet>
    <servlet-name>...</servlet-name>
    <servlet-class>...</servlet-class>
<init-param>
        <param-name>count</param-name>
        <param-value>1</param-value>
    </init-param>
</servlet>
```

上述代码中，<init-param></init-param> 标签中指定了一个名为“count”，值为“1”的初始化参数，该参数可以在 init() 方法中通过 getInitParameter() 方法获取。

（3）Servlet 的映射。在 web.xml 文件中声明 Servlet 后，需要使用“servlet-mapping”标签映射访问 Servlet 的 URL，告诉 Web 服务器当用户访问某个特定的网址时，应该调用哪个 Servlet 来处理这个请求。例如你有一个房子（Web 应用程序），房子里有不同的房间（Servlet），每个房间都有它特定的功能（处理不同类型的请求）。但是，如果你没有告诉别人每个房间的门牌号（URL），那么别人就无法找到并进入这些房间。URL 映射就起到了这个“门牌号”的作用。在 web.xml 文件中为每个 Servlet 指定一个或多个 URL 模式，这样当用户在浏览器中输入这些 URL 时，Web 服务器就能知道应该把请求送到哪个 Servlet 去处理。

具体代码如下：

```
<servlet-mapping>
    <servlet-name>FirstServlet</servlet-name>
    <url-pattern>/One</url-pattern>
</servlet-mapping>
```

上述代码中，<servlet-name></servlet-name> 标签中的名称与 <servlet></servlet> 标签中的 <servlet-name></servlet-name> 值相对应，此处不可以随意命名。

<url-pattern></url-pattern> 标签表示映射访问的 URL。上述代码表示请求的路径中包含“/One”，则会访问逻辑名为“FirstServlet”的 Servlet。

2. 利用注解配置 Servlet

在 Servlet 3.0 及更高版本中，可以使用注解（annotation）来配置 Servlet，而不需要在 web.xml 文件中进行声明和映射。这使得 Servlet 的配置更加简洁和灵活。利用注解配置 Servlet 的基本语法如下：

```
@WebServlet(
    name = "ServletName", //Servlet的名称，可选
    urlPatterns = {"URLPattern1", "URLPattern2", ...}, //Servlet映射的URL模式数组
    loadOnStartup = 1, //加载顺序，可选，数值越小，加载优先级越高
    asyncSupported = true //是否支持异步操作，可选
)
```

代码示例如下：

```
import javax.servlet.annotation.WebServlet;
@WebServlet(name = "FirstServlet", urlPatterns = {"/myServlet"})
public class MyServlet extends HttpServlet {
// ...
}
```

以上注解“@WebServlet(name = "FirstServlet", urlPatterns = {"/myServlet"})”将名称为“FirstServlet”的 Servlet 映射到了 URL 路径“/myServlet”。所以当用户访问这个 URL 时，Servlet 容器会自动创建 FirstServlet 的实例并调用适当的方法来处理请求。

注意：利用注解方式配置 Servlet 时，需要确保已经导入了必要的包和类。这是因为在 Java 中，注解（annotation）是接口的一种特殊形式，它们定义在特定的包中，需要通过“import javax.servlet.annotation.WebServlet;”语句来引入这些包和接口。

7.3.3　Servlet 实例：使用 Servlet 实现网站在线调查

例7-1代码

网站在线调查是指通过设置一些简单问题让用户选择和填写，帮助网站建设者 / 管理者了解用户的特定需求，为网站的改进指明方向。本案例实现一个网站在线问卷调查的 Java Web 项目。用户在问卷页面填写问卷信息，提交页面后可以查看调查结果。

【例 7-1】使用 Servlet 实现网站在线调查。

（1）在 Eclipse 中创建新的 Dynamic Web Project，名称为“chapter07”。在 WebContent 根目录下新建一个调查页面 Example07_01.jsp。主要代码如下：

```
<body>
    <h3>购物网站问卷调查</h3><hr />
    <form action = "survey" method = "post">
    1：您的性别？ <br />
    <input type = "radio" name = "sex" value = "男" />男
    <input type = "radio" name = "sex" value = "女" />女<br />
    ...//省略问卷调查中其他题目，具体代码可扫描二维码查看
    <input type = "submit" value = "提交" />
    </form>
</body>
```

以上代码中定义了购物网站问卷调查的表单，表单中包含单选按钮、复选框、文本域、提交按钮等控件。表单 form 提交的 URL 为“survey”。

（2）在 src 根目录下新建一个名称为“SurveyServlet”，包名为“myservlet”的 Servlet，并在 doPost() 方法中处理提交的信息。主要代码如下：

```
public class SurveyServlet extends HttpServlet {
    protected void doPost(HttpServletRequest request, HttpServletResponse
response) throws ServletException, IOException {
        response.setContentType("text/html; charset = utf-8");
        PrintWriter out = response.getWriter();
        request.setCharacterEncoding("utf-8");
        out.println("<h3>购物网站问卷调查</h3><hr />");
        out.println("您的性别：" + request.getParameter("sex") + "<br />");
        out.println("您的年龄：" + request.getParameter("age") + "<br />");
        out.println("您网购会使用的网站：");
        String[] websites = request.getParameterValues("website");
```

```
            out.println("<ul>");
            for(int i = 0; i<websites.length; i++) {
                out.println("<li>" + websites[i] + "</li>");
            }
            out.println("</ul>");
            out.println("您网购的种类：");
            String[] catalogs = request.getParameterValues("catalog");
            out.println("<ul>");
            for(int i = 0; i < catalogs.length; i++) {
                out.println("<li>" + catalogs[i] + "</li>");
            }
            out.println("</ul>");
            out.println("您网购注重的是：");
            String[] attentions = request.getParameterValues("attention");
            out.println("<ul>");
            for(int i = 0;  i < attentions.length; i++) {
                out.println("<li>" + attentions[i] + "</li>");
            }
            out.println("</ul>");
            out.println("您的建议：" + request.getParameter("advise"));
        }
    }
```

以上代码中是名为“SurveyServlet”的 Servlet 类的实现，它继承了 HttpServlet 类。这个 Servlet 用于处理 HTTP POST 请求，展示一个购物网站的问卷调查结果。它读取从客户端发送过来的请求参数，并将这些参数以 HTML 的形式返回给客户端。参数包括性别、年龄、网购使用的网站、网购的种类、网购时注重的方面以及用户的建议。这些信息被获取后，Servlet 通过 PrintWriter 对象将这些信息写入 HTTP 响应中，并以 HTML 列表的形式展示给用户。这个 Servlet 主要用于收集和分析用户的购物习惯和偏好，以改进网站的服务和用户体验。

（3）在 WebContent 根目录的 WEB-INF 文件夹下新建一个配置文件 web.xml，并在其中增加访问 SurveyServlet 的配置。代码如下：

```
<servlet>
    <servlet-name>survey</servlet-name>
    <servlet-class>myservlet.SurveyServlet</servlet-class>
```

```
</servlet>
<servlet-mapping>
    <servlet-name>survey</servlet-name>
    <url-pattern>/survey</url-pattern>
</servlet-mapping>
```

以上代码将 myservlet.SurveyServlet 与 URL 路径 “/survey” 关联起来，使得当用户访问该 URL（即提交表单）时，Servlet 将被激活以处理相应的请求。

（4）运行 Example07_01.jsp，效果如图 7-6 所示。填写问卷内容，点击“提交”按钮后，效果如图 7-7 所示。

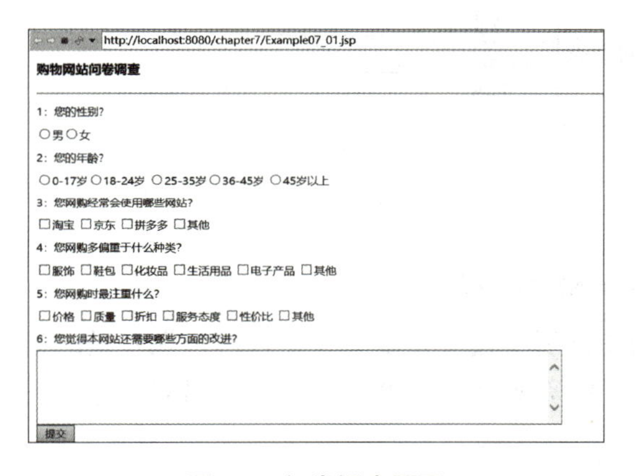

图7-6　问卷调查页面

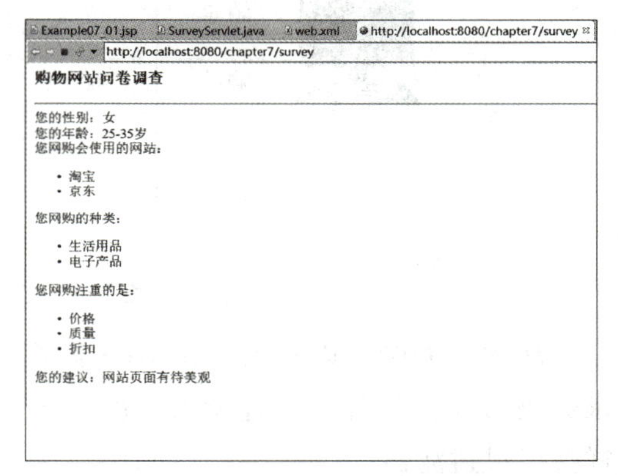

图7-7　调查结果页面

7.4　Servlet 过滤器

在 JSP 开发中，经常会用到一些通用的操作，如编码的过滤、用户登录状态的判断。这些操作频繁出现在业务需求中，造成 Servlet 程序代码的大量复用，使用过滤器可以很好地解决该问题。

7.4.1　Servlet 过滤器简介

Servlet 过滤器（Filter）是服务器与客户端请求与响应的中间层组件。它主要用于对浏览器的请求进行过滤处理，将过滤后的请求再转给下一个资源。过滤器可以检查收到的资源请求信息，并根据预定义的规则对请求进行处理，例如修改请求信息、调用资源、修改响应信息等。过滤器在 Servlet 技术中非常实用，Web 开发人员可以使用过滤器对 Web 服务器管理的所有 Web 资源进行拦截，从而实现一些特殊的功能，如 URL 级别的访问权限控制、过滤敏感词汇、压缩响应信息等。过滤器实质就是在 Web 应用服务器上的一个 Web 应用组件，用于拦截客户端（浏览器）与目标资源的请求，并对这些请求进行一定过滤处理后再发送目标资源。过滤器的处理方式如图 7-8 所示。

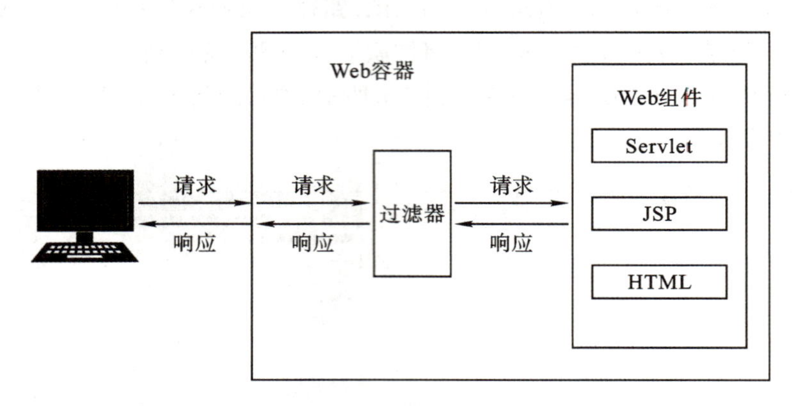

图7-8　过滤器的执行过程

从图 7-6 中可以看出，在 Web 服务器中部署了过滤器以后，不仅客户端发送的请求会被过滤器处理，而且请求在被发送到目标资源进行处理后，请求的回应信息也同样会经过过滤器。

实际应用中为了满足复杂的业务需求，一个 Web 应用可能会需要部署多个过滤器，这些过滤器将协同工作，形成一个过滤器链，对进入的请求进行层层处理。图 7-9 展示了这样的过滤器链结构。Web 服务器会严格按照过滤器的注册顺序对请求进行依次处理，确保每个过滤器都能发挥自己的作用，共同确保 Web 应用的安全、高效和稳定运行。

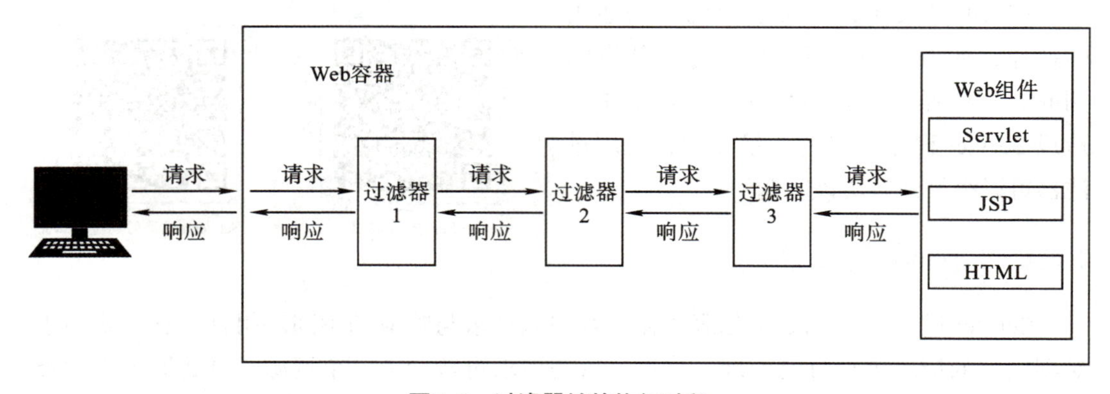

图7-9　过滤器链的执行过程

注意：一个过滤器可以附加到一个或多个 Servlet 或 JSP 上，一个 Servlet 或 JSP 也可以附加一个或多个过滤器。

实际应用中，可以使用过滤器完成如下任务。

（1）身份验证和授权：过滤器可以用来检查用户是否已经登录，或者是否拥有访问特定资源的权限。例如，可以创建一个过滤器来拦截对受保护资源的请求，并验证用户的登录状态或角色。

（2）日志记录：过滤器可以用来记录关于请求和响应的信息，如记录请求的 IP 地址、访问时间、请求参数等信息，这对于调试和监控应用程序非常有用。

（3）请求和响应处理：过滤器可以在请求到达 Servlet 之前或响应离开 Servlet 之后修改请求或响应。例如，修改请求头、请求参数，或者压缩响应内容以减少传输的数据量。

（4）编码过滤：过滤器可以用来确保请求和响应使用正确的字符编码，以避免编码相关的问题。

（5）数据过滤：过滤器可以用来对请求和响应数据进行处理，如过滤敏感信息、防止 SQL（structure query language，结构查询语言）注入等。

7.4.2　Servlet 过滤器的实现

1. 过滤器的生命周期

Servlet 过滤器在 Servlet 容器（如 Tomcat）中执行，并处理进入和离开 Servlet 的请求和响应。每个过滤器实例都有一个明确的生命周期，由容器管理。过滤器的生命周期包含三个阶段：初始化、过滤和销毁。

（1）初始化阶段。当 Servlet 容器启动时，或者当过滤器首次被请求匹配时，会调用过滤器的 init() 方法。这个阶段通常用于加载资源、建立数据库连接或执行只需要执行一次的配置任务。init() 方法接收一个 FilterConfig 对象作为参数，该对象提供了访问过滤器配置信息（如初始化参数）的方法。代码如下：

```
public void init(FilterConfig filterConfig) throws ServletException {
    // 初始化代码
}
```

（2）过滤阶段。每当请求匹配到过滤器的 URL 模式时，容器会调用过滤器的 doFilter() 方法。该方法可以用于执行诸如身份验证、日志记录、数据转换等任务。doFilter() 方法接收三个参数：ServletRequest、ServletResponse 和 FilterChain。通过调用 FilterChain 的 doFilter 方法，可以将请求传递给下一个过滤器或目标资源（如 Servlet 或静态资源）。

代码如下：

```
public void doFilter(ServletRequest request, ServletResponse response,
FilterChain chain)
            throws IOException, ServletException {
            ...
            // 将请求传递给下一个过滤器或Servlet
            chain.doFilter(request, response);
}
```

（3）销毁阶段。当 Servlet 容器关闭或过滤器被移除时，会调用过滤器的 destroy() 方法。这个阶段通常用于释放资源、关闭数据库连接或执行清理任务。代码如下：

```
public void destroy() {
    // 销毁代码
}
```

2. 实现过滤器的基本步骤

词汇过滤器代码

编码过滤器代码

实现一个 Servlet 过滤器通常包括以下步骤。

（1）创建 Filter 过滤器并实现 Filter 接口。创建一个 Java 类，并让它实现 Filter 接口。要求实现 init()、doFilter() 和 destroy() 方法。在集成开发工具 Eclipse 中创建的方法类似于创建 Servlet，右键单击 src，在弹出的快捷菜单中，选择“new”→“Filter”，填写包名和类名后自动创建过滤器。

（2）配置过滤器。可以通过以下两种方式配置过滤器。

①注解方式：使用 @WebFilter 注解来指定过滤器的 URL 模式、初始化参数等。

② web.xml 方式：在 web.xml 文件中添加 <filter> 和 <filter-mapping> 元素来配置过滤器。

（3）编写过滤逻辑。在 doFilter() 方法中编写过滤逻辑。例如检查用户身份、记录日志、修改请求或响应等。

7.4.3 Servlet 过滤器实例：使用过滤器验证用户身份

例7-2代码

用户登录成功之后，所请求的资源只要不允许匿名访问，都需要对用户身份进行验证，以防止非法用户入侵网站。本案例实现一个验证用户身份的 Java Web 项目，在用户请求非匿名访问的页面时对当前用户进行身份验证。

【例 7-2】使用过滤器验证用户登录。

（1）在 chapter07 项目中的 WebContent 根目录下新建登录页 Example07_02.jsp。主要代码如下：

```
<body>
    <h3>用户登录</h3><hr />
    <form action = "login" method = "post">
      <table>
        <tr><td class = "right">用户名：</td><td><input type = "text"
name = "uname" /></td></tr>
        <tr><td class = "right">密码：</td><td><input type = "password"
name = "upwd" /></td></tr>
        <tr><td></td><td><input type = "submit" value = "登录" /> <input
type = "reset" value = "重置" /></td></tr>
      </table>
    </form>
</body>
```

以上代码设计了一个用户登录页面，包含用户名、密码信息，表单 form 提交的 URL 为“login”。

（2）在 src 根目录下新建一个名称为“LoginServlet”的 Servlet，包名为“myservlet”，并在 doPost() 方法中处理提交的信息。主要代码如下：

```
public class LoginServlet extends HttpServlet {
    protected void doPost(HttpServletRequest request, HttpServletResponse
response) throws ServletException, IOException {
        request.setCharacterEncoding("utf-8");
        response.setContentType("text/html; charset = utf-8");
        String uname = request.getParameter("uname");
        String upwd = request.getParameter("upwd");
        if(!uname.equals("admin") && !upwd.equals("admin")) {
            PrintWriter out = response.getWriter();
            out.print("<script>alert('用户名或密码不正确！'); location.href =
'Example07_02.jsp'; </script>");
            return;
        }
        HttpSession session = ((HttpServletRequest)request).getSession();
```

```
            session.setAttribute("user", uname);
            request.getRequestDispatcher("Example07_03.jsp").forward(request,
response);
        }
    }
```

以上代码是一个处理用户登录的 Servlet。它接收用户名和密码，检查是否匹配预设的“admin”值。如果不匹配，则提示用户“用户名或密码不正确”并重定向到登录页面。如果匹配，则在会话中存储用户名，并将用户重定向到登录成功页面。

（3）在 src 根目录下新建一个名称为“LoginFilter”的过滤器，包名为“myfilter”，并在 doFilter() 方法中处理登录验证信息。主要代码如下：

```
public class LoginFilter implements Filter {
    public void doFilter(ServletRequest request, ServletResponse response,
FilterChain chain) throws IOException, ServletException {
            request.setCharacterEncoding("utf-8");
            response.setContentType("text/html; charset = utf-8");
            HttpSession session = ((HttpServletRequest)request).getSession();
            if (session.getAttribute("user") == null) {
                PrintWriter out = response.getWriter();
                 out.print("<script>alert('你还没有登录！'); location.href =
'Example07_02.jsp'; </script>");
            } else {
                chain.doFilter(request, response);
            }
    }
}
```

以上代码是一个名为“LoginFilter”的过滤器，用于检查用户是否已经登录。在过滤器中，首先从请求中获取 HttpSession 对象，然后检查会话中是否存在名为“user”的属性。如果不存在（即用户未登录），过滤器会向客户端发送一段 JavaScript 代码，显示一个警告框，提示用户尚未登录，并将用户重定向到登录页面。如果用户已登录（即会话中存在“user”属性），过滤器则会继续执行过滤器链中的下一个过滤器或 Servlet。

（4）在 WebContent 根目录的 WEB-INF 文件夹下的配置文件 web.xml 中增加配置。

代码如下：

```
<servlet>
        <servlet-name>login</servlet-name>
        <servlet-class>myservlet.LoginServlet</servlet-class>
    </servlet>
    <servlet-mapping>
        <servlet-name>login</servlet-name>
        <url-pattern>/login</url-pattern>
    </servlet-mapping>
    <filter>
        <filter-name>filter</filter-name>
        <filter-class>myfilter.LoginFilter</filter-class>
    </filter>
    <filter-mapping>
        <filter-name>filter</filter-name>
        <url-pattern>/Example07_03.jsp</url-pattern>
    </filter-mapping>
```

以上代码用于配置 Servlet 和 Filter。首先，定义了一个名为“login”的 Servlet，并将其映射到 URL“/login”。这意味着当用户访问的 URL 为“/login”时，服务器将调用 myservlet.LoginServlet 来处理请求。接下来，定义了一个名为“filter”的过滤器，并将其映射到特定的 JSP 页面 Example07_03.jsp。这意味着在请求到达 /Example07_03.jsp 页面之前，myfilter.LoginFilter 过滤器将首先执行。

（5）在 WebContent 根目录下新建欢迎页 Example07_03.jsp。主要代码如下：

```
<body>
    <h3>用户登录</h3><hr />
    <%
      String name = request.getSession().getAttribute("user").toString();
    %>
      欢迎用户【<%= name %>】登录!
</body>
```

以上代码用于显示已登录用户的用户名。它从会话（session）中获取名为“user”的属性，该属性应该包含用户的登录名或姓名。然后，它在页面上显示一个包含该用户名的欢迎消息。

（6）运行 Example07_02.jsp，效果如图 7-10 所示。输入正确的用户名和密码后，跳转到登录成功页面，如图 7-11 所示。

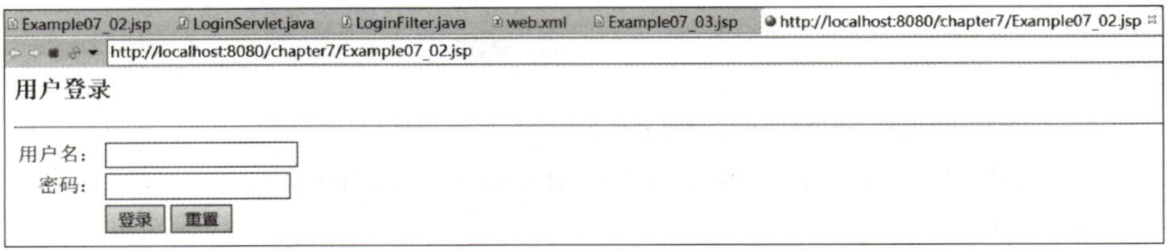

图7-10　用户登录页面

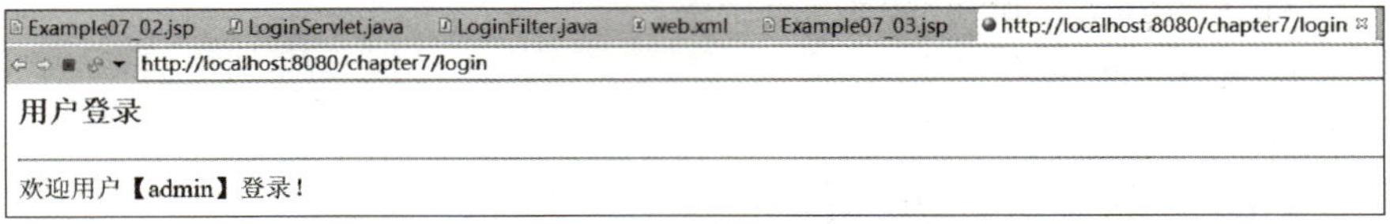

图7-11　用户登录成功页面

若输入错误的用户名或密码，则会弹窗提示“用户名或密码不正确”，如图 7-12 所示。

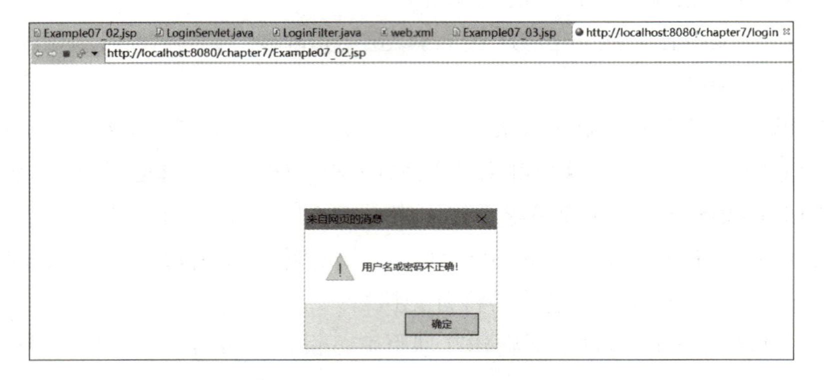

图7-12　用户登录失败页面

7.5　Servlet 监听器

7.5.1　Servlet 监听器简介

Servlet监听器

Servlet 监听器是 Java Servlet API 中的一个重要组件，用于监听 Web 应用中重要事件的特殊类，通过实现特定的监听器接口来监听和响应应用程序中的事件。它能够捕获和响应 ServletContext、HttpSession 和 ServletRequest 等域对象的创建与销毁事件，以及这些域对象属性的变更事件。通过实现特定的监听器接口，开发者可以定义在事件发生时自动执行的代码。

Servlet 监听器的主要用途包括以下几项。

（1）跟踪和日志记录。监听器可以用于记录关键事件，如会话的创建和销毁，这对于调试和性能分析非常有用。

（2）资源管理和清理。监听器可以在 Servlet 上下文初始化时加载资源，并在上下文销毁时执行清理任务，如关闭数据库连接或释放其他系统资源。

（3）状态监控和统计。通过监听会话和请求事件，可以监控应用程序的状态，如当前活动会话的数量，或用于统计目的的其他指标。

（4）安全性。监听器可用于监控和响应潜在的安全事件，如未授权的会话访问或异常行为。

Servlet 监听器的生命周期与 Servlet 容器的生命周期密切相关。当 Servlet 容器启动并加载 Web 应用程序时，它会初始化所有配置的监听器。一旦监听器被初始化，相应的初始化方法（如 contextInitialized）就会被调用。

同样地，当 Servlet 容器关闭或 Web 应用程序被卸载时，它会销毁所有配置的监听器，并调用相应的销毁方法（如 contextDestroyed）。

7.5.2　Servlet 监听器类型

Servlet 监听器提供了丰富的功能，允许开发者在 Web 应用程序的不同层次上监听和响应关键事件。从 Servlet 上下文到 HTTP 会话再到单个的 Servlet 请求，每种监听器都有其特定的用途和优势。通过合理地使用这些监听器，开发者可以简化事件处理逻辑、提高代码的可维护性和可读性，并增强应用程序的监控和安全性。Servlet 监听器有以下几种类型。

1. ServletContextListener

ServletContextListener 监听器用于监听 Servlet 上下文（ServletContext）的初始化事件和销毁事件。当 Web 应用程序启动时，Servlet 容器会创建一个 ServletContext 对象，并通过调用 ServletContextListener 的 contextInitialized() 方法通知所有注册了该监听器的类。同样，当 Web 应用程序关闭时，Servlet 容器会调用 contextDestroyed() 方法来通知监听器。

ServletContextListener 主要用于执行一些在 Web 应用程序启动时需要的初始化操作，如加载配置文件、建立数据库连接、初始化单例对象等。同时，它也可以用于在 Web 应用程序关闭时执行清理工作，如关闭数据库连接、释放资源等。

2. HttpSessionListener

HttpSessionListener 监听器用于监听 HTTP 会话（HttpSession）的创建和销毁事件。每当有新的 HTTP 会话被创建时，Servlet 容器会调用 sessionCreated() 方法；当会话过期或被无效时，会调用 sessionDestroyed() 方法。

这种监听器通常用于跟踪会话的状态，例如统计在线用户数量、记录会话的创建和销毁时间等。此外，它还可以用于在会话结束时执行一些清理工作，如删除与会话相关的临时文件或释放其他资源。

3. ServletRequestListener

ServletRequestListener 监听器用于监听 Servlet 请求（ServletRequest）的初始化和销毁事件。然而，需要注意的是，在 Servlet 4.0 规范中并没有直接提供 ServletRequestListener 接口。通常使用 ServletRequestAttributeListener 来监听请求属性的添加、移除和替换事件。

ServletRequestAttributeListener 的方法包括 attributeAdded()、attributeRemoved() 和 attributeReplaced()，它们分别在请求属性的添加、移除和替换时被调用。这种监听器对于跟踪请求范围内的数据变化非常有用，可以用于调试、日志记录或实现某些特定的业务逻辑。

4. HttpSessionAttributeListener

HttpSessionAttributeListener 监听器用于监听 HTTP 会话属性的变化，包括属性的添加、移除和替换。每当会话属性发生变化时，Servlet 容器会调用相应的 attributeAdded()、attributeRemoved() 或 attributeReplaced() 方法。

这种监听器通常用于在会话级别跟踪用户行为或状态变化。例如，可以使用它来记录用户添加到会话中的自定义属性，或者在属性被修改或删除时执行某些操作。

5. ServletContextAttributeListener

ServletContextAttributeListener 监听器用于监听 Servlet 上下文属性的变化，包括属性的添加、移除和替换。与 HttpSessionAttributeListener 类似，每当上下文属性发生变化时，Servlet 容器会调用相应的 attributeAdded()、attributeRemoved() 或 attributeReplaced() 方法。

这种监听器通常用于在 Web 应用程序级别跟踪和响应属性变化。例如，可以使用它来记录添加到上下文中的全局配置信息，或者在属性被修改或删除时执行相应的操作。

7.5.3 Servlet 监听器的实现

要实现 Servlet 监听器，需要完成以下步骤：

（1）定义监听器类。创建一个 Java 类，并实现相应的监听器接口。在集成开发工具 Eclipse 中创建的方法类似于创建 Servlet，右键单击 src，在弹出的快捷菜单中，选择“new”→“Listener”，填写包名和类名后自动创建监听器。例如，如果要监听 ServletContext 的生命周期事件，可以创建一个实现了 javax.servlet.ServletContextListener 接口的类。

（2）实现监听器方法。在监听器类中，根据需要实现监听器接口中的方法。每个监听器接口都有对应的事件类型，例如 contextInitialized() 方法对应于 ServletContext 的初始化事件，contextDestroyed() 方法对应于 ServletContext 的销毁事件。

（3）注册监听器。在配置文件 web.xml 中注册监听器类。通过添加一个元素，指定监听器的完整类名，并将其添加到元素下。代码如下：

```
<web-app>
    <listener>
      <listener-class>mylistener.MyServletContextListener</listener-class>
    </listener>
    <!-- 其他配置 -->
</web-app>
```

（4）配置监听器。如果需要为监听器设置初始化参数，可以在元素内添加子元素，并指定参数名和值。代码如下：

```
<listener>
    <listener-class>mylistener.MyServletContextListener</listener-class>
    <init-param>
        <param-name>paramName</param-name>
        <param-value>paramValue</param-value>
    </init-param>
</listener>
```

7.5.4 Servlet 监听器实例：使用监听器实现人数统计功能

实现人数统计功能通常涉及跟踪在线用户数量。Servlet 监听器，特别是 HttpSessionListener，可以用来跟踪会话的创建和销毁，从而估算在线用户数量。

使用监听器查看在线人数

【例 7-3】使用监听器实现人数统计功能。

例7-3代码

（1）在 src 根目录下新建一个名为“OnlineCountListener”的监听器，包名为“myservlet”，设置 Servlet context events 的 Lifecycle 和 HTTP session events 的 Lifecycle 后，完成 Listener 的创建。分别在 OnlineCountListener.java 文件中的 sessionCreated()、sessionDestroyed() 和 contextInitialized() 方法中编写代码，实现人数统计的功能。主要代码如下：

```
public class OnlineCountListener implements ServletContextListener,
HttpSessionListener {
    ServletContext application = null;
    public void sessionCreated(HttpSessionEvent se) {
        application = se.getSession().getServletContext();
        application.setAttribute("count", (int)application.getAttribute("count") + 1);
    }
    public void sessionDestroyed(HttpSessionEvent se) {
        application = se.getSession().getServletContext();
        application.setAttribute("count", (int)application.getAttribute("count") - 1);
    }
    public void contextInitialized(ServletContextEvent sce) {
        application = sce.getServletContext();
        application.setAttribute("count", 0);
    }
}
```

上述代码是一个名为“OnlineCountListener”的监听器类，实现了 ServletContextListener 和 HttpSessionListener 接口。这个监听器用于跟踪在线用户数量。当一个新的 HTTP 会话（HttpSession）被创建时，sessionCreated() 方法会被调用，该方法将在线用户数量加 1。同样，当一个会话被销毁时，sessionDestroyed() 方法会被调用，将在线用户数量减 1。在 Servlet 上下文初始化时（即 Web 应用程序启动时），contextInitialized() 方法会被调用，该方法设置在线用户数量的初始值为零。

（2）在配置文件 web.xml 中将 OnlineCountListener 类注册到网站应用中。代码如下：

```
<listener>
    <listener-class>mylistener.OnlineCountListener</listener-class>
</listener>
```

（3）在 WebContent 根目录下新建用于计数的页面 Example07_04.jsp。

主要代码如下：

```
<body>
    <h3>在线人数统计</h3><hr />
        当前在线人数：<%= application.getAttribute("count") %>
</body>
```

以上代码从 Servlet 的上下文中获取名为“count”的属性，该属性由 OnlineCountListener 监听器维护，并通过 sessionCreated() 和 sessionDestroyed() 方法实时更新。<%= application.getAttribute("count") %> 表达式将动态地显示当前的在线人数。

（4）运行 Example07_04.jsp，效果如图 7-13 所示。

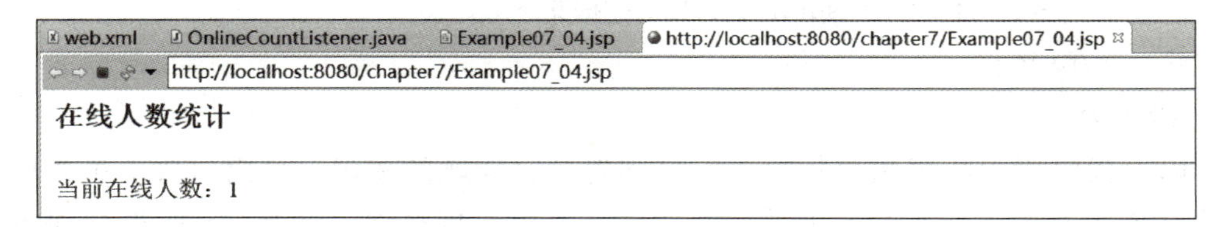

图7-13　在线人数统计页面

本案例实现的人数统计为实时人数，刷新页面，在线人数不会发生变化。若打开另一个浏览器再次访问此页面，在线人数增加。关闭其中一个浏览器，30 min 后，刷新页面，在线人数减少。

7.6　上机实验

任务描述

开发一个民意收集的调研平台，借助表单系统，便捷地捕获民众对于各类社会问题的看法与建议。

任务实施

（1）创建意见收集页面 submit-suggestion.jsp。

在 WebContent 目录下创建一个名为 submit-suggestion.jsp 的文件。

上机实验代码

主要代码如下：

```
<body>
    <h2>请提交您的建议</h2>
    <form action = "submit-suggestion" method = "post">
        姓名: <input type = "text"  name = "name" required><br>
        邮箱: <input type = "email"  name = "email" required><br>
        电话: <input type = "tel"  name = "phone" required><br>
        建议: <textarea name = "suggestion" rows = "4" cols = "50" required></
textarea><br>
        <input type = "submit" value = "提交">
    </form>
</body>
```

以上代码用于收集用户的个人信息和对社会问题的建议。页面包含一个表单，用户需要填写姓名、邮箱、电话以及建议。表单数据将通过 POST 方法提交到名为 “submit-suggestion” 的服务器地址。

（2）创建封装用户提交信息的 JavaBean 文件 Suggestion.java。

在 src 根目录下新建一个名称为“Suggestion”的 JavaBean，包名为“bean”。主要代码如下：

```
public class Suggestion {
    private String name;
    private String email;
    private String phone;
    private String suggestion;
    ...//省略了属性的set×()方法和get×()方法
}
```

以上代码封装了四个私有字符串类型的成员变量：name（姓名）、email（邮箱）、phone（电话）和 suggestion（建议）。每个成员变量都有相应的公共 get×××() 和 set×××() 方法，用于获取和设置这些变量的值。

（3）编写处理用户提交的表单数据的 Servlet 文件 SuggestionServlet.java。

在 src 根目录中包名为“myservlet”的目录下新建一个名称为 SuggestionServlet 的 Servlet，并在 doPost() 方法中处理提交的信息。主要代码如下：

```
public class SuggestionServlet extends HttpServlet {
    private static ArrayList<Suggestion> suggestions = new ArrayList<>();
    protected void doPost(HttpServletRequest request, HttpServletResponse
```

```
response)
        throws ServletException, IOException {
        request.setCharacterEncoding("utf-8");
        String name = request.getParameter("name");
        String email = request.getParameter("email");
        String phone = request.getParameter("phone");
        String suggestion = request.getParameter("suggestion");
        Suggestion newSuggestion = new Suggestion();
        newSuggestion.setName(name);
        newSuggestion.setEmail(email);
        newSuggestion.setPhone(phone);
        newSuggestion.setSuggestion(suggestion);
        suggestions.add(newSuggestion);
        response.setContentType("text/html; charset = utf-8");
        PrintWriter out = response.getWriter();
        out.println("<h1>Suggestion Submitted Successfully!</h1>");
        out.println("<p>Your suggestion has been added to the list.</p>");
        // 将建议列表作为属性添加到request对象中
        request.setAttribute("suggestions", suggestions);
        // 转发请求到显示建议的JSP页面
        RequestDispatcher dispatcher = request.getRequestDispatcher("display
suggestions.jsp");
        dispatcher.forward(request, response);
    }
}
```

上述代码是一个继承自 HttpServlet 的 Java Servlet 类，名为 SuggestionServlet。这个 Servlet 处理来自 HTTP POST 请求的数据，从请求中获取姓名、邮箱、电话和建议内容，将其封装到 JavaBean 中，并将其添加到一个静态的 ArrayList 中存储。设置响应的内容类型，将建议列表作为属性添加到请求对象中，并将请求转发到 display-suggestions.jsp 页面以显示这些建议。

（4）编写展示意见的 JSP 页面 display-suggestions.jsp。

在 WebContent 目录下创建一个名为 display-suggestions.jsp 的文件，主要代码如下：

```
<body>
    <h2>建议收集栏</h2>
```

```
        <ul>
        <%
    ArrayList<Suggestion> suggestions = (ArrayList<Suggestion>)request.
    getAttribute("suggestions");
            if (suggestions != null) {
                for (Suggestion suggestion : suggestions) {
        %>
            <li>
                <strong>姓名：</strong> <%= suggestion.getName() %><br>
                <strong>邮箱：</strong> <%= suggestion.getEmail() %><br>
                <strong>电话：</strong> <%= suggestion.getPhone() %><br>
                <strong>建议：</strong> <%= suggestion.getSuggestion() %><br>
            </li>
            <%
                    }
                }
            %>
        </ul>
    </body>
```

上述代码用于显示用户提交的建议列表。首先从请求对象中获取一个包含 Suggestion 对象的 ArrayList。如果列表不为空，它将遍历这个列表，并为每个 Suggestion 对象创建一个列表项（<li> 标签）。在每个列表项中，使用 JSP 表达式语言显示建议的详细信息，包括姓名、邮箱、电话和具体建议内容。这个页面提供了一个可视化的界面，让用户能够看到他们之前提交的信息。

（5）配置 Servlet。

在配置文件 web.xml 中为 Servlet 添加配置信息。代码如下：

```
<servlet>
    <servlet-name>SuggestionServlet</servlet-name>
    <servlet-class>myservlet.SuggestionServlet</servlet-class>
</servlet>
<servlet-mapping>
    <servlet-name>SuggestionServlet</servlet-name>
    <url-pattern>/submit-suggestion</url-pattern>
</servlet-mapping>
```

（6）运行效果。

运行 submit-suggestion.jsp，效果如图 7-14 ～图 7-16 所示。

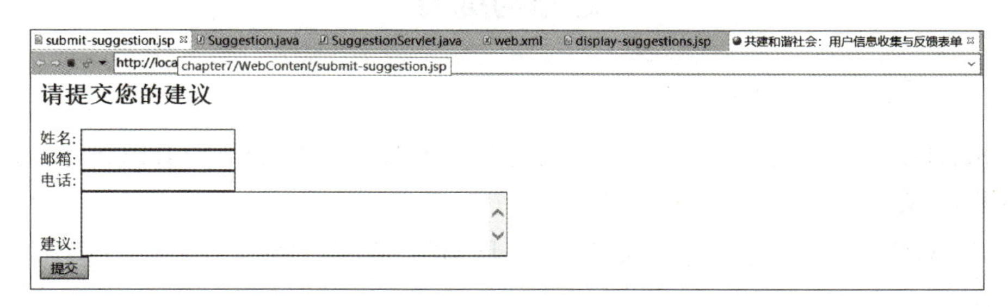

图7-14　建议收集页面

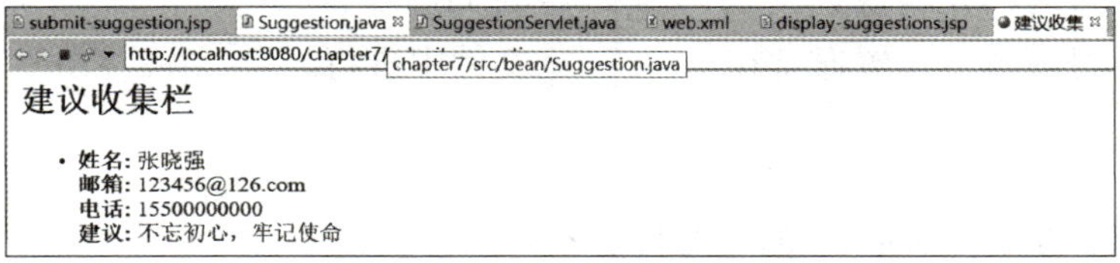

图7-15　建议显示页面

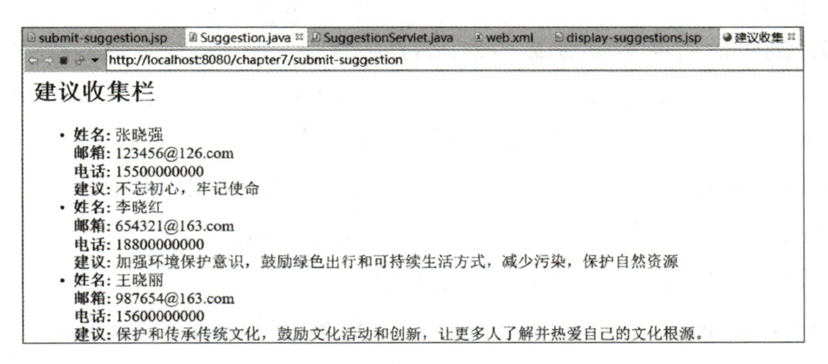

图7-16　建议列表页面

项目小结

本项目讲解了 Servlet 技术，不仅包括了 Servlet 本身，还涵盖了过滤器和监听器这两个重要的组件。通过这个项目，读者不仅能够深入理解 Servlet、过滤器和监听器在 Web 应用程序中的作用，掌握如何配置和使用这些组件，还学习了如何在实际案例中使用 Servlet、过滤器和监听器来增强 Web 应用程序的功能和性能。希望读者能够将所学的知识和技能应用到更多的实际项目中，为 Web 开发领域的发展做出更大的贡献。

思考与练习

一、填空题

1. Servlet 是一种运行在 ________ 端的 Java 程序，它用于处理 HTTP 请求并生成动态网页内容。

2. 在 Servlet 中，________ 方法用于处理 GET 请求，而 ________ 方法用于处理 POST 请求。

3. Servlet 容器负责加载 Servlet，并在 ________ 方法中初始化 Servlet 实例。

4. Servlet 过滤器是实现了 ________ 接口的 Java 类。

5. Servlet 过滤器的配置通常在 ________ 文件中进行。

二、选择题

1. 以下哪一项不是 Servlet 的主要特点？（　　）

A. 运行在服务器端　　B. 是基于 Java 的

C. 是跨平台的　　D. 只能在 Tomcat 上运行

2. Servlet 的生命周期不包括以下哪个方法？（　　）

A. init()　　B. service()　　C. doGet()　　D. destroy()

3. 在 Servlet 中，哪个对象用于存储用户的会话信息？（　　）

A. HttpServletRequest　　B. HttpServletResponse

C. HttpSession　　D. ServletContext

4. 哪个监听器用于监听会话的创建和销毁？（　　）

A. HttpSessionListener　　B. ServletContextListener

C. ServletRequestListener　　D. ServletResponseListener

5.Servlet 过滤器可以拦截哪种类型的请求？（　　）

A. 只有 GET 请求　　B. 只有 POST 请求

C. 所有类型的 HTTP 请求　　D. 只有静态资源的请求

三、判断题

1. Servlet API 中的 HttpServletRequest 对象用于获取客户端的请求信息。（　　）

2. Servlet 过滤器只能拦截和处理 HTTP 请求。（　　）

3.Servlet 过滤器必须在 web.xml 文件中进行配置才能生效。（　　）

4.Servlet 监听器用于监听 Servlet 容器中的事件，如会话的创建和销毁。（　　）

5. 在 Servlet 中，doPost() 方法用于处理所有类型的 HTTP 请求。（　　）

四、简答题

1. 解释一下 Servlet 的生命周期。
2. 简述 Servlet 过滤器的作用和用途。
3. 简述 Servlet 的主要特点。
4. 简述 Servlet 监听器的作用。
5. 如何在 Servlet 中获取请求参数的值?

五、上机实训

运用 Servlet 技术设计一个猜数字游戏，该项目包含两个 JSP 页面和一个 Servlet，两个 JSP 页面分别为 random.jsp、inputNumber.jsp；Servlet 命名为 HandleGuess.java。具体要求如下。

（1）random.jsp：随机分配给用户一个 1 ～ 100 的整数，并将这个整数存储在 session 对象中。

（2）inputNumber.jsp：设计一个表单，提供一个单行文本框，供用户输入自己的猜测并提交到 HandleGuess。

（3）HandleGuess.java：处理用户的猜测。若用户猜小了，将用户重定向到 inputNumber.jsp，并将“您猜小了”存放到 session 对象中；若用户猜大了，将用户重定向到 inputNumber.jsp，并将“您猜大了”存放到 session 对象中；若用户猜对了，将用户重定向到 inputNumber.jsp，并将“您猜对了”存放到 session 对象中。

项目 8　JSP 数据库

知识目标

1. 掌握 JDBC（Java data base connectivity，Java 数据库连接）的概念。

2. 掌握 JDBC 中常用的 API（Driver、DriverManager、Connection、Statement、PrepareStatement、CallableStatement、ResultSet）。

3. 掌握 JSP 访问 MySQL 数据库的过程。

4. 掌握如何使用 JDBC 技术实现对数据库中表记录的查询、插入和删除等操作。

技能目标

1. 掌握 JDBC 访问数据库的过程。

2. 掌握 JSP 访问 MySQL 数据库的过程。

素养目标

1. 培养独立分析解决问题的能力，养成良好的编程习惯。

2. 培养职业素养和团队精神，建立良好的沟通能力及团队合作意识。

8.1　JDBC 概述

JDBC 是一种用于执行 SQL 语句的 Java API（application programming interface，应用程序设计接口），由一组用 Java 语言编写的类和接口组成。JDBC 为数据库开发人员提供了一组标准的 API，使他们能够用纯 Java API 来编写数据库应用程序。

JDBC技术概述

JDBC 是一套面向对象的 API，制定了统一的访问各类关系数据库的标准接口，为各个数据库厂商提供了标准接口的实现。在出现 JDBC 技术之前，开发人员访问数据库非常困难，尤其是在更换数据库时，常常需要修改大量代码，十分不方便。而 JDBC 技术一经发布，很快就成为了 Java 访问数据库的标准方法，并且获得了几乎所有数据库厂商的支持。

通过 JDBC 技术，开发人员可以用纯 Java 语言和标准的 SQL 语句编写完整的数据库应用程序，并且真正地实现软件的跨平台性。通过 JDBC，可以很方便地向各种关系数据发送 SQL 语句并获得执行结果。换句话说，有了 JDBC，就不必为访问 MySQL、SQLServer 或 Oracle 等数据库专门编写一个程序，只需调用 JDBC 编写一个程序就够了，只要保证所使用的 SQL 语法在各种数据库中都支持就可以了。JDBC 对 Java 程序员而言是 API，对实现与数据库连接的服务提供商而言是接口模型。简单地说，JDBC 能完成以下任务。

（1）加载数据库驱动。

（2）与数据库建立连接。

（3）向数据库发送 SQL 语句。

（4）处理数据库返回的结果。

JDBC 的结构如图 8-1 所示。

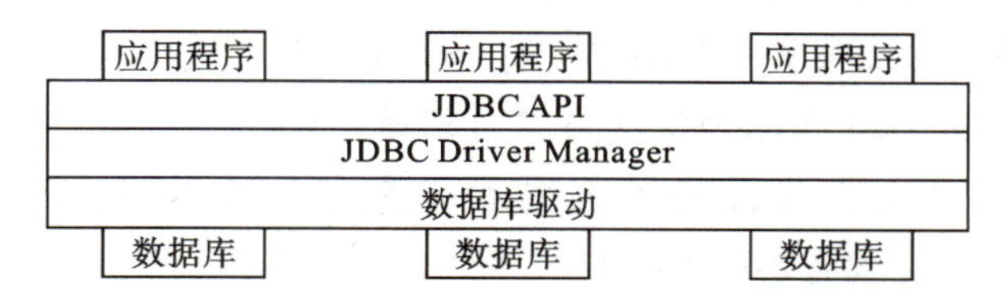

图8-1 JDBC结构

1. 应用程序

应用程序实现连接 JDBC、发送 SQL 语句，然后获取结果的功能，执行以下任务：向数据源请求建立连接、向数据源发送 SQL 请求、为结果集定义存储应用和数据类型、询问结果、处理错误、控制传输、提交操作、关闭连接。

2. JDBC API

JDBC API 通过 Driver Manager（驱动管理器）实现与数据库的透明连接，提供获取数据库连接、执行 SQL 语句、获得结果等功能。JDBC API 使开发人员获得了标准的、纯 Java 的数据库程序设计接口，在 Java 程序中为访问任意类型的数据库提供支持。

3. JDBC Driver Manager

JDBC Driver Manager（驱动管理器）为应用程序装载数据库驱动，确保使用正确的驱动来访问每个数据库。具体任务包括：为特定数据库定位驱动程序；处理 JDBC 初始化调用等。

4. 数据库驱动

数据库驱动负责解决应用程序与数据库通信的问题，实现 JDBC 的连接，向特定数据库发送 SQL 声明，并且为应用程序获取结果。

5. 数据库

数据库是指应用程序想访问的数据库（如 MySQL、Microsoft SQL Server 、Oracle 等）。

8.2 JDBC 中常用的 API

8.2.1 Driver 接口

Java.sql.Driver 接口是所有 JDBC 驱动程序需要实现的接口。每种数据库的驱动程序都提供了一个实现 java.sql.Driver 接口的类，简称 Driver 类。在加载某一驱动程序的 Driver 类时，其应创建自己的实例并向 java.sql.DriverManager 类注册该实例。

JDBC常用接口

通常情况下，通过 java.lang.Class 类的静态方法 forName（String className），加载需要连接的数据库驱动程序 Driver 类，这个方法的入口参数为要加载类的完整路径。加载成功后，会将 Driver 类实例注册到 DriverManager 类中，若加载失败，将抛出“ClassNotFoundException”异常。

```
Class.forName("com.mysql.jdbc.Driver"); //装载MySQL驱动
Class.forName("oracle.jdbc.driver.OracleDriver"); //装载Oracle驱动
```

8.2.2 DriverManager 接口

数据库驱动程序加载成功后，接下来就由 DriverManager 类来处理了，DriverManager 类的主要作用是管理用户程序与特定数据库（驱动程序）的连接，所以该类是 JDBC 的管理层，作用于用户与驱动程序之间，负责追踪可用的驱动程序，并在数据库和驱动程序之间建立连接，除此之外，该类也常被用于处理驱动程序登录时间限制、登录与追踪消息的显示等工作。

成功加载 Driver 类实例并在 DriverManager 类中注册后，DriverManager 类即可用于建立数据库连接，当调用 DriverManager 类的 getConnection() 方法请求建立数据库时，DriverManager 类将定位一个适当的 Driver 类，并检查是否可以建立连接，如果可以则建立连接，否则将抛出异常。

该类提供的常用方法如下。

（1）getConnection(String url, String user, String password)：获取数据库连接，参数分别为要连接数据库的 URL、用户名、密码，返回类型为 java.sql.Connectoin。而 DriverManager 类定义了三个重载的 getConnection() 方法，分别如下：

```
static Connection getConnection(String url);
static Connection getConnection(String url, Properties info);
static Connection getConnection(String url, String user, String password);
```

这三个方法都是静态方法，可以直接通过类名进行调用，方法中各参数的含义如下。

url 参数：建立数据库连接的字符串，表示数据库资源的地址。

info 参数：一个 java.util.Properties 类的实例。

user 参数：建立数据库连接所需的用户名。

password 参数：建立数据库连接所需的密码。

（2）setLoginTimeout(int seconds)：设置每次等待建立数据库连接的最长时间。

（3）setLogWriter(PrintWriter out)：设置日志输出对象。

（4）println(String message)：输出指定消息到当前 JDBC 日志流。

8.2.3　Connection 接口

Connection 接口类对象是应用程序连接数据库的连接对象，该对象由 DriverManager 类的 getConnection() 方法提供。

由于 DriverManager 类保存着已注册的数据库连接驱动类的清单。当调用方法 getConnection() 时，它将从清单中到找到可与 URL 中指定的数据库进行连接的驱动程序。一个应用程序与单个数据库可有一个或多个连接，也可与许多数据库有多个连接。连接对象的主要作用是调用 createStatement() 来创建语句对象，还可通过 gerMetaData() 方法获得由数据库提供的相关信息，如数据表、存储过程、连接功能等信息。该接口提供的常用方法如表 8-1 所示。

表8-1　Connection接口提供的常用方法

方法名称	功能描述
getMetaData()	用于返回表示数据库元数据的 DatabaseMetaData 对象
createStatement()	用于创建一个 Statement 对象并将 SQL 语句发送到数据库
prepareStatement(String sql)	用于创建一个 PreparedStatement 对象并将参数化的 SQL 语句发送到数据库
prepareCall(String sql)	用于创建一个 CallableStatement 对象来调用数据库存储过程

续表

方法名称	功能描述
setAutoCommit()	设置当前 Connection 类对象的自动提交模式，默认为 true，即自动将更改同步到数据库中，若设为 false，则需使用 commit() 或 rollback() 方法手动更改同步到数据库中
getAutoCommit()	查看当前 Connection 实例是否处于自动提交模式，若是则返回 true，否则返回 false
commit()	提交对数据库新增、删除或修改记录的操作
rollback()	取消一个事务对数据库新增、删除或修改记录的操作，进行回滚操作
close()	释放 Connection 实例占用的数据库和 JDBC 资源，即关闭数据库连接
isClosed()	测试当前 Connection 实例是否被关闭，若是则返回 true，否则返回 false

8.2.4 执行 SQL 语句接口 Statement

Statement 接口用于将 SQL 语句发送到数据库中，并获取指定 SQL 语句的结果。它是由 createStatement() 创建，接口定义了执行语句和获取结果的基本方法，用于发送简单的不带参数的 SQL 语句。例如，对于增（insert）、删（delete）和改（update）语句，调用 executeUpdate(String sql) 方法，而查询（select）语句则调用 executeQuery(String sql) 方法，并返回一个永远不能为 null 的 ResultSet 实例。Statement 接口提供了执行 SQL 语句的常用方法，如表 8-2 所示。

表8-2　Statement接口提供的常用方法

方法名称	功能描述
execute(String sql)	执行静态的 select 语句，该语句可能返回多个结果集
executeQuery(String sql)	执行给定的 SQL 语句，该语句返回单个 ResultSet 对象
clearBatch()	清空此 Statement 对象的当前 SQL 语句列表
addBatch(String sql)	把多条 SQL 语句放到一个批处理（Batch）中，若驱动程序不支持批量处理则抛出异常
executeBatch()	将一批命令提交给数据库来执行，如果全部执行成功，则返回更新计数组成的数组，数组元素排序与语句添加顺序对应；若驱动程序不支持批量处理或未能成功执行 Batch 中的 SQL 语句之一则抛出异常，数组元素有以下几种情况。 （1）大于或等于 0：说明 SQL 语句执行成功，该元素为更新的行数。 （2）-2：说明 SQL 语句执行成功，但未得到受影响的行数。 （3）-3：说明 SQL 语句执行失败（仅当执行失败后继续执行后面的 SQL 语句时出现）
close()	立即释放 Statement 实例占用的数据库和 JDBC 资源

8.2.5　执行动态 SQL 语句接口 PreparedStatement

Statement 接口封装了 JDBC 执行 SQL 语句的方法，可以完成执行 SQL 语句的操作。然而在实际开发过程中往往需要将程序中的变量作为 SQL 语句的查询条件，而使用 Statement 接口操作这些带参数的 SQL 语句会过于繁琐，并且存在安全方面的问题。针对这一问题，JDBC API 提供了扩展的 PreparedStatement 接口。

PreparedStatement 接口继承自 Statement 接口，用于执行预编译的 SQL 语句，使其可以反复且高效地执行该 SQL 语句，还可以防止 SQL 注入。PreparedStatement 接口扩展了带有参数的 SQL 语句的执行操作，应用于该接口中的 SQL 语句可以使用占位符“?”代替参数，然后通过 set×() 方法为 SQL 语句的参数赋值。PreparedStatement 接口的常用方法如表 8-3 所示。

表8-3　PreparedStatement接口提供的常用方法

方法名称	功能描述
executeUpdate()	执行前面包含的参数的动态 insert、update、delete 语句，并返回语句执行后影响到的记录条数，对于 CREATE TABLE 或 DROP TABLE 等不操作行的 DDL（data definition language，数据定义语言）语句，executeUpdate 的返回值总为零
executeQuery()	执行 select 语句，它返回的是查询后得到的记录集
addBatch()	将一组参数添加到此 PreparedStatement 对象的批处理命令中
set×()	指定位置的参数设置 × 型值
clearParameters()	清除当前所有参数的值

在通过 set × () 方法为 SQL 语句中的参数赋值时，可以通过参数与 SQL 类型相匹配的方法（例如，如果参数类型为 Integer，那么应该使用 setInt() 方法），也可以通过 setObject() 方法设置多种类型的输入参数。通过 setter() 方法为 SQL 语句中的参数赋值，具体示例代码如下：

```
String sql = "INSERT INTO users(id, name, email) VALUES(?, ?, ?)";
PreparedStatement  ps = conn.prepareStatement(sql);
ps.setInt(1, 1); //使用参数与SQL类型相匹配的方法
ps.setString(2, "zhangsan"); //使用参数与SQL类型相匹配的方法
ps.setObject(3, "zs@sina.com"); //使用setObject()方法设置参数
ps.executeUpdate();
```

8.2.6　执行存储过程接口 CallableStatement

CallableStatement 接口继承自 PreparedStatement 接口，由方法 prepareCall() 创建，是 PreparedStatement 的扩展，用于执行 SQL 的存储过程。

CallableStatement 对象为所有的 DBMS 提供了一种以标准形式调用已储存过程的

方法。对已储存过程的调用是 CallableStatement 对象所含的内容。这种调用是用一种换码语法来写的，有两种形式：带结果参数和不带结果参数。结果参数是一种输出（OUT）参数，是已储存过程的返回值。两种形式都可带有数量可变的输入（IN）参数、输出（OUT）参数或输入和输出（INOUT）参数。问号将用作参数的占位符。

为参数赋值的方法使用的是从 PreparedStatement 中继承来的 set×() 方法。在执行存储过程之前，必须注册所有 OUT 参数的类型，它们的值是在执行后通过 get×() 方法获得的。

CallableStatement 可以返回一个或多个 ResultSet 实例。处理多个 ResultSet 对象的方法是从 Statement 中继承来的。

8.2.7 ResultSet 接口

ResultSet 是 JDBC（Java database connectivity）中的一个核心接口，用于处理数据库查询结果。它代表了查询的结果集，通常包含一组行和列，这些行和列存储了从数据库查询所得的数据。

ResultSet 实例具有指向当前数据行的指针。最初，指针被置于第一行之前，调用 next() 方法可以将指针移动到下一行，如果 ResultSet 实例存在下一行，则该方法返回 true，否则返回 false，所以可以在 while 循环中使用它来迭代结果集。默认情况下 ResultSet 实例不可以更新，只能向前移动指针，所以只能迭代一次，并且只能按从前到后的顺序。如果需要，可以生成可滚动和可更新的 ResultSet 实例。

ResultSet 接口中定义了大量的 get × () 方法，而采用哪种 get × () 方法获取数据，取决于字段的数据类型。程序既可以通过字段的名称获取指定数据，也可以通过字段的索引获取指定的数据，字段的索引是从 1 开始编号的。例如，数据表的第一列字段名为“id”，字段类型为“int”，那么既可以调用 getInt(1)，以字段索引的方式获取该列的值，也可以调用 getInt("id")，以字段名称的方式获取该列的值。

在 JDBC 2.0 API（JDK 1.2）之后，该接口中添加了一组更新方法 update × ()。update×() 方法均有两个重载方法，分别根据列的索引编号和列的名称指定列。可以用来更新当前行的指定列，也可以用来初始化欲插入行的指定列，但是该方法并未将操作同步到数据库，需要执行 updateRow() 或 insertRow() 方法完成同步操作。下面介绍四种 ResultSet 类型。（以下代码中用到的 Connection 并没有初始化，变量 conn 代表的就是 Connection 对应的对象，SqlStr 代表的是响应的 SQL 语句。）

1. 最基本的 ResultSet 类型

最基本的 ResultSet 类型起到的作用就是完成查询结果的存储功能，而且只能读取一次，不能够来回滚动读取，创建方式如下：

```
Statement st = conn.CreateStatement
```

```
ResultSet rs = Statement.excuteQuery(sqlStr);
```

这种结果集不支持滚动读取功能，只能使用 next() 方法，逐个地读取数据。

2. 可滚动的 ResultSet 类型

这个类型支持前后滚动取得记录（next()、previous()）、回到第一行（first()），同时还支持指定读取 ResultSet 中的第几行（absolute(int n)），以及移动到相对当前行的第几行（relative(int n)）。创建方式如下：

```
Statement st = conn. createStatement (int resultSetType, int resultSetConcurrency)
ResultSet rs = st.executeQuery(sqlStr)
```

参数的含义如下。

resultSetType：设置 ResultSet 对象的类型为可滚动，或者是不可滚动。ResultSet.TYPE_FORWARD_ONLY 表示只能向前滚动；ResultSet.TYPE_SCROLL_INSENSITIVE 和 Result.TYPE_SCROLL_SENSITIVE 这两个方法都能够实现任意的前后滚动，使用各种移动的 ResultSet 指针的方法。二者的区别在于前者对于修改不敏感，而后者对于修改敏感。

resultSetConcurency：设置 ResultSet 对象是否能够修改。ResultSet.CONCUR_READ_ONLY 表示设置为只读类型的参数；ResultSet.CONCUR_UPDATABLE 表示设置为可修改类型的参数。

所以，如果想要得到可滚动的只读类型的 Result，把 Statement 按如下格式赋值即可：

```
Statement st = conn.createStatement(Result.TYPE_SCROLL_INSENITIVE,
ResultSet.CONCUR_READ_ONLY);
```

用上面这个 Statement 执行的查询语句得到的就是可滚动的 ResultSet。

```
ResultSet rs = st.excuteQuery(sqlStr);
```

3. 可更新的 ResultSet

ResultSet 对象可以完成对数据库中表的修改，但只是相当于数据库中表的视图，并不是所有的 ResultSet 只要设置了可更新就能够完成更新的，能够完成更新的 ResultSet 的 SQL 语句必须具备如下属性。

（1）只引用了单个表。

（2）不含有 join 或者 group by 子句。

（3）列中要包含主关键字。

具有上述条件的可更新的 ResultSet 可以完成对数据的修改，可更新的结果集的创建方法是：

```
Statement st = createstatement(Result.TYPE_SCROLL_INSENSITIVE, Result.
CONCUR_UPDATABLE)
```

这样的 Statement 的执行结果就是可更新的结果集。更新的方法是，把 ResultSet 的游标移动到要更新的行，然后调用 update × ()。update × () 方法有两个参数，第一个是要更新的列，可以通过列名或者序号指定。第二个是要更新的数据，这个数据类型要和原数据类型相同。每完成对一行的 update 后，都要调用 updateRow() 完成对数据库的写入，而且是在 ResultSet 的游标离开该修改行之前，否则修改将不会被提交。

4. 可保持的 ResultSet

可保持性就是指当 ResultSet 的结果被提交时，是被关闭还是不被关闭。正常情况下如果使用 Statement 执行完一个查询，又去执行另一个查询时，第一个查询的结果集就会被关闭，也就是说，所有的 Statement 的查询对应的结果集是一个。调用 Connection 的 commit() 方法也会关闭结果集。

JDBC 2.0 和 JDBC 1.0 都是提交后 ResultSet 就会被关闭。不过在 JDBC 3.0 中，用户可以设置 ResultSet 是否关闭。要完成这样的 ResultSet 的对象的创建，所使用的 Statement 要具有三个参数，创建方式如下：

```
Statement st = createStatement(int resultsetscrollable, int resultsetupdateable, int
resultsetSetHoldability)
ResultSet rs = st.excuteQuery(sqlStr);
```

前两个参数和 createStatement 方法中的参数是完全相同的，这里只介绍第三个参数。

resultSetHoldability 参数：表示在结果集提交后结果集是否打开，取值有两个。“ResultSet.HOLD_CURSORS_OVER_COMMIT”表示修改提交时，不关闭数据库；“ResultSet.CLOSE_CURSORS_AT_COMMIT”表示修改提交时 ResultSet 关闭。

注意，该功能只在 JDBC3.0 的驱动下才能成立。

思考：当使用 ResultSet 查询方法，查到的数据记录很多，比如有一千万条的时候，那 rs 所指的对象是否会占用很多内存，如果记录过多，程序会不会把系统的内存用光呢？

答案是：不会。ResultSet 表面看起来是一个记录集，其实这个对象中只是记录了结果集的相关信息，具体的记录内容并没有存放在对象中，具体的记录内容是在通过 next() 方法提取时，通过相关的 get × () 方法提取字段内容的时候才能从数据库中得到，因此 ResultSet 对象并不会占用系统内存，通过 ResultSet 对象将记录集中的数据提取出来加入本地集合才会产生内存消耗。

8.3 JSP 访问 MySQL 数据库

8.3.1 JDBC 访问数据库的过程

在 JSP 中，JDBC 连接数据库，创建一个以 JDBC 连接数据库的程序，包含以下几个步骤。

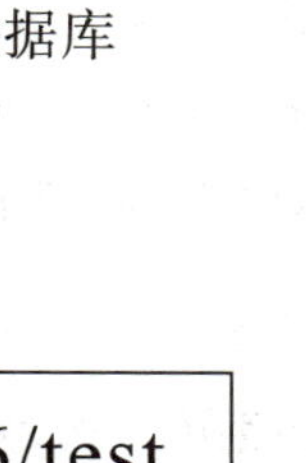

使用Java类实现数据库的链接

1. 准备 JDBC 所需的四个参数（user、password、url、driverClass）

user：数据库登录用户名。

password：数据库登录密码。

url：定义数据库的路径（jdbc:mysql://localhost:3306/ 数据库名）。

driverClass：连接数据库所需要的驱动。

url 的组成部分如图 8-2 所示。

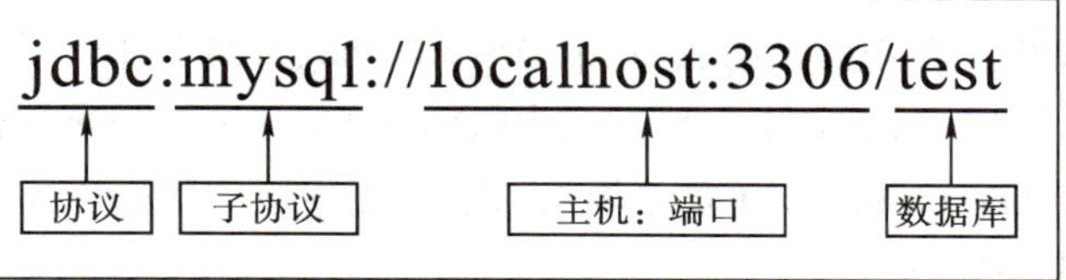

图8-2 JDBC的URL格式

第一部分是协议，“jdbc”是固定的协议。

第二部分是子协议，也代表了数据库类型，选择连接 MySQL 数据库，这部分为“mysql”。

第三部分是主机和端口，这部分是由数据库厂商规定的，我们需要了解每个数据库厂商的要求，MySQL 数据库的第三部分由数据库服务器的 IP 地址（“localhost”）、端口号（“3306”）组成。

第四部分是数据库，使用数据库名称（“test”）指定要访问的数据库。

第一次打开数据库时，首先需要准备好用户名和密码还有主机端口号等信息。示例代码如下：

```
String driver = "com.mysql.jdbc.Driver"; //数据库驱动类名的字符串
String url = "jdbc:mysql://localhost:3306/test"; //数据库连接串，数据库名为“test”
String username = "root"; //用户名
String password = "root"; //密码
```

2. 加载 JDBC 数据库驱动

在连接数据库之前，首先要加载想要连接的数据库的驱动到 JVM（Java vitual machine，Java 虚拟机），需要通过 java.lang.Class 类的静态方法 forName(String className) 实现。

```
try{//加载MySQL的驱动类
        Class.forName("com.mysql.jdbc.Driver");
}catch(ClassNotFoundException e){
        System.out.println("找不到驱动程序类 ， 加载驱动失败！ ");
        e.printStackTrace();
}
```

成功加载后，会将 Driver 类的实例注册到 DriverManager 类中。如果加载失败，将抛出“ClassNotFoundException”异常，即指定的驱动类不存在，提示加载失败，所以我们在加载数据库驱动类时需要使用 try catch 语句捕捉可能抛出的异常。

3. 创建数据库的连接

想要连接数据库，需要首先向 java.sql.DriverManager 请求并获得 Connection 对象，该对象代表一个数据库的连接。然后使用 DriverManager 的 getConnection(String url, String username, String password) 方法传入指定的要连接的数据库路径、数据库的用户名和密码。示例代码如下：

```
//连接MySQL数据库，用户名和密码都是“root”
  String url = "jdbc:mysql://localhost:3306/test";
  String username = "root";
  String password = "root";
  try{
        Connection con = DriverManager.getConnection(url, username, password );
  }catch(SQLException se){
        System.out.println("数据库连接失败！ ");
        Se.printStackTrace();
  }
```

在这个示例代码中，连接的是本地的 MySQL 数据库，数据库名称为“test”，登录用户名为“root”，密码为“root”。

4. 创建一个 preparedStatement 或者 Statement 用于执行 SQL 语句

首先必须获得 java.sql.Statement 实例，才能使用 Statement 对象来发送 SQL 指令到数据库中。这些指令可以是 SELECT、INSERT、UPDATE 或 DELETE 等类型。Statement 实例分为以下 3 种类型。

（1）只能执行静态 SQL 语句。通常通过 Statement 实例实现。

（2）可执行动态 SQL 语句。通常通过 PreparedStatement 实例实现。

（3）可执行数据库存储过程。通常通过 CallableStatement 实例实现。

其中 Statement 是最基础的，PreparedStatement 继承了 Statement，并做了相应的扩展，而 CallableStatement 继承了 PreparedStatement，又做了相应的扩展。PreparedStatement 和 CallableStatement 在基本功能的基础上，各自又增加了一些独特的功能。

5. 使用操作命令来执行 SQL

Statement 接口提供了三种执行 SQL 语句的方法：executeQuery、executeUpdate 和 execute。

（1）boolean execute：用于执行返回多个结果集、多条记录被影响或者既包含结果集也有记录被影响。如果 ResultSet 对象可被检索，返回 true，否则返回 false。这个方法比较特殊，一般是在用户不知道执行 SQL 语句后会产生什么结果或可能有多种类型的结果产生时才会使用。

（2）int executeUpdate：用于执行 insert、update、delete 语句以及 DDL 语句（create、drop），该方法返回的是一个整数，表示 SQL 语句执行后所影响的记录的总行数。若返回值为 0，则表示执行的 SQL 语句未对数据库造成影响。该语句也可以执行无返回值的 SQL 数据定义语言，如 CREATE、ALTER 和 DROP 语句等。正确执行语句后，返回值也是 0。

（3）ResultSet executeQuery：用于执行产生单个结果集。如 select，返回的是一个 ResultSet 对象，其中不仅包含所有满足查询条件的记录，还包含相应数据表的相关信息，例如，列的名称、类型和列的数量等。利用 ResultSet 接口中提供的方法可以获取结果集中指定列值以进行输出或进行其他处理。

6. 遍历结果集

Statement 接口执行 SQL 语句后返回的 Result 结果集有以下两种情况。

（1）执行更新返回的是本次操作影响到的记录数。

（2）执行查询返回的结果是一个 ResultSet 对象，可以使用方法 next() 查找下一条记录。

7. 处理异常并关闭 JDBC 对象资源

操作完成以后要把所有使用的 JDBC 对象全都关闭，以释放 JDBC 资源，关闭顺序和声明顺序相反。先关闭 requestSet，再关闭 preparedStatement，最后关闭连接对象 Connection。

8.3.2　创建一个完整的 MySQL 数据库连接

【例 8-1】在 JSP 中连接 MySQL 数据库 db_test。

```
<%@ page language = "java" import = "java.sql.*" pageEncoding = "UTF-8"%>
```

```
<%
String driverClass = "com.mysql.jdbc.Driver";
String url = "jdbc:mysql://localhost:3306/test";
String username = "root";
String password = "root";
Class.forName(driverClass); // 加载数据库驱动
Connection conn = DriverManager.getConnection(url, username, password); //建立连接
Statement stmt = conn.createStatement();
ResultSet rs = stmt.executeQuery("select * from user"); //执行SQL语句
while(rs.next()){
        out.println("<br>用户名：" + rs.getString(2) + " 密码：" + rs.getString(3));
        //结果集中列的ID是从数字1开始的
}
rs.close();
stmt.close();
conn.close();
%>
```

程序运行结果如图 8-3 所示。

```
用户名：admin1 密码：1234567
用户名：admin2 密码：123456
用户名：admin3 密码：123456
用户名：admin4 密码：123456
用户名：admin5 密码：123456
用户名：admin6 密码：123456
```

图8-3　例8-1的程序运行结果

8.4　JSP 访问 MySQL 数据库

查询数据

和数据库建立连接后，就可以使用 JDBC 提供的 API 与数据库交互信息，比如查询、修改和更新数据库中的表等。JDBC 与数据库表进行交互的主要方式是使用 SQL 语句。JDBC 提供的 API 可以将标准的 SQL 语句发送给数据库，实现和数据库的交互。

8.4.1　数据的查询（select 语句）

在 JSP 中，我们可以使用 Statement 和 PreparedStatement 对象来执行 SQL 查询语句，从而实现查询数据库中的记录。由于 PreparedStatement 类是 Statement 类的扩展，一个 PreparedStatement 对象包含一个预编译的 SQL 语句，该 SQL 语句可能包含一个或多个参数，这样应用程序可以动态地为其赋值，所以 PreparedStatement 对象执行的速度比 Statement 对象快。因此在执行较多的 SQL 语句时，建议使用 PreparedStatement 对象。下面将通过两个实例分别应用这两种方法实现数据查询。

【例 8-2】使用 Statement 对象查询数据。

采用 Statement 对象从 user 数据表中查询 uName 字段值里包含“admin”字符的数据。具体代码如下：

```
<%@ page language = "java" import = "java.sql.*" pageEncoding = "UTF-8"%>
<%
String driverClass = "com.mysql.jdbc.Driver";
String url = "jdbc:mysql://localhost:3306/test";
String username = "root";
String password = "root";
// 加载数据库驱动
Class.forName(driverClass);
//建立连接
Connection conn = DriverManager.getConnection(url, username, password);
//使用Statement对象查询数据
String sql = "select * from user where uName like '%admin%' ";
Statement stmt = conn.createStatement();
ResultSet rs = stmt.executeQuery(sql); //执行SQL语句
while(rs.next()){
        out.println("<br>用户名：" + rs.getString(2) + " 密码：" + rs.getString(2));
        //结果集中列的ID是从数字1开始的
}
rs.close();
stmt.close();
conn.close();
%>
```

【例 8-3】采用 PreparedStatement 对象查询数据。

采用 PreparedStatement 对象从 user 数据表中查询 uName 字段值里包含 admin 字符

的数据。具体代码如下：

```
<%@ page language = "java" import = "java.sql.*" pageEncoding = "UTF-8"%>
<%
String driverClass = "com.mysql.jdbc.Driver";
String url = "jdbc:mysql://localhost:3306/test";
String username = "root";
String password = "root";
Class.forName(driverClass); // 加载数据库驱动
Connection conn = DriverManager.getConnection(url, username, password);
//建立连接
//使用PreparedStatement对象查询数据
String sql = "select * from user where uName like ?";
PreparedStatement pStmt = conn.prepareStatement(sql);
pStmt.setString(1, "%admin%"); //设置sql语句的第1个参数为"%admin%"。
ResultSet rs = pStmt.executeQuery();
//循环输出结果集的记录
while(rs.next()){
        out.println("<br>用户名：" + rs.getString(2) + " 密码：" + rs.getString(3));
        //结果集中列的ID是从数字1开始的
}
rs.close();
pStmt.close();
conn.close();
%>
```

例 8-2 和例 8-3 的运行结果与例 8-1 相同，如图 8-3 所示。

8.4.2 数据的添加（insert 语句）

和查询操作类似，实现数据的添加操作有两种方法，一种是通过 Statement 对象执行静态的 SQL 语句实现；另一种是通过 PreparedStatement 对象执行动态的 SQL 语句实现，但执行的 SQL 语句及执行方法不同。数据添加操作使用的 SQL 语句为 INSERT 语句，采用的是 executeUpdate() 方法。INSERT 语句的语法格式如下：

插入数据

```
insert into table_name [(column_list)] values (data_values);
```

其中，table_name 是要插入数据的表的名称；column 是要插入数据的列名，如果不指定列名，默认向数据表所有字段插入数据；data_values 指定要插入的实际值。在单个语句中，可以将多个列和值组合在一起，以逗号分隔。

采用 Statement 对象向数据表 user 中添加数据的关键代码如下：

```
//SQL语句是INSERT语句
String sql = "insert into user(uName, uPwd, random, verifyCode) VALUES ("张三",
"123456", "test", "test"); "
Statement stmt = conn.createStatement();
ResultSet rs = stmt.executeUpdate(sql);
//这里采用executeUpdate而不是executeQuery
```

采用 PreparedStatement 对象向数据表 user 中添加数据的关键代码如下：

```
String sql = "insert into user(uName, uPwd, random, verifyCode) VALUES (?, ?, ?, ?); "
PreparedStatement pStmt = conn.prepareStatement(sql);
pStmt.setString (1, "张三"); //设置SQL语句的第1个参数为“张三”。
pStmt.setString (2, "张三"); //设置SQL语句的第2个参数为“123456”。
pStmt.setString (3, "张三"); //设置SQL语句的第3个参数为“test”。
pStmt.setString (4, "张三"); / /设置SQL语句的第4个参数为“test”。
ResultSet rs = pStmt.executeQuery();
```

8.4.3　数据的删除（delete 语句）

删除数据

实现数据删除的操作有两种方法，一种是通过 Statement 对象执行静态的 SQL 语句实现；另一种是通过 PreparedStatement 对象执行动态带参数的 SQL 语句实现。实现数据删除操作使用的 SQL 语句为 delete 语句，其语法格式如下：

```
delete from table_name [where condition];
```

其中，table_name 表示要删除记录的表格名称，where关键字可以用于筛选出要删除的记录。delete命令还可以使用特殊的语法实现一些高级功能，比如根据另一个表格中的记录进行删除等。

采用 Statement 对象向数据表 user 中删除数据的关键代码如下：

```
//SQL语句是delete语句
String sql = "delete from user where uName like " %王%";
Statement stmt = conn.createStatement();
ResultSet rs = stmt.executeUpdate(sql);
//这里采用executeUpdate而不是executeQuery
```

采用 PreparedStatement 对象向数据表 user 中删除数据的关键代码如下：

```
String sql = "delete from user where uName like ? ";
PreparedStatement pStmt = conn.prepareStatement(sql);
pStmt.setString(1, "%王%"); //设置SQL语句的第1个参数为“%王%”
ResultSet rs = pStmt.executeQuery();
```

8.4.4 数据的更新（update 语句）

实现数据修改操作的方法有两种，一种是通过 Statement 对象执行静态的 SQL 语句实现；另一种是通过 PreparedStatement 对象执行动态的 SQL 语句实现。实现数据修改操作使用的 SQL 语句为 update 语句，其语法格式如下：

```
update table_name set column1 = value1, column2 = value2, ...[ where condition];
```

其中，table_name表示要更新的表格名称，column1、column2 等表示要更新的字段名称，value1、value2等表示要更新的字段值，where关键字可以用于筛选出要更新的记录。update语句还可以使用特殊的语法实现一些高级功能，比如多表联合更新、使用子查询等。

采用 Statement 对象向数据表 user 中修改数据的关键代码如下：

```
//SQL语句是update语句
String sql = "update user set  uName = "小明";
Statement stmt = conn.createStatement();
ResultSet rs = stmt.executeUpdate(sql);
//这里采用executeUpdate而不是executeQuery
```

采用 PreparedStatement 对象向数据表 user 中修改数据的关键代码如下：

```
String sql = "update user set  uName = ?  ";
PreparedStatement pStmt = conn.prepareStatement(sql);
pStmt.setString(1, "小明"); //设置SQL语句的第1个参数为"小明"
ResultSet rs = pStmt.executeQuery();
```

8.5 连接池技术

在程序中，经常要建立与数据库的连接，之后再关闭这个连接。数据库连接对象的创建是比较影响系统性能的，这些频繁的操作势必会消耗大量的系统资源。因此需要采用更高效的数据库访问技术。

8.5.1　连接池简介

在 JDBC 2.0 中提出了数据库连接池技术，它提供了 javax.Sql.DataSource（数据源）接口，负责建立与数据库的连接。通过让客户共享一组连接，而不是在他们需要的时候为他们新建立连接，以改善资源的使用，提高应用程序的响应能力。

连接池技术的核心思想是：连接复用。通过建立一个数据库连接池以及一套连接使用、分配、治理策略，使得该连接池中的连接可以得到高效、安全的复用，从而避免数据库连接的频繁建立、关闭。数据库连接池技术是基于 JDBC 技术的，对 JDBC 的原始连接进行了封装，从而提高了开发效率。

数据库连接池的具体实施办法如下。

（1）预先创建一定数量的连接，存放在连接池中。

（2）当程序请求一个连接时，连接池为该请求分配一个空闲连接；当程序使用完连接后，该连接将重新回到连接池中。

（3）当连接池中的空闲连接数量低于下限时，连接池将根据管理机制追加创建一定数量的连接；当空闲连接数量高于上限时，连接池将释放一定数量的连接。

连接池的主要优点有以下三个方面。

（1）减少连接创建时间。连接池中的连接是已准备好的、可重复使用的，获取后可以直接访问数据库，因此减少了连接创建的次数和时间。

（2）简化的编程模式。当使用连接池时，允许用户直接使用 JDBC 编程技术，每一个单独的线程能够像创建一个自己的 JDBC 连接一样操作。

（3）控制资源的使用。如果不使用连接池，每次访问数据库都需要创建一个连接，这样系统的稳定性受系统连接需求影响很大，很容易产生资源浪费和高负载异常。连接池能够使性能最大化，将资源利用控制在一定的水平之下。连接池能控制池中的连接数量，增强了系统在大量用户应用时的稳定性。

与此同时，连接池也具有以下缺点。

（1）连接池中可能存在多个与数据库保持连接但未被使用的连接，在一定程度上浪费了资源。

（2）要求开发人员和使用者准确估算系统需要提供的最大数据库连接的数量。

8.5.2　在 Tomcat 中配置 MySQL 数据库连接池

在通过连接池技术访问数据库时，首先需要在 Tomcat 下配置数据库连接池。DBCP（database connection pool，数据库连接池），是 Apache 组织下的开源连接池实现，也是 Tomcat 服务器使用的连接池组件。单独使用 DBCP 数据源时，首先需要在应用程序中将以下两个 .jar 包配置到 Tomcat 安装目录下的 lib 文件夹中。

（1）commons-dbcp.jar 包：DBCP 数据源的实现包，包含所有操作数据库连接信息和数据库连接池初始化信息的方法，并实现了 DataSource 接口的 getConnection() 方法。

（2）commons-pool.jar 包：DBCP 数据库连接池实现包的依赖包，为 commons-dbcp.jar 包中的方法提供了支持。可以这么说，没有该依赖包，commons-dbcp.jar 包中的很多方法就没有办法实现。

下面以 MySQL 为例讲解在 Tomcat 下配置数据库连接池的方法。

（1）将 MySQL 数据库的 JDBC 驱动包 mysql-connector-java-5.1.7-bin.jar 同样复制到 Tomcat 安装目录里的 lib 文件夹中。

（2）配置数据源。将数据源配置到 Tomcat 安装目录下的 conf\server.xml 文件中，或工程 WebContent 目录下的 META-INF\context.xml 文件中，建议采用后者，因为这样配置的数据源更有针对性。配置数据源的具体代码如下：

```
<?xml version = "1.0" encoding="UTF-8"?>
<Context >
     <Resource name = "jdbc/MySQL"  auth = "Container" type = "javax.sql.DataSource"
maxTotal = "10"  maxIdle = "10"  maxWaitMillis = "200000"   username = "root"
     password = "root"  driverClassName = "com.mysql.jdbc.Driver"
     url = "jdbc:mysql://localhost:3306/test?useSSL = false&amp; autoReconnect =
true"/>
</Context>
```

在配置数据源时，context.xml 文件中 <Resource> 元素的属性及说明如表 8-4 所示。

表8-4　<Resource>元素的属性及说明

属性名称	说明
name	设置数据源的 JNDI（Java naming and directory interface，Java 命名与目录接口）名
type	设置数据源的类型
auth	设置数据源的管理者，有两个可选值：Container 和 Application。Container 表示由容器来创建和管理数据源，Application 表示由 Web 应用来创建和管理数据源
driverClassName	设置连接数据库的 JDBC 驱动程序（针对 MySQL 数据库的驱动程序为 com.mysql.jdbc.Driver）
url	设置连接数据库的路径
username	设置连接数据库的用户名
password	设置连接数据库的密码
maxActive	设置连接池中处于活动状态的数据库连接的最大数目，0 表示不受限制

续表

属性名称	说明
maxIdle	最大空闲连接，当队列数量超过 maxIdle 时，归还到连接池的连接就会被释放
minIdle	最小空闲连接，当队列数量小于 minIdle 时将不执行 checkIdle 方法
maxWait	设置当连接池中没有处于空闲状态的连接时，请求数据库连接的最长等待时间(单位为 ms)，如果超出该时间将抛出异常，-1 表示无限期等待

8.5.3　使用连接池技术访问数据库

【例 8-4】应用连接池技术访问 MySQL 数据库，并显示 user 数据表中的全部内容。

（1）将 DBCP 数据库连接池实现包 commons-dbcp.jar、依赖包 commons-dbcp.jar 和 MySQL 数据库的 JDBC 驱动包 mysql-connector-java-5.1.7-bin.jar 复制到 Tomcat 安装目录里的 lib 文件夹下。

（2）在工程 WebContent 目录下的 META-INF\context.xml 文件中输入以下代码来配置数据源。

```
    <?xml version = "1.0" encoding = "UTF-8"?>
<Context >
    <Resource name = "jdbc/MySQL"  auth = "Container"  type = "javax.sql.
DataSource"  maxTotal = "10"
maxIdle = "10"  maxWaitMillis = "200000"  username = "root"  password = "root"
    driverClassName = "com.mysql.jdbc.Driver" url = "jdbc:mysql://localhost: 3306/
test?useSSL = false&amp; autoReconnect = true">
    </Resource>
</Context>
```

（3）编写 DBConnectionPool.java 类，使用 javax.naming.Context 接口的 lookup() 查找 JNDI 数据源（注意 java:comp/env 前缀，它是 JNDI 命名空间的一部分，之后加数据源的 dataSourceName），得到 DataSource 对象引用后就可以通过 getconnection() 方法获得数据库连接对象 Connection。代码如下：

```
package DB;
import javax.naming.*;
import javax.sql.DataSource;
import java.sql.*;
public class DBConnectionPool {
    public static final String dataSourceName = "jdbc/MySQL";
    public static DataSource getDataSource() throws NamingException {
```

```
            Context initContext = new InitialContext();
            DataSource dataSource = (DataSource)initContext.lookup("java:comp/
env/" + dataSourceName);
            return dataSource;
        }
        public static Connection getDataSourceConnection() throws SQLException,
NamingException {
            return getDataSource().getConnection();
        }
}
```

（4）新建 DBConnectionPool.jsp 页面，调用 DBConnectionPool.java 类中的 getDataSourceConnection() 方法获取数据库连接对象 conn，然后通过连接池访问 test 数据库，并显示数据表 user，使用后调用 Connection 的 close() 方法来将连接对象返回到数据库连接池。代码如下：

```
<%@ page language = "java" contentType = "text/html; charset = UTF-8"
pageEncoding = "UTF-8"%>
<%@ page import = "java.io.*, DB.*, java.sql.*" %> <%@ page import = "DB.*" %>
<!DOCTYPE html>
<html><head><meta charset = "UTF-8"><title>Insert title here</title></head>
<body>
<%    //需要在META-INF中建立context.xml文件，并在其中进行数据库的初始化
    Connection conn = DBConnectionPool.getDataSourceConnection();
    String sql  ="select * from user";
    Statement stmt = conn.createStatement();
    ResultSet rs = stmt.executeQuery(sql);
    while(rs.next()){
        out.println("<br>用户名：" + rs.getString(2) + "密码：" + rs.getString(3)); }
  rs.close();
  stmt.close();
  conn.close();
%>
</body>
</html>
```

8.6　上机实验

任务描述

创建一个 JSP 页面，使其能连接 MySQL 数据库，实现带验证码的用户登录功能。

任务实施

带验证码的用户登录代码　　登录验证

（1） 将 mysql-connector-java-5.1.7-bin.jar 复制到工程目录内 WEB-INF → lib 文件夹下。

在 Java Resources → src 目录下，新建名为 DB 的包，然后在该包下新建 DbConnection.java 类，实现与数据库的连接。

（2）在 Java Resources → src 目录下，新建名为 CodeLogin 的包，然后在该包中新建 image1.java 类，实现验证码图片的生成和输出，主要步骤如下。

①定义 BufferedImage 对象。

②获得 Graphics 对象。

③通过 Random 产生随机验证码信息。

④使用 Graphics 绘制图片。

⑤记录验证码信息到 Session 对象中。

⑥使用 ImageIO 输出图片。

（3）在 Java Resources → src 目录下，新建名为 CodeLogin 的包，然后在该包下新建 check_verifyCode.java 类，实现验证码的校验，将原来 session 参数保存的验证码信息与用户填写的验证码进行比较。

（4）在工程 WebContent 文件夹下，新建 Example08_04.jsp 文件，该文件用来实现带验证码的用户登录功能。其中，reloadCode() 是一个 javascript 脚本，主要实现在用户看不清楚时更换一张验证码的功能。脚本方法中 time 的作用是为了防止刷新时出现缓冲区生效导致刷新不成功的情况。表单 myForm 的 action 值设为 check_verifyCode 这个 Servlet，以便将表单提交到这个 Servlet 来校验验证码输入是否正确。

（5）在工程 WebContent 文件夹下，新建 welcome.jsp 文件，用户登录成功会转到这个页面，显示“欢迎来 JSP 编程世界！”。

（6）配置 image1 类和 check_verifyCode 类到 web.xml 文件，配置代码如下：

```
<?xml version = "1.0" encoding = "UTF-8"?>
<web-app>
  <servlet>
    <display-name>check_verifyCode</display-name>
    <servlet-name>check_verifyCode</servlet-name>
    <servlet-class>CodeLogin.check_verifyCode</servlet-class>
  </servlet>
  <servlet-mapping>
    <servlet-name>check_verifyCode</servlet-name>
    <url-pattern>/check_verifyCode</url-pattern>
  </servlet-mapping>
  <servlet>
    <description></description>
    <display-name>image1</display-name>
    <servlet-name>image1</servlet-name>
    <servlet-class>CodeLogin.image1</servlet-class>
  </servlet>
  <servlet-mapping>
    <servlet-name>image1</servlet-name>
    <url-pattern>/image1</url-pattern>
  </servlet-mapping>
</web-app>
```

运行 Example08_05.jsp 文件，结果如图 8-4 和图 8-5 所示。

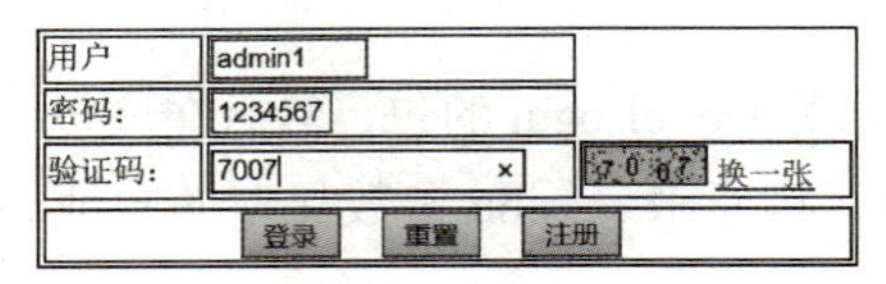

图8-4　例8-5程序运行结果图

图8-5　例8-5用户登录成功的界面

8.7　综合实训

实训要求：按照 Java SpringMVC 工程的要求，编写基于 MySQL 数据库操作的 Web 应用程序，实现数据库的增、删、改、查以及批量修改和批量删除功能，如图 8-6 所示。

全选☐	编号	账号	密码	操作
☐	1	std1	std1	删除
☐	2	std2	std2	删除
☐	3	std3	std3	删除
☐	10	std56	std5611	删除
☐	14	std15	std1511	删除
☐	15	a	a	删除
☐	16	aa	aa	删除
☐	17	aaa	aaa	删除
批量删除	批量修改	添加管理员	首页	

图8-6　综合实训数据库查询示意图

Java SpringMVC 的工程结构一般来说分为三层，自下而上分别是数据模型层（Modle 层）、逻辑控制层（Cotroller 层）、页面显示层（View 层），各层功能如下。

（1）数据模型层：数据模型层中的模型对象是应用程序的主体部分，负责处理数据逻辑和业务规则，实现数据操作（即在数据库中存取数据）。

（2）逻辑控制层：逻辑控制层负责前台与后台的交互，在服务器获取用户请求后，解析用户的输入，执行相关处理逻辑，最终跳转至正确的页面显示反馈结果。

（3）页面显示层：负责格式化数据并把它们呈现给用户，包括数据展示、用户交互、数据验证、界面设计等功能。

这样的层次分明的软件开发和处理流程被称为 MVC 模式，MVC 模式可以有效增强系统的可维护性和可扩展性。

项目小结

本项目讲解了 JDBC 技术以及 JDBC 中常用接口的应用，介绍了连接及访问 MySQL 数据库的方法，数据的增、删、改、查操作，还有连接池技术的应用和实例。最后通过一个综合实训，完整地开发一个基于 MySQL 数据库操作的 Web 应用程序，该程序可以实现数据库的增、删、改、查功能及批量修改、批量删除功能，读者可以根据所学知识和实际情况继续完善其功能。

思考与练习

一、填空题

1. __________是一种用于执行 SQL 语句的 Java API。

2. SQL 语句中用于插入操作的是__________。

3. SQL 语句中的 select 是用于__________的。

4. JDBC 提供了 Statement 对象和__________对象这两种方法实现数据查询。

5. __________负责管理 JDBC 驱动程序的基本服务。

二、选择题

1. JDBC 提供 3 个接口来实现 SQL 语句的发送，其中执行简单不带参数 SQL 语句的是（　　）。

A. Statement 类

B. PreparedStatement 类

C. CallableStatement 类

D. DriverStatement 类

2. Statement 类提供 3 种执行方法，用来执行更新操作的是（　　）。

A. executeQuery()

B. executeUpdate()

C. next()

D. query()

3. 负责处理驱动的调入并产生对新的数据库连接支持的接口是（　　）。

A. DriverManager

B. Connection

C. Statement

D. ResultSet

4. 从“员工”表的“姓名”字段中找出名字包含“玛丽”的人，下面哪条 select 语句正确？(　　)

A. Select * from 员工 where 姓名 = '_ 玛丽 _'

B. Select * from 员工 where 姓名 = '% 玛丽 _'

C. Select * from 员工 where 姓名 like '_ 玛丽 %'

D. Select * from 员工 where 姓名 like '% 玛丽 %'

5. 下述选项中不属于 JDBC 基本功能的是（　　）。

A. 与数据库建立连接

B. 提交 SQL 语句

C. 处理查询结果

D. 数据库维护管理

三、简答题

1. 简述 JDBC 连接数据库的基本步骤。

2. 执行动态 SQL 语句的接口是什么？

3. Statement 实例可分为哪 3 种类型？它们的功能分别是什么？

四、上机实训

编写一个连接 MySQL 数据库的程序，要求显示数据表中的全部数据，并实现更新、添加与删除记录的功能。

项目9　Ajax技术

知识目标

1. 了解 Ajax 的基本知识。
2. 掌握 Ajax 的运行原理。
3. 掌握 jQuery 的基础知识及常用操作。
4. 掌握 jQuery 中的 Get 请求和 Post 请求。
5. 掌握 XML、JSON 数据格式。

技能目标

1. 熟练掌握 Ajax 的基础操作。
2. 熟练掌握 jQuery 的基础知识及常用操作。
3. 熟练掌握 XML、JSON 数据格式的使用。

素养目标

1. 具备较强的自主学习能力，不断提升编程技能。
2. 具备良好的沟通能力及精益求精的工匠精神。

9.1　Ajax 概述

9.1.1　Ajax 技术

Ajax概述

Ajax（asynchronous JavaScript and XML，异步的 JavaScript 和 XML）是 Jesse James Garrett 于 2005 年提出的新术语。Ajax 技术包括：HTML 或 XHTML、CSS、JavaScript、DOM、XML

及 XMLHttpRequest 等技术。在 Web 页面中使用 Ajax 技术，能够快速地实现客户端的异步请求操作，将 Web 页面增量信息更新到客户端界面上，而不需要刷新整个 Web 页面信息，这使得程序能够更快地回应用户的操作，减少了客户端的等待时间，减轻服务器端及网络负载，提供更好的客户体验效果。

Ajax 并不是一门新的技术，其中的 HTML 或 XHTML、CSS、JavaScript、DOM、XML 等都是已有的技术，仅核心技术 XMLHttpRequest 是新技术。Ajax 不是一种新的编程语言，它是一种将现有的技术标准组合在一起使用的新方式。

使用 JavaScript 向服务器发出请求并进行响应，而不拦截用户核心对象 XMLHttpRequest 的请求信息。通过 XMLHttpRequest 对象，使得 JavaScript 发出的请求可以在不重载整个 Web 页面的情况下与服务器交换数据，即产生局部数据刷新的效果。

Ajax 在浏览器与 Web 服务器之间使用异步数据传输（HTTP 请求），这样就可使网页从服务器请求少量的信息，而不是整个 Web 页面。

Ajax 可使 Web 应用程序更小、更快，用户体验效果更好。

HTML、JavaScript、XML 及 CSS 等技术被所有的主流浏览器支持，Ajax 应用程序独立于浏览器和平台。

9.1.2　Web 传统开发模式与 Ajax 开发模式的对比

传统 Web 开发模式是一种同步模式，用户必须等待每个请求，当一个请求完成后才能获得结果，在使用完这些结果后才能发出新的请求。如：当用户请求了一篇文章，他肯定会在阅读完这篇文章后才会去获取其他数据，否则当前文章页面将被刷新，无法阅读。它完全是一种“请求→刷新→响应”的模型，用户只有等当前请求完成后才能进行操作，操作完成后才能提交下一个请求，用户行为和服务器行为是一种同步的关系。

在传统的 Web 应用程序开发中，用户在客户端页面中的每一次操作都会触发服务器返回一个 HTTP 请求，服务器收到客户端的请求进行相应的处理后，向客户端返回一个 HTML 页面，如图 9-1 所示。

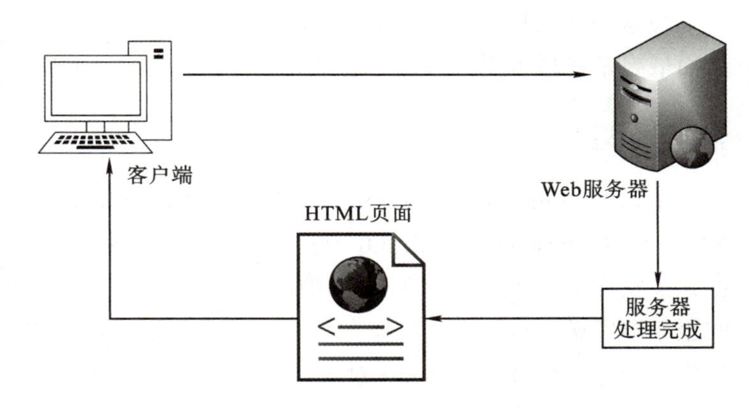

图9-1　传统Web页面的响应过程

Ajax 开发模式是一种异步模式，这意味着客户端和服务器端不必再相互等待，而是进行一种并发的操作。用户发送请求以后可以继续当前工作，包括浏览或提交信息。在服务器响应完成之后，Ajax 引擎会将更新的数据显示给用户看，而用户则根据响应内容来决定自己下一步的行为。

在用户行为和服务器端之间多了一层 Ajax 引擎，它负责处理用户的行为，并转化为服务器请求，同时接收服务器端的信息，经过处理后显示给用户。在 Web 2.0 以后的开发模式中，由于 Ajax 技术的应用，客户端页面的操作是通过 Ajax 引擎实现与服务器的通信，服务器将来自客户端的信息处理后交给客户端的 Ajax 引擎，由 Ajax 引擎将服务器返回的数据插入客户端指定的位置，如图 9-2 所示。

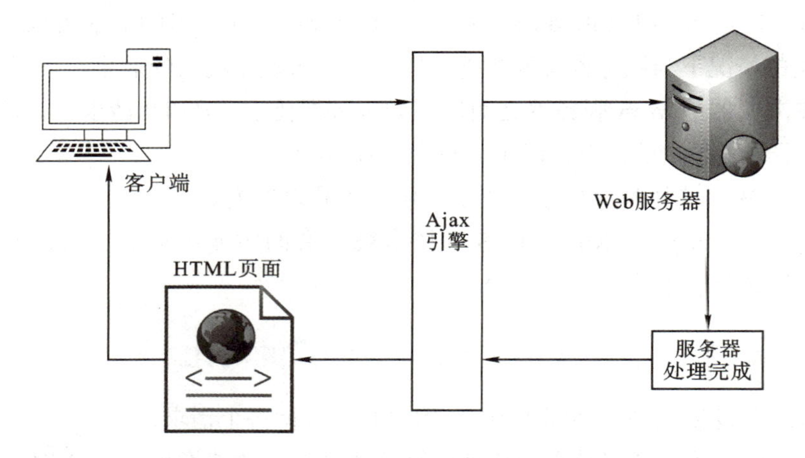

图9-2 Web页面Ajax的响应过程

通过图 9-1 和图 9-2 的对比可以发现，在传统的 Web 开发模型中，客户端用户的每一个行为都将生成一些 HTTP 请求，进而由服务器进行响应。而在使用 Ajax 的开发模型中，客户端用户的每一个行为，都将由 Ajax 引擎实现对 JavaScript 的调用来完成。JavaScript 实现了不刷新客户端整个页面的情况下，仅对其中的部分数据进行更新，从而降低了服务器端的负载及网络流量，提高了客户的操作体验效果。

Ajax 技术的广泛应用，极大地提高了用户的体验，可以轻松实现页面的局部刷新。页面最终是在每个用户的客户端浏览器中生成的，从而减轻了服务器端的压力。

9.1.3 Ajax 的工作方式

Ajax 技术的核心是 JavaScript 中的 XMLHttpRequest 对象。XMLHttpRequest 对象在 IE 5.0 中首次引用，它能够提供 Web 数据异步发送请求的能力。在 Ajax 中，使用 XMLHttpRequest 对象向服务器发送请求，并处理服务器响应，避免阻塞客户端用户的动作。通过 XMLHttpRequest 对象，实现客户端浏览器中的脚本与服务器间数据的交换，而整个 Web 页面不需进行整体刷新加载，

同步、异步

Web 页面中的局部内容由客户端脚本来负责动态更新。

什么是异步请求？

异步请求就是当客户端浏览器发出请求的同时，浏览器可以继续做其他事情，Ajax 引擎接收到浏览器发送的请求后并不会影响浏览器页面的加载及用户的其他操作，相当于客户端和服务器在两条线上进行操作，因此，无论请求的时间长或者短，用户可以专心地操作页面的其他内容，并不会有等待的感觉。

什么是同步请求？

同步请求是指当前客户端浏览器发出请求后，浏览器什么事情都不能继续做，必须得等到该请求完成并返回数据之后，才会继续执行后续的代码。相当于我们生活中排队办理业务，必须等前一个人处理完毕，后一个人才能进行办理。也就是说，当 JavaScript 代码加载当前 Ajax 的时候，会把页面里其他代码停止加载，当这个 Ajax 执行完毕后才会继续运行其他代码。

要完整实现一个 Ajax 异步调用和局部刷新，Ajax 的工作过程包含以下步骤。

（1）创建 XMLHttpRequest 请求对象，即创建一个异步调用对象。

（2）打开请求地址，指定请求方式。

（3）设置响应 HTTP 请求状态变化的函数。

（4）发送 HTTP 请求。

（5）监听对应的请求状态的变化。

（6）读取响应数据，实现页面信息的局部刷新。

9.1.4　Ajax 的优缺点

与传统的 Web 页面应用相比，Ajax 在客户端与服务器间引入了 Ajax 引擎，实现了客户端与服务器间的异步操作，大大改善了用户的上网体验。在 Web 页面中引入 Ajax 技术有以下优点。

（1）降低了服务器的开销，将一部分由服务器完成的工作交给客户端来完成，提高了客户端资源的利用效率，从而降低了服务器及网络带宽的压力。

（2）实现了无需刷新整个 Web 页面的情况下，更新局部 Web 页面内容。

（3）Web 页面内容与数据的分离，Ajax 能够实现对 XML、JSON 等外部数据的调用，便于页面内容与数据的分离，方便对 Web 页面的维护。

任何事物都有两面性，Ajax 有其优点的同时，也存在以下缺点。

（1）并非所有浏览器都支持 Ajax 中的 XMLHttpRequest 对象，例如 IE 5.0 以前的版本并不支持 XMLHttpRequest 对象，开发者为了保证浏览器对 Ajax 的支持，必须在编程时花费大量精力去实现对各个浏览器的兼容性，无疑增加了编程的复杂性及工作量。

（2）由于 Ajax 的异步特性破坏了浏览器中正常的“后退”行为，当 Web 页面正在执行 Ajax 的数据请求期间，用户是无法实现页面内容的“后退”操作的。

9.2 XMLHttpRequest 对象

XMLHttpRequest（XHR）对象是一种在后台与服务器交换数据的 API，它允许在不刷新页面的情况下请求特定 URL 并获取数据。这种能力使得网页可以在不影响用户操作的情况下更新局部内容。虽然名字是“XMLHttpRequest”，但并不局限于处理 XML 数据，它可以用于获取任何类型的数据。此外，XMLHttpRequest 还可以用来在页面加载完成后从服务器请求或接收数据，以及向服务器发送数据。

值得注意的是，XMLHttpRequest 最早是在 IE 5.0 中以 ActiveX 组件的形式实现的，因此其创建方法在不同浏览器中可能会有所不同。尽管 XMLHttpRequest 不符合 W3C 标准，但由于其功能强大且使用广泛，已经成为现代 Web 开发中不可或缺的工具。

9.2.1 初始化 XMLHttpRequest 对象

XHR对象

在使用 XMLHttpRequest 对象前，首先需要对其进行初始化，由于 XMLHttpRequest 对象不符合 W3C 标准，所以不同浏览器初始化的方法也是不同的。通常情况下，初始化 XMLHttpRequest 对象仅需考虑 IE 浏览器和非 IE 浏览器两种情况即可。

（1）非 IE 浏览器。在非 IE 浏览器（如 FireFox、Chrome、Safari、Opera）中，初始化 XMLHttpRequest 对象的方法如下：

```
var xhr_request = new XMLHttpRequest();
```

（2）IE 浏览器。由于 IE 浏览器对 XMLHttpRequest 的支持程度不同，因此有时可能需要使用其他方法来创建对象，以下是一些可能的备选方案。

对于旧版本的 IE 浏览器（IE 5.0 及以前的版本），可以使用 ActiveX 对象来创建 XMLHttpRequest 对象，具体代码如下：

```
var xhr_request = new ActiveXObject("Microsoft.XMLHTTP");
```

对于较新版本的 IE 浏览器（IE 7.0 及更高版本），也可以使用新的 ActiveXObject 方法来创建对象，具体代码如下：

```
var xhr_request = new ActiveXObject("Msxml2.XMLHTTP");
```

需要注意的是，这些备选方案并不是跨浏览器兼容的，因此在编写代码时应该根据目标浏览器的类型选择适当的方法。也可以创建一个跨浏览器的 XMLHttpRequest 对象，来实现对绝大多数浏览器的兼容。

具体代码如下：

```
xhr_request = false;
if (window.ActiveXObject ){    // IE浏览器
    try {
        xhr_request = new ActiveXObject("Msxml2.XMLHTTP");
    } catch (e) {
        try {
            xhr_request = new ActiveXObject("Microsoft.XMLHTTP");
        } catch (e) { alert("XMLHttpRequest 初始化失败!"); }
    }
} else if (window.XMLHttpRequest){          // 非IE浏览器
    xhr_request = new XMLHttpRequest();  //创建XMLHttpRequest对象
}
```

注意：window.ActiveXObject 和 window.XMLHttpRequest 将返回一个对象或是 null 值，在 if 语句中，条件表达式如果是一个对象则是 true，如果是 null 值则为 false。

9.2.2 XMLHttpRequest 对象的常用方法

XMLHttpRequest 对象有一些常用的方法，通过这些方法可以对请求进行操作。

1.open() 方法

open() 方法用于设置进行异步请求目标的 URL、请求方法以及其他参数信息，其语法格式如下：

```
open("method", "URL", ["asyncFlag"], ["userName"], ["passWord"]);
```

open() 方法参数说明如表 9-1 所示。

表9-1 open()方法参数说明

参数	说明
method	用于指定请求的类型，一般为 get 或 post
URL	用于指定请求地址，可以使用绝对地址或者相对地址，并且可以传递查询字符串
asyncFlag	为可选参数，用于指定请求方式，异步请求为 true，同步请求为 false，默认情况下为 true
userName	为可选参数，用于指定请求用户名，没有时可省略
passWord	为可选参数，用于指定请求密码，没有时可省略

例如，发送异步请求跳转目标为 time.jsp，请求方法名为 get，代码如下：

```
xhr_request.open("get", "time.jsp", true);
```

2. send() 方法

send() 方法用于向服务器发送请求。异步请求时，该方法将立即返回；同步请求时，将一直等到接收到响应为止。其语法格式如下：

```
send(content);
```

其中，content用于指定发送的数据，可以是DOM对象的实例、输入流或字符串。如果没有参数传递，该值设置为null。

例如，向服务器发送一个不包含任何参数的请求，可以使用下面的代码：

```
xhr_request.send(null); //或者xhr_request.send();
```

3. setRequestHeader() 方法

setRequestHeader() 方法用于为请求的 HTTP 头设置值。其语法格式如下：

```
setRequestHeader("header", "value");
```

其中，header用于指定HTTP头；value用于为指定的HTTP头设置值。

注意：setRequestHeader() 方法必须在调用 open() 方法之后才能被调用。

例如，发送 POST 请求时，需要设置 Content-Type 请求头的值为“application/x-www-form-urlencoded”，通过 setRequestHeader() 方法进行设置，代码如下：

```
xhr_request.setRequestHeader("Content-Type", "application/x-www-form-
urlencoded");
```

4. abort() 方法

abort() 方法用于停止或放弃当前正在进行的异步请求。其语法格式如下：

```
abort();
```

例如，要停止当前正在进行的异步请求可以使用下面的语句：

```
xhr_request.abort();
```

5. getResponseHeader() 方法

getResponseHeader() 方法以字符串形式返回指定的 HTTP 头信息。其语法格式如下：

```
getResponseHeader("headerLabel");
```

其中，headerLabel用于指定HTTP头，包括Server、Content-Type和Date等。

例如，要获取 HTTP 头信息中的 Content-Type 的值，可以使用以下代码：

```
xhr_request.getResponseHeader("Content-Type");
```

获取到的内容为：

```
text/html; charset = UTF-8
```

6. getAllResponseHeaders() 方法

getAllResponseHeaders() 方法以字符串形式返回完整的 HTTP 头信息，包括 Server、Date、Content-Type 和 Content-Length。其语法格式如下：

```
getAllResponseHeaders();
```

9.2.3　XMLHttpRequest 对象的常用属性

XMLHttpRequest 对象也提供了一些属性，这些属性用来获取服务器的响应状态及内容，常用的属性有 onreadystatechange、status、statusText、responseText、responseXML、readyState 等。

1. onreadystatechange 属性

onreadystatechange 属性是 readyState 属性值改变时的事件触发器，用来制定当 readyState 属性值改变时的处理事件。在使用时，常常以将事件处理器函数名称赋予 onreadystatechange 的方式，来为 XMLHttpRequest 指定事件触发器，而在事件处理函数中通过判断 readyState 状态值做出相应的处理。

2. readyState 属性

readyState 属性获取的是 HTTP 请求的状态信息。该属性的属性及对应含义如表 9-2 所示。

表9-2　readyState属性的属性值及对应含义

值	意义	值	意义
0	未初始化	1	正在加载
2	已加载	3	交互中
4	已完成		

3. status 属性

status 属性用于获取服务器返回的 HTTP 状态码，其常用的状态码如表 9-3 所示。

表9-3　status属性返回的HTTP状态码

值	意义	值	意义
200	成功	202	请求被接受，但尚未成功
400	错误的请求	404	文件未找到
500	内部服务器错误	503	服务器不可用

4. responseText 属性

responseText 属性获取服务器返回的 HTTP 响应的内容，通常为一个字符串。当 readyState 属性为 0、1 或 2 时，responseText 属性获取到一个空字符串；当 readyState 属性值为 3 时，获取到客服端还没完成的响应信息；当 readyState 属性值为 4 时，responseText 属性才获取到完整的响应信息。

5. responseXML 属性

responseXML 属性用来描述被 XMLHttpRequest 解析后的 XML 文档的属性。只有当 readyState 属性为 4，并且响应头部的 Content-Type 的 MIME 类型被指定为 XML（text/xml 或者 application/xml）时，该属性才会有值并且将该值解析成一个 XML 文档，否则该属性为 null。

6. statusText 属性

statusText 属性描述了 HTTP 状态代码文本，仅当 readyState 属性值为 3 或者 4 时可用。当 readyState 属性为其他值时，试图存取 statusText 属性将会引发一个异常。

9.2.4 XMLHttpRequest 对象的事件

每当 readyState 属性发生改变时，就会触发 XMLHttpRequest 对象的 onreadystatechange 事件，一般要通过该事件来触发回传处理函数。其语法格式为：

```
xhr_request.onreadystatechange = callback;
```

当 readyState 的值发生变化的时候，callback 函数会被调用。

注意：callback 是一个已经定义好的函数，一般称为回调函数。

9.3 Ajax 的工作流程

要完整实现一个 Ajax 异步调用和局部刷新，通常需要以下几个步骤。

（1）创建 XML HttpRequest 对象，即创建一个异步调用对象。

（2）创建一个 HTTP 请求，并指定该 HTTP 请求的方法、URL 及验证信息。

Ajax完整请求回路

Ajax封装

（3）设置响应 HTTP 请求状态变化的函数。

（4）发送 HTTP 请求。

（5）获取异步调用返回的数据。

（6）使用 JavaScript 和 DOM 实现局部刷新。

9.3.1　创建 XMLHttpRequest 对象

不同浏览器的异步调用对象有所不同，因此，为了保证对绝大多数浏览器的兼容，在不同浏览器中创建 XMLHttpRequest 对象的方式有所不同。具体代码如下：

```
var xhr_request = false;
if(window.ActiveXObject){ // IE浏览器
    try{
        xhr_request = new ActiveXObject("Msxml2.XMLHTTP");
    }catch(e){
        try{
            xhr_request = new ActiveXObject("Microsoft.XMLHTTP");
        }catch(e){}
    }
}else if(window.XMLHttpRequest){ //非IE浏览器
    xhr_request = new XMLHttpRequest(); //创建XMLHttpRequest对象
  }
if (!xhr_request){
    alert("创建XMLHttpRequest对象失败！");
    return false;
}
```

9.3.2　创建一个 HTTP 请求

创建 XMLHttpRequest 对象后，必须为该对象创建 HTTP 请求，用于说明 XMLHttpRequest 对象从哪里获取数据。HTTP 请求的提交方式 GET 或 POST，处理异步请求目标的 URL 用一个 Ajax1.jsp 来实现（可以是 JSP 或 servlert 文件）。

采用异步方式发送 GET 请求的具体代码如下：

```
xhr_request.open("get", "Ajax1.jsp", true);
```

采用异步方式发送 POST 请求的具体代码如下：

```
xhr_request.open("post", "Ajax1.jsp", true);
```

9.3.3　设置响应 HTTP 请求状态变化的函数

创建完 HTTP 请求之后，就可以将 HTTP 请求发送给 Web 服务器了，发送 HTTP

请求是为了接受从服务器中返回的数据。设置响应 HTTP 请求状态变化的函数的具体代码如下：

```
xhr_request.onreadystatechange = getResult;
  function getResult(){                    //这个函数就是每次状态改变要调用的函数
    if(xhr_request.readyState==4){  //请求已完成
      if(xhr_request.status==200){  //请求成功，开始处理返回结果
        //根据ID引用页面里面的元素document.getElementById（元素名）
        document.getElementById('myDiv').innerHTML = xhr_request.
responseText;
      }else{                                //请求页面有错误
        alert("您所请求的页面有错误！");
      }
  }
}
```

注意：onreadystatechange 事件调用的回调函数（getResult）不能带括号。

9.3.4 发送 HTTP 请求

经过上面三个步骤后，就可以将 HTTP 请求发到 Web 服务器上了，使用 XMLHttpRequest 的 send() 方法来实现 HTTP 请求的发送。

向服务器以 get 方式发送请求的具体代码如下：

```
xhr_request.send(); //或xhr_request.send(null);
```

向服务器以 post 方式发送请求的具体代码如下：

```
var param = "user = " + value1 + "&pwd = " + value2; //参数
xhr_request.send(param); //向服务器发送请求
```

注意：在使用 post 方式向服务器发送请求时，需要设置正确的请求头信息，具体代码如下：

```
xhr_request.setRequestHeader("Content-Type", "application/x-www-form-
urlencoded");
```

该语句要放在“xhr_request.send(param);”语句之前。

9.3.5 获取异步调用返回的数据

经过上面四个步骤后，HTTP 请求已经发送到 Web 服务器了，服务器返回的信息会保存在 XMLHttpRequest 对象的 responseText 属性中，此时只要将该属性中的值赋值给页面上的某个元素进行显示即可。

具体代码如下：

```
document.getElementById("myDiv").innerHTML = xhr_request.responseText;
```

其中，myDiv为页面某个元素的id值，该条语句一般放置在回调函数中完成。

9.3.6　创建一个完整的 Ajax 请求

例9-1代码

【例 9-1】编写一个网页，点击其中的按钮，改变页面 div 标签中的内容。

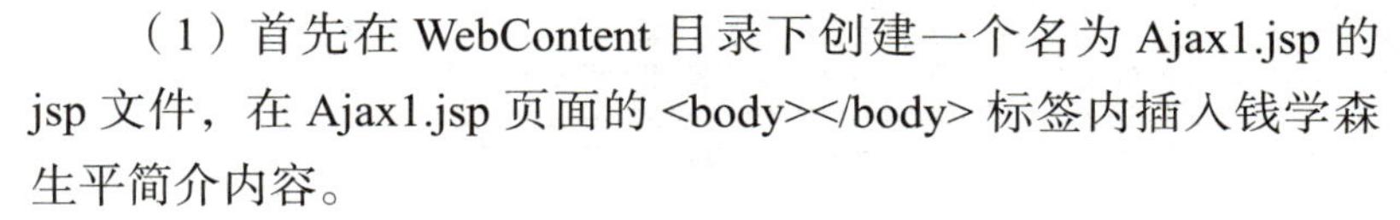

（1）首先在 WebContent 目录下创建一个名为 Ajax1.jsp 的 jsp 文件，在 Ajax1.jsp 页面的 <body></body> 标签内插入钱学森生平简介内容。

（2）新建一个名为 Example09_01.jsp 的 JSP 文件，在 body 标签中添加以下代码：

```
<input type = "button"  onclick = "AjaxTest()"  value = "Ajax测试">
<input type = "button"  onclick = " document.getElementById('myDiv').innerHTML = ''
" value = "隐藏">
<div id = "myDiv"></div>
```

（3）在 Example09_01.jsp 文件的 <head></head> 标签内，添加 <script ></script> 代码，在其中的回调函数中调用 Ajax1.jsp，并将钱学森生平简介内容插入 <div id="myDiv"></div> 标签中显示。

运行本实例，运行结果如图 9-3 所示，单击图 9-3 中的“AJAX 测试”按钮，将显示如图 9-4 所示的页面；单击“隐藏”按钮，页面显示的内容将被隐藏起来，又将显示如图 9-3 所示。

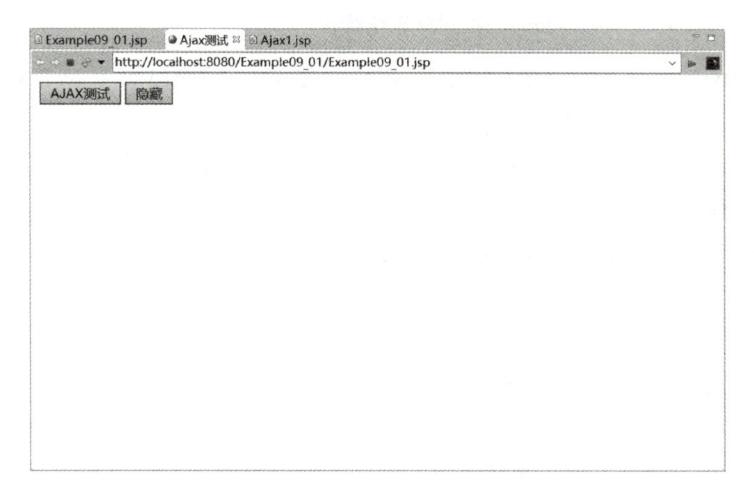

图9-3　例9-1运行首页界面

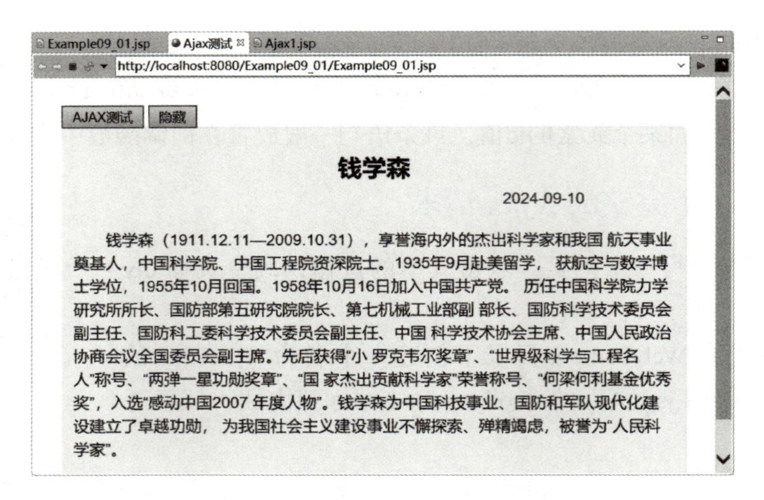

图9-4　例9-1运行结果界面

9.3.7　创建一个完整的实例：检测页面输入的用户名是否可用

【例 9-2】编写一个注册页面，实现使用 Ajax 查询后台数据库检测输入的用户名是否可用的功能。

文档

例9-2代码

（1）在 MySQL 数据库中新建如图 9-5 所示结构的数据表格。

名	类型	长度	小数点	允许空值 (	
aID	int	4	0	☐	🔑1
aName	varchar	50	0	☐	
aPwd	varchar	50	0	☐	
aLastLogin	datetime	0	0	☑	

图9-5　名为admin的数据库表格结构

（2）将 mysql-connector-java-5.1.7-bin.jar 复制到工程目录下 WEB-INF → lib 文件夹下。

（3）在 Java Resources → src 目录下，新建名为“DB”的包，然后在该包下新建 DbConnection 类，实现与数据库的链接，代码如下：

```
public static Connection getConnection(){
    Connection conn = null;
    try{
        Class.forName("com.mysql.jdbc.Driver");
        conn = DriverManager.getConnection("jdbc:mysql://localhost:3306/
test?useSSL = false", "root", "root");
    }catch (ClassNotFoundException e) {
        System.err.println("异常：数据库驱动程序未找到！");
```

```
        }catch (SQLException e){
            System.err.println("异常：数据库连接失败！");
        }
    return conn; //返回数据库连接
}
```

（4）在工程 WebContent 文件夹下，新建 Example09_02.jsp 文件，该文件用于创建在登录页面收集用户信息的表单。其中 <div id = "toolTip"></div> 代码用来显示判断输入的用户名是否可用的结果，核心代码如下：

```
<form class = "form" name = "form" action = "" method = "post">
    <div>
        <p class = "text1">学生管理系统</p><br>
        账  号:<input class = "input1" type = "text" id = "userName" name =
"userName" onblur = "checkUser(form.userName); " /> <br>
    <div id = "toolTip"></div>
    密  码:<input class = "input2" type = "password" name = "userPassword"
/> <br>
        <div class = "box">
            <div><input class = "submit" type = "submit" value = "登录" /></div>
            <div class = "reg"><a href = "">注册</a></div>
        </div>
    </div>
</form>
```

在该页面中添加 <script type = "text/JavaScript"></script> 标签，在该标签中添加以上 Ajax 代码。

注意：encodeURIComponent() 函数通过将特定字符的每个实例替换成代表字符的 UTF-8 编码转义序列来编码 URI。

（5）在工程 WebContent 文件夹下，新建 css 文件夹，在其中新建一个 Example09_02.css 文件，用来实现对 Example09_02.jsp 页面的布局。

（6）在工程 WebContent 文件夹下，新建 checkUser.jsp 文件，用来实现对 Example09_02.jsp 页面提交的用户进行检测。

（7）选中 Example09_02.jsp 文件并运行，在账号栏中输入“admin”，当光标离开账号栏后，显示如图 9-6 所示运行结果；在账号栏中输入“3453”，当光标离开账号栏后，显示如图 9-7 所示运行结果。

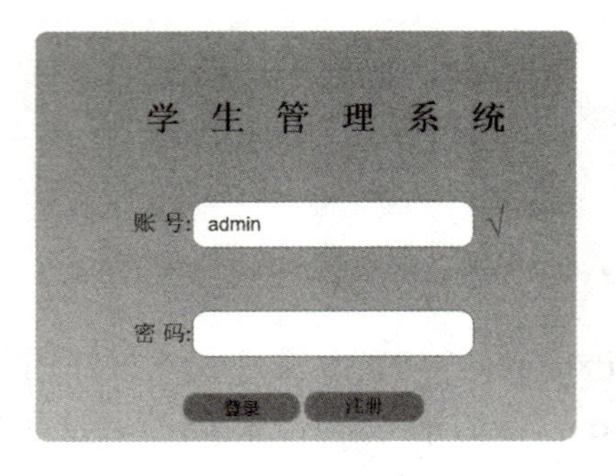

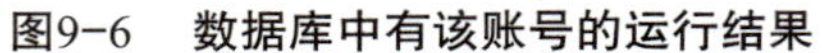
图9-6　数据库中有该账号的运行结果

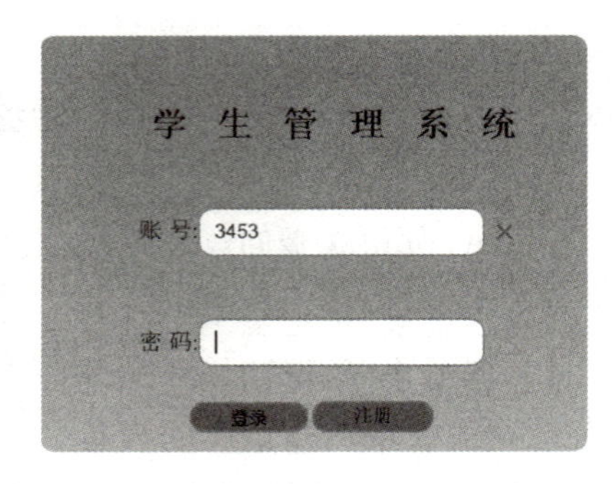

图9-7　数据库中没有该账号的运行结果

注意：前面讲解的 Ajax 提交数据的方式都是以 get 方式提交的，如果以 post 方式提交，需要将 Example09_02.jsp 文件中 createRequest(url) 函数中的代码：

```
xhr_request.open("GET", url, true);    //创建与服务器的链接
xhr_request.send(null);                //向服务器发送请求
```

改为以下代码：

```
xhr_request.open("POST", url, true );
xhr_request.setRequestHeader("Content-type", "application/x-www-form-urlencoded");
xhr_request.send();
```

9.4　使用 jQuery 实现 Ajax

通过前面的学习，我们已经了解了 Ajax 的工作原理及流程，并完成了两个实例，通过实例可以发现，实现 Ajax 功能需要编写大量的 JavaScript 代码。下面介绍的 jQuery 框架，可以大大简化这一过程。

9.4.1　jQuery 简介

jQuery 是一个快速、简洁的 JavaScript 框架，它的设计宗旨是“写更少的代码，做更多的事情”。它通过封装 JavaScript 常用的功能代码，提供一种简便的 JavaScript 设计模式，优化 HTML 文档操作、事件处理、动画设计和 Ajax 交互。jQuery 具有独特的链式语法和短小清晰的多功能接口；具有高效、灵活的 CSS 选择器，并且可对 CSS 选择器进行扩展；拥有丰富的插件和便捷的插件扩展机制；兼容各种主流浏览器。

1. jQuery 库文件的下载和配置

使用 jQuery 前，需要下载相应的库文件并配置。可以在 jQuery 官方网站中下载相

应版本的 jQuery 库文件，再将下载好的 jQuery 库文件，放置在项目指定的文件夹下（通常在项目 WebContent 下新建为 js 的文件夹，将 jQuery 库文件放置在该文件夹下，然后在 JSP 页面中进行引用）。

jQuery 库文件的本地调用代码如下：

```
<script language = "JavaScript" src = "js/jQuery-3.7.1.min.js"></script>
//或者<script type = "text/JavaScript" src = "js/jQuery-3.7.1.min.js"></script>
```

如果没有下载 jQuery 库文件，也可以使用远程调用的方式进行引用，格式如下：

```
<script src = "https://code.jQuery.com/jQuery-3.7.1.min.js"></script>
```

注意：引用 jQuery 的 <script> 标签，必须放置在所有自定义的 <script> 脚本之前，否则在自定义的脚本代码中找不到 jQuery 库文件。

2. jQuery 的使用

可以通过 jQuery 选取（query）HTML 元素，并对它们执行操作（action）。

基础语法：$(selector).action()

其中，符号 $ 为 jQuery 选择符；selector 表示选取的 HTML 元素，action() 表示对元素执行的操作。

jQuery 使用选择器来选取 HTML 元素，类似于 CSS 选择器的语法。常见的选择器有以下几种。

①元素选择器：通过元素名称选取元素。

```
$('p') //选取所有的<p>元素
```

②类选择器：通过类名选取元素。

```
$('.class') //选取所有带有“class = "class"”的元素
```

③ ID 选择器：通过 ID 选取元素。

```
$('#id') //选取ID为“id”的元素
```

④属性选择器：通过属性名选取元素。

```
$('[name = "name"]') //选取所有name属性值为“name”的元素
```

⑤子元素选择器：通过父元素选取子元素。

```
$('parentElement > childElement') //选取parentElement下的所有childElement元素
```

3. jQuery 的 load() 方法

jQuery 的 load() 方法是一种异步加载内容到网页的方法。它的语法如下：

```
$(selector).load(url, data, callback);
```

其中，selector表示要加载的HTML内容的容器的选择器；url是一个字符串，表示要加载的HTML文件的URL地址；data是一个可选的参数，表示向服务器发送的额外数据（例如POST请求的数据）。callback是一个回调函数，当请求成功完成时会被调用。

在使用 load() 方法时，我们可以不必手动创建 XMLHttpRequest 对象，也不必编写复杂的 Ajax 代码，只需使用简单的 jQuery 语句即可实现异步加载内容，并将其插入到指定的 HTML 容器中。

9.4.2 jQuery 的应用实例

【例 9-3】使用 jQuery 实现弹出一个对话提示框的功能。

（1）在工程 WebContent 文件夹下，新建 js 文件夹，并将 jQuery-3.7.1.min.js 库文件复制到该文件夹下。

（2）在工程 WebContent 文件夹下，新建 Example09_03.jsp 文件。分别使用 jQuery 库和编写自定义的 JavaScript，实现单击按钮弹出一个提示对话框。

例9-3代码

（3）运行 Example09_03.jsp，单击页面的“单击 jQuery”按钮，弹出如图 9-8 所示的对话框。

注意：两个方案得到的结果是一样的，但是 window.onload() 方法在页面中只能出现一次。两种方法可以同时存在，第一种方法比 window.onload() 方法加载速度更快。

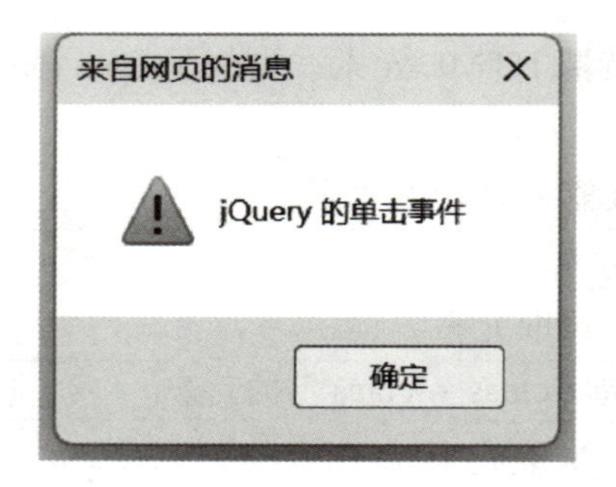

图9-8 jQuery弹出的对话框

9.4.3 jQuery 事件方法

页面对不同访问者的响应叫作事件，jQuery 是为事件处理特别设计的，jQuery 提供了将事件处理程序附加到选择的简单方法。事件处理程序指的是当 HTML 中发生某些事件时所调用的方法。表 9-4 中列举了一些常见的 DOM 事件发生事件时，将执行提供的函数。在事件中经常使用术语“触发”（或“激发”），例如“当您按下按键时触发 keypress 事件”。

表9-4　常见DOM事件

事件类型	事件	解释	事件类型	事件	解释
鼠标事件	click	触发单击事件	表单事件	submit	当提交表单时，会发生 submit 事件
	dblclick	鼠标双击某个对象		change	表单元素的值发生变化
	mouseenter	鼠标进入（进入子元素不触发）		focus	表单元素获得焦点
	mouseleave	鼠标离开（离开子元素不触发）		blur	元素失去焦点
	hover	鼠标悬停在元素上面触发	文档 / 窗体事件	load	元素加载完毕
键盘事件	keypress	按下键盘（长时间按键，将返回多个事件）		resize	浏览器窗口的大小发生改变
	keydown	按下键盘（长时间按键，只返回一个事件）		scroll	滚动条的位置发生变化
	keyup	松开键盘		unload	用户离开页面

【例 9-4】使用 jQuery 实现点击页面的文本信息时，改变其背景颜色和字体大小，同时显示系统时间。

（1）在工程 WebContent 文件夹下，新建 js 文件夹，并将 jQuery-3.7.1.min.js 库文件复制到该文件夹下。

例9-4代码

（2）在工程 WebContent 文件夹下，新建 getTime.jsp 文件，用以获取系统时间。

（3）在工程 WebContent 文件夹下，新建 Example09_04.jsp 文件，使用 jQuery 实现改变页面背景颜色和字体大小的功能。

在本例中，添加了两个 Ajax 响应动作，运行结果如图 9-9 所示，当单击页面中的文本内容，文本背景色和字体大小发生变化，运行结果如图 9-10 所示。

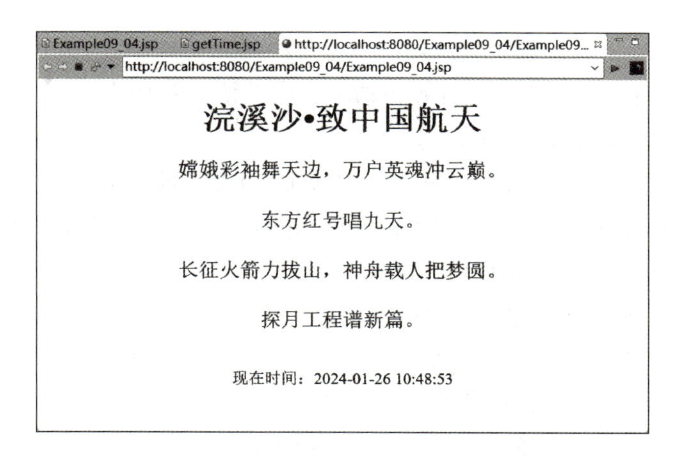

图9-9　例9-4运行结果

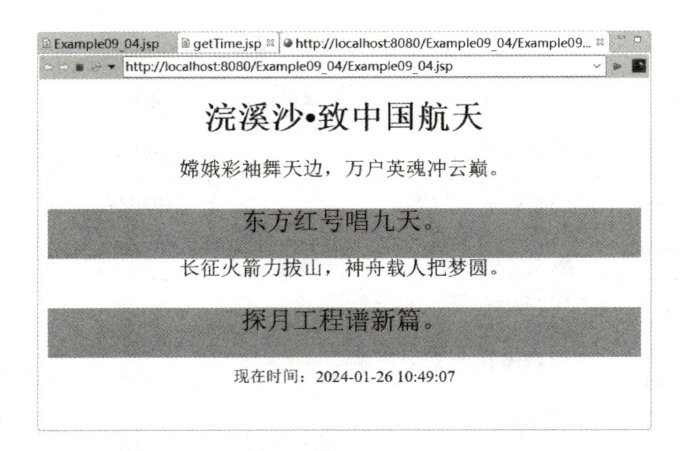

图9-10　例9-4单击页面内容后运行结果

注意：使用 jQuery 中的 load() 方法发送请求时，有 get 和 post 两种方式。当 load() 方法不向服务器传递参数时，请求方式为 get；如果向服务器传递参数，请求方式则为 post。load() 函数默认使用 get 方式，如果提供了对象形式的数据，则自动转为 post 方式。

9.4.3　jQuery 发送 get 和 post 请求

视频

get、post请求

load() 方法通常用来从 Web 服务器上获取静态的数据文件，然而这并不能体现 Ajax 的全部价值，load() 方法是局部方法，因为他需要一个包含元素的 jQuery 对象作为前缀。例如：

```
$("#box").load();
```

而 $.get() 和 $.post() 是全局方法，无须指定某个元素。在项目中，如果需要传递一些参数给服务器中的页面，那么可以使用 $.get()、$.post() 或者 $.Ajax() 方法。

1. get() 方法

$.get() 方法使用 get 方式来进行异步请求。它的语法结构为：

```
$.get(url, [data], [callback], [data type]);
```

其中，url为字符串类型，表示请求的HTML页的URL地址；data为可选参数，表示发送至服务器的key/value数据，会作为QueryString附加到请求URL中；callback为可选参数，载入成功时回调函数自动将请求结果和状态传递给该方法（只有当Response的返回状态是success才调用该方法）；data type为可选参数，表示服务器端返回内容的样式，包括XML、HTML、Script、JSON、text，默认值是HTML。

【例 9-5】修改例 9-2 程序代码，改为使用 get() 方法来实现。

（1）新建 Example09_05 工程，在工程 WebContent 文件夹下，新建 js 文件夹，并

将 jQuery-3.7.1.min.js 库文件复制到该文件夹下。

例9-5代码

（2）其他文件（checkUser.jsp、Example09_05.css）以及链接数据库（DbConnection）的内容和例 9-2 对应文件内容相同。

（3）在工程 WebContent 文件夹下，新建 Example09_05.jsp 文件。将例 9-2 中的 Example09_02.jsp 内容复制到新建的 Example09_05.jsp 文件中，使用 jQuery 来实现 Ajax 功能，在 <head> 标签中添加引用 jQuery 库的代码：

```
<script language = "JavaScript" src = "js/jQuery-3.7.1.min.js"></script>
```

运行 Example09_05.jsp 程序，使用 jQuery 实现的结果和例 9-2 相同，但是代码更加简短明了。

2. post() 方法

$.post() 方法通过 HTTP POST 请求向服务器提交数据。它的语法结构为：

```
$.post( url, [ data ], [ callback ], [ dataType ] );
```

其中，url 为字符串类型，表示请求的 HTML 页的 URL 地址；data 为可选参数，表示发送至服务器的 key/value 数据，会作为 QueryString 附加到请求 URL 中；callback 为可选参数，载入成功时回调函数自动将请求结果和状态传递给该方法（只有当 Response 的返回状态是 success 才调用该方法）；data type 为可选参数，表示服务器端返回内容的样式，包括 XML、HTML、Script、JSON、text，默认值是 HTML。

例9-6代码

【例 9-6】对比使用 $.get() 方法和 $.post() 方法实现数据发送的区别。

（1）新建 Example09_06.jsp 页面，在 <head> 标签内添加以下代码：

```
<meta charset = "UTF-8">
<title>发送数据</title>
```

（2）另建一个名为 register.jsp 的文件，在 <body> 标签内添加以下代码：

```
<h6>用户名：<%= request.getParameter("username") %></h6>
<h6>密码：<%= request.getParameter("password") %></h6>
```

运行 Example09_06.jsp 页面，点击“GET”发送和“POST 发送”按钮，运行结果分别如图 9-11 和图 9-12 所示。

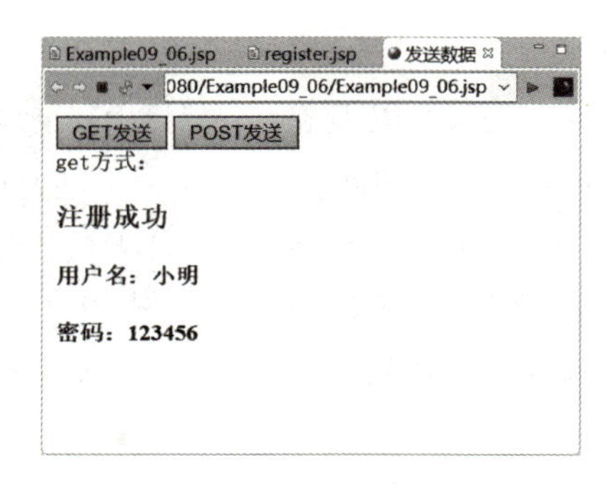

图9-11　get方式发送请求

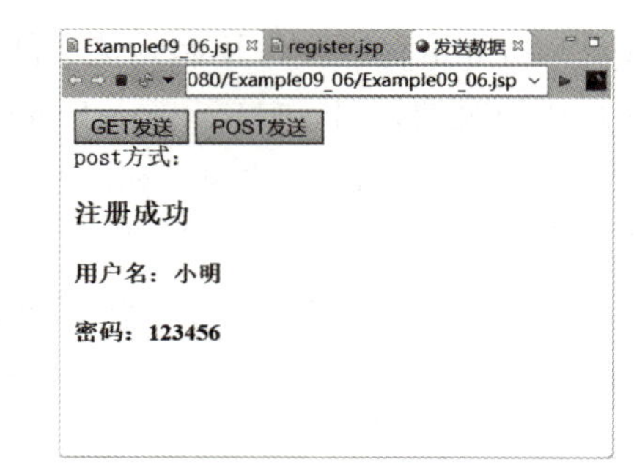

图9-12　post方式发送请求

从上面的结果看，get 和 post 两种方式向服务器发送数据的区别如下。

（1）发送数据的方式不同。get 方式将要发送的数据作为 URL 参数发送至服务器，而 post 方式将发送的数据放在请求实体中发送。

（2）发送数据的内容大小不同，服务器和浏览器对查询字符串有长度限制，每个浏览器和服务器限制的字符长短都不同，因此 get 方式要求字符长度限制在 2 ~ 8 kB 之间。post 方式以请求实体的方式发送数据，理论上发送内容大小没有限制。

（3）数据的安全性，get 方式将数据作为查询字符串加在 URL 请求地址后面，通常来说，URL 地址中不应该包含用户名及密码等对安全敏感的信息，而 post 方式将数据作为请求实体发送，安全性更高。

9.5　Ajax 操作

尽管 $.load()、$.post() 和 $.get() 方法非常实用，但是它们控制交互性强的细节的能力较差。接下来，让我们看看使用 Ajax 方法的优越性。

9.5.1　Ajax 方法

jQuery 对象中还定义了 Ajax 方法（$.Ajax()），用来处理 Ajax 操作。调用该方法后，浏览器就会向服务器发出一个 HTTP 请求。

$.Ajax() 方法的基本结构和语法如下：

```
$.Ajax({
    async: true, //该项默认为true，表示发出异步请求，false则表示发出的是同步
请求，可省略
    url:"Ajax.jsp", //发送请求的地址，为String类型的参数
    type:"post", //请求方式（post或get），为String类型的参数，默认为get
    data: formdata, //发送到服务器的数据参数，可省略
```

```
        dataType:"html",  //预期服务器返回的数据类型，XML、HTML、Script、
JSON、TEXT
        success:function(data, textStatus){ }, //执行成功的操作，可省略
        error:function(XMLHttpRequest, textStatus, errorThrown){ }
        //执行失败的操作，可省略
});
```

$.Ajax() 方法还有一些简便写法。

$.get()：发出 get 请求。

$.post()：发出 post 请求。

$.getScript()：读取一个 JavaScript 脚本文件并执行。

$.getJSON()：发出 get 请求，读取一个 JSON 文件。

$.fn.load()：读取一个 HTML 文件，并将其放入当前元素之中。

一般来说，这些简便写法依次接受三个参数：URL、数据、成功时的回调函数。

$.Ajax() 方法常用参数如表 9-5 所示。

表9-5　$.Ajax()方法常用参数

参数	说明
async	默认为 true，true 表示异步请求，false 表示同步请求，可省略
url	为 String 类型的参数，表示发送请求的地址
type	为 String 类型的参数，表示请求方式（post 或 get），默认为 get
data	为 Object 或 String 类型的参数，表示发送到服务器的数据
dataType	预期服务器返回的数据类型，可以是 XML、HTML、Script、JSON、TEXT，默认为 HTML
success	要求为 Function 类型的参数，表示请求成功后调用的回调函数，有两个参数。 （1）由服务器返回，并根据 dataType 参数进行处理后的数据。 （2）描述状态的字符串。 function(data, textStatus){}//data 可能是 xmlDoc、jsonObj、html、text 等
error	为 Function 类型的参数，请求失败时被调用的函数。该函数有 3 个参数，即 XMLHttpRequest 对象、错误信息、捕获的错误对象（可选）。函数格式如下： function(XMLHttpRequest, textStatus, errorThrown){}

9.5.2　Ajax 方法数据格式处理

Ajax 向服务器发送请求后，大多数情况是想获取服务器返回的数据。在上面已经了解了，服务器返回的信息格式有 XML、HTML、Script、JSON、TEXT 等，可以通过 JavaScript 程序对数据进行正确的解析来识别数据并保存。

JSON数据格式

jQuery 针对不同的数据格式采用不同的处理方式，接下来介绍最常见的 XML、JSON 数据格式的处理方法。

1. XML 数据格式

可扩展标记语言（XML）与 Access、Oracle 和 SQL Server 等数据库不同，数据库提供了更强有力的数据存储和分析能力，例如：数据索引、排序、查找、相关一致性等，XML 主要用于传输数据，而与其同属标准通用标记语言的 HTML 主要用于显示数据。事实上 XML 与其他数据表现形式最大的不同是：它极其简单。使用一系列简单的标记描述数据，而这些标记可以用方便的方式建立，虽然可扩展标记语言比二进制数据要占用更多的空间，但可扩展标记语言极其简单，更易于掌握和使用。

可扩展标记语言文件的内容中可以包括几乎所有的万国码（Unicode）字符，元素和属性的名称也可以由非 ASCII 字符组成；

标签由包围在一个小于号（<）和一个大于号（>）之间的文本组成，例如：<标记>；

起始标签表示一个特定区域的开始，例如：<起始>；

结束标签定义了一个区域的结束，除了在小于号之后紧跟着一个斜线（/）外，和起始标签基本一样，例如：</ 结束>。

【例 9-7】获取 XML 文档中的数据，显示到页面中的表格。

例9-7代码

（1）在 WebContent 下新建 xml 文件夹，在其中新建 xml.xml 文件，其作用是保存需要显示的数据。

（2）在工程 WebContent 文件夹下，新建 js 文件夹，并将 jQuery-3.7.1.min.js 库文件复制到该文件夹下。

（3）在工程 WebContent 文件夹下，新建 Example09_07.jsp 文件，用来将 xml.xml 文件中的内容显示在页面。

运行 Example09_07.jsp 文件，点击“加载数据 XML”按钮，结果如图 9-13 和图 9-14 所示。

Example09_07ajax.jsp　数据格式
Example09_07/Example09_07ajax.jsp
加载数据XML

书名	作者	价格

图9-13　例9-7运行后结果图

Example09_07ajax.jsp　数据格式
Example09_07/Example09_07ajax.jsp
加载数据XML

书名	作者	价格
JSP动态网页设计	程序员联盟	¥45.00
HTML5+CSS3页面开发	程序员联盟	¥39.50
jQuery网页特效教程	程序员联盟	¥58.90

图9-14　例9-7加载XML数据后结果图

2. JSON 数据格式

JSON（JavaScript object notation，JS 对象简谱）是一种轻量级的数据交换格式。它采用完全独立于编程语言的文本格式来存储和表示数据。简洁和清晰的层次结构使得 JSON 成为理想的数据交换语言。易于人阅读和编写，同时也易于机器解析和生成，可以在多种语言之间进行数据交换，并有效地提升网络传输效率。

JSON 是一个标记符的序列。这套标记符包含六个构造字符、字符串、数字和三个字面值，是一个序列化的对象或数组。

值可以是对象、数组、数字、字符串或者三个字面值（false、null、true）中的一个。字面值中的英文字母必须使用小写。

对象由花括号括起来的逗号分割的成员构成，成员是由字符串键和上文所述的值所组成的由逗号分隔的键值对组成，如：

```
[{"name":"JSP动态网页设计", "author":"程序员联盟", "price":"￥45.00"},
{"name":"HTML5+CSS3页面开发", "author":"程序员联盟", "price":"￥39.50"},
{"name":"jQuery网页特效教程", "author":"程序员联盟", "price":"￥58.90"}]
```

【例 9-8】获取 JSON 文档中的数据显示到页面中的表格。

（1）在 WebContent 下新建 json 文件夹，在其中新建 json.json 文件，在文件中写入如下代码：

```
[{"name":"JSP动态网页设计", "author":"程序员联盟", "price":"￥45.00"},
{"name":"HTML5+CSS3页面开发", "author":"程序员联盟", "price":"￥39.50"},
{"name":"jQuery网页特效教程", "author":"程序员联盟", "price":"￥58.90"}]
```

（2）在工程 WebContent 文件夹下，新建 js 文件夹，并将 jQuery-3.7.1.min.js 库文件复制到该文件夹下。

（3）在工程 WebContent 文件夹下，新建 Example09_08.jsp 文件，用来将 json.json 文件中的内容显示在页面。

由于 JSON 中的数据和 XML 中的一样，运行 Example09_08.jsp 文件的结果也如图 9-13 和图 9-14 所示。

例9-8代码

9.6　Ajax 技术中的中文编码问题

Ajax 不支持多种字符集，其默认的字符集是 UTF-8，所以在应用 Ajax 技术的程序中应及时进行编码转换，否则程序中出现的中文字符将变成乱码。一般有以下两种情况。

（1）发送路径的参数中包括中文，在服务器端接收参数值时产生乱码。

将数据提交到服务器有两种方法：一种是使用 get 方法提交；另一种是使用 post 方法提交。使用不同的方法提交数据，在服务器端接收参数时解决中文乱码的方法是不同的，具体解决方法如下：

当接收使用 get 方法提交的数据时，要将编码转换为 GBK 或是 GB2312。例如：

```
String selName = request.getParameter("name"); //获取选择的参数
selName = new String(selName.getBytes("ISO-8859-1"), "GBK");
```

由于应用 post 方法提交数据时，默认的字符编码是 UTF-8，所以当接收使用 post 方法提交的数据时，要将编码转换为 UTF-8。例如，将用户名的编码转换为 UTF−8 的代码如下。

```
String userName = request.getParameter("user"); //获取用户名
userName = new String(userName.getBytes("ISO-8859-1"), "UTF-8");
```

（2）返回到 responseText 或 responseXML 的值中包含中文时产生乱码。

由于 Ajax 在接收 responseText 或 responseXML 的值时是按照 UTF-8 的编码格式进行解码的，所以如果服务器端传递的数据不是 UTF-8 格式，在接收 responseText 或 responseXML 的值时就可能产生乱码。解决的方法是保证从服务器端传递的数据采用 UTF-8 的编码格式。

注意：由于 Ajax 默认返回编码为 UTF-8，故后台在返回数据时，应当将数据编码转为 UTF-8 形式，如：

```
java.net.URLEncoder.encode(businesshtmlStr, "UTF-8");
```

前台 Ajax 接收数据时，用 UTF-8 解码，如：

```
decodeURIComponent(e);
```

若整个项目为 UTF-8 编码，则不会存在此问题。

9.7 上机实验

任务描述

使用 jQuery 技术实现的一个可以供用户实时聊天的网页。

上机实验代码

任务实施

（1）在工程 WebContent 文件夹下，新建 js 文件夹，并将 jQuery−3.7.1.min.js 库文件复制到该文件夹下。

（2）在工程 WebContent 文件夹下，新建 css 文件夹，在该文件夹下新建 Example09_09.css 文件，用以实现对页面内容格式的控制。

（3）在工程 WebContent 文件夹下，新建 Example09_09.jsp 文件，主要实现用户模拟登录的功能。

（4）在工程 WebContent 文件夹下，新建 chart-Session.jsp 文件，实现聊天室获取用户名及跳转到聊天页面的功能。

（5）在工程 WebContent 文件夹下，新建 chart-Index.jsp 文件，实现聊天功能，每间隔 1 s 刷新一次页面，让聊天者能够及时查看到聊天记录。

（6）在工程 src 文件夹下，新建 com 包，在 com 包下新建名为“ChatServlet”的 Servlet 文件，获取系统时间和聊天者输入的内容，并负责将聊天内容显示在页面。

运行 Example09_09.jsp 文件，结果如图 9-15 和图 9-16 所示。

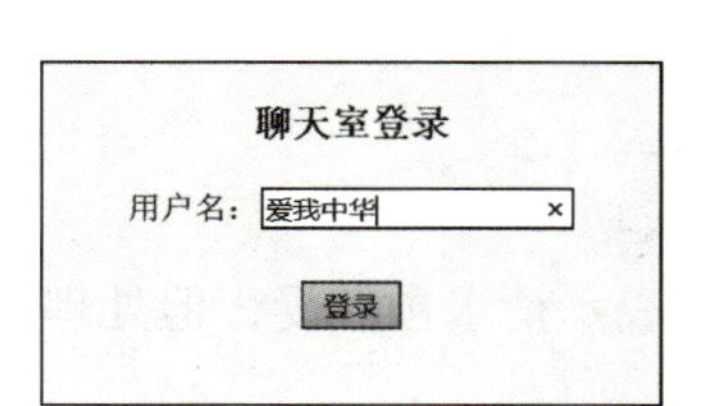

图9-15　聊天室登录界面

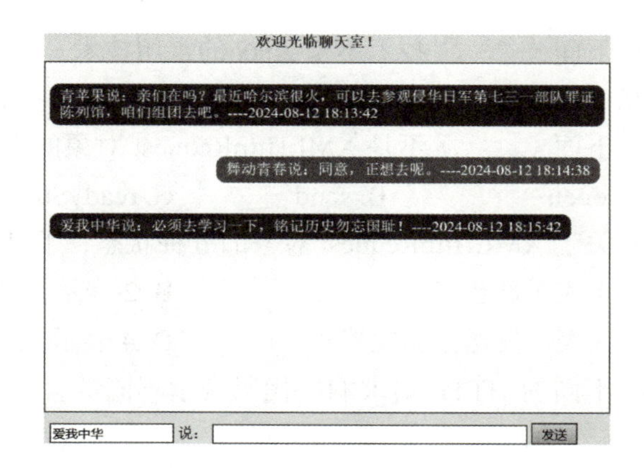

图9-16　聊天室聊天界面

项目小结

本项目讲解了 Ajax 异步和同步的运行原理，详细介绍了 jQuery 工具库的使用方法，通过完成本项目实例和实验，读者能够学会使用 jQuery 进行编程，对页面对象进行精准控制，以实现页面功能。

思考与练习

一、填空题

1. Ajax 本质上是一个____________的技术。
2. 用来监听 readyState 的方法是____________。
3. jQuery 中用来获取元素属相的方法是____________。
4. 在 jQuery 中选取 <div> 元素里所有 <a> 元素的选择器是____________。
5. readyState 对象的状态有哪几个____________。

二、选择题

1. 下面（　　）技术不是 Ajax 的常用技术。

A. JavaScript　　B. XML　　C. CSS　　D. JUnit

2. 下面（　　）不是 XMLHttpRequest 对象的方法名。

A. open　　B. send　　C. readyState　　D. responseText

3. 关于 XMLHttpRequest 对象的五种状态，下列说法正确的是（　　）。

A. 1 表示新创建　　B. 2 表示初始化

C. 3 表示发送数据完毕　　D. 4 表示交互成功

4. 不同的 HTTP 请求响应代码表示不同的含义，表示请求被接受，但处理未完成的是（　　）。

A. 200　　B. 202　　C. 400　　D. 404

5. 当 XMLHttpRequest 对象的状态发生改变时调用 myCallback 函数，下列正确的是（　　）。

A. XMLHttpRequest.myCallback = onreadystatechange;

B. XMLHttpRequest.onreadystatechange = myCallback();

C. XMLHttpRequest.onreadystatechange = (new function(){onreadystatechange});

D. XMLHttpRequest.onreadystatechange = myCallback;

三、判断题

1. Ajax 是一种实现页面无刷新的编程语言。（　　）
2. Ajax 技术是一种客户端技术。（　　）
3. jQuery 功能强大，能完全取代 JavaScript。（　　）
4. 相对于 JavaScript，jQuery 语法更为简单，能大幅提高开发效率。（　　）
5. $(A).appendTo(B) 表示把 A 追加到 B 中。（　　）

四、简答题

1. 简述 Ajax 应用和传统 Web 应用有什么不同。
2. 简述 Ajax 和 JavaScript 的区别。
3. 在浏览器端如何得到服务器端响应的 XML 数据？
4. Ajax 最大的特点是什么？

五、上机指导

1. 使用 Ajax 技术，在网页上实时显示系统时间如图 9-17 所示，需求每秒更新一次时间（实现读秒功能）。

北京时间

2024年1月17日 下午5:25:50

图9-17　实时显示系统时间网页效果图

2. 使用 jQuery 技术实现地址的三级联动，页面效果如图 9-18 所示。

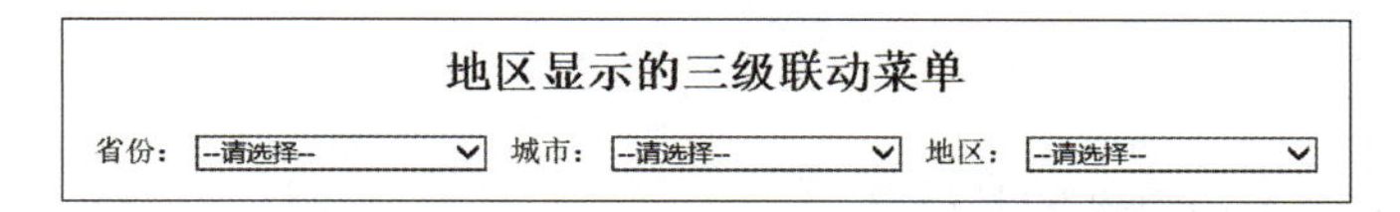

图9-18　地址三级联动网页效果图

项目 10 JSP 实用组件

知识目标

1. 掌握文件上传和下载的方法。
2. 学会发送简单的 E-mail。
3. 掌握利用 JFreeChart 生成动态图标的方法。
4. 掌握应用 iText 组件生成 JSP 报表的方法。

技能目标

1. 掌握 4 个实用组件的基础知识。
2. 掌握 4 个实用组件的实践应用。

素养目标

1. 培养认真负责的工作态度和严谨细致的工作作风。
2. 培养模块思维和终身学习的能力。

10.1 JSP 中文件的上传及下载

在动态网站的开发中，文件的上传和下载是一项非常实用的功能。在 JSP 中，常用的文件上传与下载组件是 jspSmartUpload，该组件是一个可免费使用的全功能的文件上传下载组件，适合嵌入执行上传下载操作的 JSP 文件中，具有以

文件上传

文件下载

下特点：

（1）使用简单。

（2）能全程控制上传。

（3）能对上传的文件在大小、类型等方面作出限制。

（4）下载灵活。

（5）能将文件上传到数据库中，也能将数据库中的数据下载下来。

jspSmartUpload 组件的目录结构如图 10-1 所示。

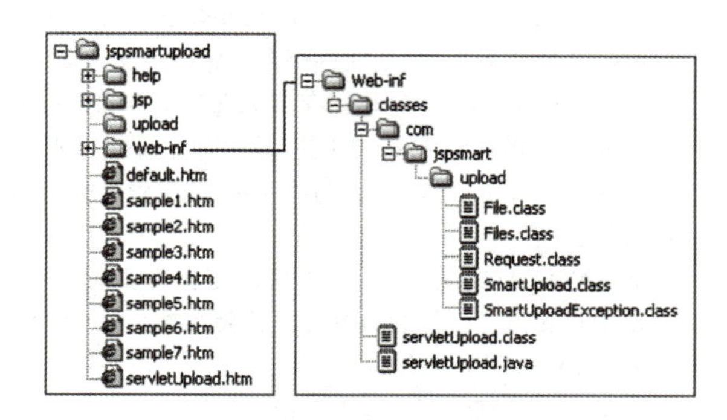

图10-1　jspSmartUpload组件的目录结构

各组成部分的说明如下。

（1）help 目录：jspSmartUpload 组件的说明文件。

（2）jsp 目录：存放与 sample1.htm ～ sample7.htm 文件对应的 JSP 文件，用来实现当前实例中的动态内容，在这些 JSP 文件中可以调用组件中的类来实现文件的上传或下载。

（3）Web-inf 目录：jspSmartUpload 组件中的类文件。

（4）default.htm：Web 应用的首页面。

（5）sample1.htm ～ sample7.htm：7 个供用户选择上传文件和下载文件的静态页面实例。

10.1.1　jspSmartUpload 组件的安装与配置

将 jspSmartUpload 文件夹下 Web-inf\classes 目录下的文件打包成自己的 jspsmart.jar 文件，这样在开发 JSP 动态网站时，就可直接将该文件拷贝到工程 WebContent 文件夹下的 WEB-INF\lib 目录下，然后应用 jspSmartUpload 组件实现文件的上传与下载。

10.1.2　jspSmartUpload 组件中的常用类

在 jspSmartUpload 组件的 Web-inf 目录中主要包含了 File、Files、Request 和 SmartUpload 核心类，下面对这些核心类分别进行介绍。

1. File 类

File 类包装了一个上传文件的所有信息。通过 File 类，可以得到上传文件的文件名、文件大小、扩展名、文件数据等信息。File 类提供的主要方法见表 10-1 所示。

表10-1 File类提供的主要方法

方法	说明
saveAs()	该方法用于保存文件，用法：（1）saveAs(String destFilePathName);（2）saveAs(String destFilePathName, int optionSaveAs)。参数 destFilePathName 是指文件保存的路径及文件名，以左斜线“/”开头。参数 optionSaveAs 是指保存目标选项，有如下三种方式。 ①SAVE_PHYSICAL：表明以操作系统的根目录为文件根目录另存文件； ②SAVE_VIRTUAL：表明以 Web 应用程序的根目录为文件根目录另存文件； ③SAVE_AUTO：表示让组件决定保存方式，当 Web 应用程序的根目录中存在另存文件的目录时，就会选择 SAVEA_VIRTUAL，否则会选择 SAVEA_PHYSICAL
isMissing()	该方法用于判断用户是否选择了文件，即表单中对应的 <input type=file> 标记实现的文件选择域中是否有值，该方法返回 boolean 类型的值，有值时，返回 false，否则返回 true
getFieldName()	获取 Form 表单中当前上传文件所对应的表单项的名称
getFileName()	获取文件的文件名，该文件名不包含目录
getFilePathName()	获取文件的文件全名，获取的值是一个包含目录的完整文件名
getFileExt()	获取文件的扩展名，即后缀名，不包含“.”符号
getContentType()	获取文件 MIME 类型，如“text/plain”
getContentString()	获取文件的内容，返回值为 string 型
getSize()	获取文件的大小，单位为 byte，返回值为 int 型
getBinaryData(int index)	获取文件数据中参数 index 指定位置处的一个字节，用于检测文件

2. Files 类

Files 类存储了所有上传的文件，通过类中的方法可获得上传文件的数量和总长度等信息。Files 类提供的主要方法如表 10-2 所示。

表10-2 Files类提供的主要方法

方法	说明
getCount()	获取上传文件的数目，返回值为 int 型
getSize()	获取上传文件的总长度，单位为 byte，返回值为 long 型
getFile(int index)	获取参数 index 指定位置处的 com.jspsmart.upload.File 对象
getCollection()	将所有 File 对象以 Collection 形式返回
getEnumeration()	将所有 File 对象以 Enumeration 形式返回

3. Request 类

Request 类的功能等同于 JSP 内置的对象 request。之所以提供这个类，是因为对于文件上传表单，通过 request 对象无法获得表单项的值，必须通过 jspSmartUpload 组件提供的 Request 类来获取。 Request 类提供的主要方法如表 10-3 所示。

表10-3　Request类提供的主要方法

方法	说明
getParameter(String name)	获取 Form 表单中由参数 name 指定的表单元素的值，如 <input type = text name = user>，当该表单元素不存在时，返回 null
getParameterNames()	获取 Form 表单中除 <input type = file> 外的所有表单元素的名称，它返回一个枚举型对象
getParameterValues(String name)	获取 Form 表单中多个具有相同名称的表单元素的值，该名称由参数 name 指定，该方法返回一个字符串数组

4. SmartUpload 类

SmartUpload 类用于实现文件的上传与下载操作，该类中提供的方法如下。

（1）文件上传与文件下载必须实现的方法。

使用 jspSmartUpload 组件实现文件上传与下载时，必须先实现 initialize() 方法。在 SmartUpload 类中提供了该方法的 3 种形式。

```
initialize(ServletConfig config, HttpServletRequest request, HttpServletResponse response); //第1种形式
initialize(ServletContext application, HttpSession session, HttpServletRequest request, HttpServletResponse response, JspWriter out); //第2种形式
initialize(PageContext pageContext); //第3种形式
```

通常使用第 3 种形式，该方法中的 pageContext 参数为 JSP 的内置对象（页面上下文）。

（2）文件上传使用的方法。

除了前面的 initialize() 方法，还要实现下面两个方法才可成功将文件上传到服务器中。

第 1 个是 upload() 方法，它用来完成文件上传的一些准备操作。

①在该方法中调用 request.getInputStream() 获取客户端的输入流；

②通过该输入流的 read() 方法读取用户上传的所有文件数据到字节数组中；

③在循环语句中从该字节数组中提取每个文件的数据，并将当前提取出的文件的信息封装到 File 类对象中；

④最后将该 File 类对象通过 Files 类的 addFile() 方法添加到 Files 类对象中。

第 2 个是 save() 方法，当 initialize() 方法和 upload() 方法都实现后，再调用该方法就可将全部上传文件保存到指定目录下，并返回保存的文件个数。基本语句格式如下：

```
save(String destPathName);
save(String destPathName, int option);
```

该方法最终是通过调用 File 类中的 saveAs() 方法保存文件的，参数的使用与 File 类的 saveAs() 方法相同。

下面是对上传文件进行各种限制的方法，需在 upload() 方法之前调用。具体说明如表 10-4 所示。

表10-4　上传文件时进行各种限制的方法

方法	说明
setDeniedFilesList(String deniedFilesList)	用于设置禁止上传的文件的扩展名
setAllowedFilesList(String allowedFilesList)	用于设置允许上传的文件的扩展名
setMaxFileSize(long maxFileSize)	用于设定允许每个文件上传的最大长度
setTotalMaxFileSize(long totalMaxFileSize)	用于设置允许上传文件的总长度
getSize()	用于获取上传文件的总长度
getFiles()	用于获取全部上传文件，以 Files 对象形式返回
getRequest()	用于获取 com.jspsmart.upload.Request 对象，然后通过该对象获得上传的表单中其他表单项的值
setContentDisposition(String contentDisposition)	该方法用于将数据追加到 MIME 文件头的 CONTENT DISPOSITION 域。参数 contentDisposition 为要添加的数据。进行文件下载时，将 contentDispotition 设为 null，则组件将自动添加“attachment”，表示将下载的文件作为附件，IE 浏览器会弹出“文件下载”对话框，而不是自动打开这个文件（IE 浏览器一般根据下载的文件扩展名决定执行什么操作，例如扩展名为 .doc 的文件将用 Word 打开）

（3）文件下载使用的方法。

第 1 个方法：setContentDisposition(String contentDisposition)。

表示将数据追加到 MIME 文件头的 CONTENT-DISPOSITION 域。jspSmartUpload 组件会在返回下载的信息时自动填写 MIME 文件头的 CONTENT-DISPOSITION 域，如果用户需要添加额外信息，请用此方法。

其中，contentDisposition 为要添加的数据。如果 contentDisposition 为 null，则组件将自动添加“attachment; ”，以表明将下载的文件作为附件，IE 浏览器将会提示另存文件，而不是自动打开这个文件。

第 2 个方法是 downloadFile()。该方法实现文件下载，SmartUpload 类中提供了以下 4 种形式的 downloadFile() 方法。

```
public void downloadFile(String sourceFilePathName); //其中，sourceFilePathName
为要下载的文件名（带目录的文件全名）
public void downloadFile(String sourceFilePathName, String contentType);
/*其中，sourceFilePathName为要下载的文件名（带目录的文件全名）contentType
为内容类型（MIME格式的文件类型信息，可被浏览器识别）*/
public void downloadFile(String sourceFilePathName, String contentType,
String destFileName); //其中，destFileName为下载后默认的另存文件名
downloadFile(String sourceFilePathName, String contentType, String
destFileName, int blockSize);
/*其中，blockSize为指定存储读取的文件数据的字节数组的大小，默认值为
65000*/
```

第一个方法是最常用的，后面的三种方法主要用于特殊情况下（如更改内容类型、更改另存的文件名）的文件下载。

10.1.3 使用 jspSmartUpload 组件完成文件操作

【例 10-1】采用 jspSmartUpload 组件实现文件上传及下载。

（1）将 jspsmart.jar 包复制到工程目录下 WEB-INF → lib 文件夹下。

（2）在 Java Resources → src 目录下，新建 up 包，然后在该包下新建 up 类，实现文件上传与下载的核心功能，核心代码如下：

例10-1代码

```
public class up extends HttpServlet {
    protected void doPost(HttpServletRequest request,
        HttpServletResponse response) throws ServletException, IOException {
      String fileDirrequest.getRealPath("upload/");
      HttpSession sessionrequest.getSession();
      session.setAttribute("path", fileDir);
      if(fileDir == null)
      System.out.println(fileDir);
      SmartUpload smartUpload = new SmartUpload();
      ServletConfig configthis.getServletConfig(); // 初始化
      smartUpload.initialize(config, request, response);
      smartUpload.setAllowedFilesList("jpg, txt"); //设置禁止上传的文件类型
      Calendar calCalendar.getInstance();
```

```
            int yearcal.get(Calendar.YEAR); //获取年份
            int month = cal.get(Calendar.MONTH) + 1; //获取月份
            int day = cal.get(Calendar.DATE); //获取日
            request.setCharacterEncoding("gbk");
            response.setCharacterEncoding("gbk");
            String rand = "" + (Math.random() * 10000); //产生4位随机码
            randrand.substring(0, rand.indexOf("."));
            switch(rand.length())
            {
              case 1: rand"000" + rand; break;
              case 2: rand"00" + rand; break;
              case 3: rand"0" + rand; break;
              default: randrand.substring(0, 4); break;
            }
            try {
              smartUpload.upload(); // 上传文件
              File smartFilesmartUpload.getFiles().getFile(0); // 得到上传的文件对象
              smartFile.saveAs(fileDir + year + month + day + rand +"."+ smartFile.
    getFileExt(), smartUpload.SAVE_PHYSICAL); // 保存文件到C盘根目录
            } catch (SmartUploadException e) {
              e.printStackTrace();
            }
            String msg"Upload Success!";
            request.setAttribute("msg", msg);
            response.sendRedirect("showFile.jsp");
        }
    }
```

其中，session.setAttribute 是 Java Servlet 中用于在 HTTP 会话中存储数据的方法。通过这个方法，我们可以将数据以键值对的形式存储在用户的会话中，实现不同页面之间的数据传递和状态保持。“session.setAttribute("path", fileDir)”是指将 fileDir 保存在 session 属性名为 path 的值中，方便后续获取上传文件列表。保存文件采用的是 File 类的 saveAs 的第二种方法，保存目标选项设为 SAVE_PHYSICAL，即以操作系统的根目录为文件根目录另存文件。

（3）在工程 WebContent 文件夹下，新建 Example10_01.jsp 文件，该文件主要实

现选择磁盘上的文件进行上传的功能。方法是将表单 MyForm 的 action 值设为 up 这个 Servlet，以便将表单提交到这个 Servlet。具体代码如下：

```
<%@ page language = "java" import = "java.util.*" pageEncoding = "UTF-8"%>
<body>
    文件上传
    <hr>
    <form name = "myForm" action = "up" method = "post" enctype = "multipart/
form-data">
        你选择一个文件进行上传：
        <input type = "file" name = "myFile">
        <input type = "submit" value = "上传">
    </form>
    ${msg}
</body>
```

（4）在工程 WebContent 文件夹下，新建 showFile.jsp 文件，实现已上传文件的列表显示并提供下载链接。具体代码如下：

```
<%@page language = "java" contentType = "text/html; charset = UTF-8"  pageEncoding =
"utf-8"%>
<%@page import = "java.io.*, java.util.*"%>
<html>
<script language = "javascript">
function XiaZhai(s)
{   myForm.action = "down.jsp?filename = " + s;
    myForm.submit();
}
</script>
<body>
  <%
        String path = (String)session.getAttribute("path"); //获取上传文件的路径
        File f = new File(path);
        if (!f.exists()){  out.println("<script>alert('file not exists'); </script>");
return; }
        request.setCharacterEncoding("UTF-8");
        response.setCharacterEncoding("UTF-8");
```

```
            File fa[]f.listFiles();
        %>
        <form id = "form1" name = "myForm" method = "post" action = "" >
          <table width = "400" border = "1" align = "center">
            <tr>
                <td width = "280" align = "center">文件名</td>
                <td width = "60" align = "center">下载</td>
                <td width = "60" align = "center">备注</td>
            </tr>
            <%for(int i = 0; i < fa.length; i++) {
                File fsfa[i]; %>
            <tr>
                <td align="center"><% = fs.getName() %></td>
                 <td align="center"><input type = "button"  value = "下载"
    onclick = "XiaZai('<%= fs.getName() %>')" /></td>
                <td align = "center">  </td>
            </tr>
            <%}%>
        </table>
      </form>
    </body>
    </html>
```

其中，session.getAttribute("path") 是获取在文件上传时保存在 session 中属性名为"path"的文件路径值，listFiles() 方法用于获取该路径下的文件以及文件对象。然后采用 for 循环获取文件的内容。

（5）在工程 WebContent 文件夹下，新建 down.jsp 文件，实现文件的下载功能。具体代码如下：

```
    <%@ page contentType = "text/html; charset = UTF-8" language = "java"%>
    <jsp:useBean id = "upFile" scope = "page" class = "com.jspsmart.upload.SmartUpload" />
    <%
    try{
        response.reset();
        out.clear();
        out = pageContext.pushBody();
        upFile.initialize(pageContext);
```

```
        upFile.setContentDisposition(null);
        String file = "/upload/"+request.getParameter("filename");
        upFile.downloadFile(file);
    }catch(Exception e){
        out.println("<script>alert('文件下载失败：请检查选择的文件是否存在。')</
    script>");
    }
    %>
```

（6）配置 up 类到 web.xml 文件，配置代码如下：

```
<?xml version = "1.0" encoding = "UTF-8"?>
<web-app>
  <servlet>
      <description></description>
      <display-name>up</display-name>
      <servlet-name>up</servlet-name>
      <servlet-class>up.up</servlet-class>
  </servlet>
  <servlet-mapping>
      <servlet-name>up</servlet-name>
      <url-pattern>/up</url-pattern>
  </servlet-mapping>
</web-app>
```

运行 Example1001.jsp 文件，结果如图 10-2 ～图 10-4 所示。

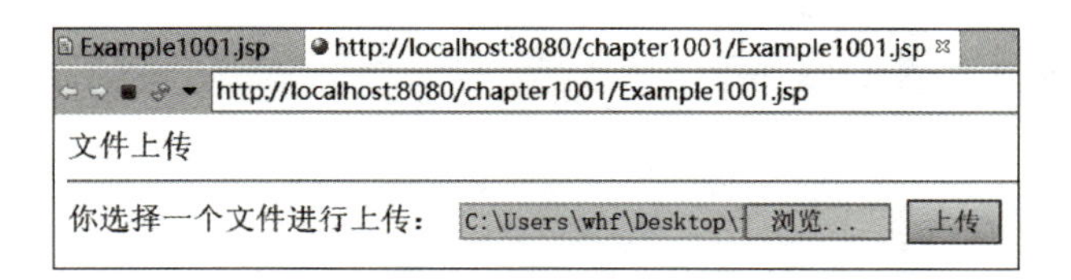

图10-2 上传文件

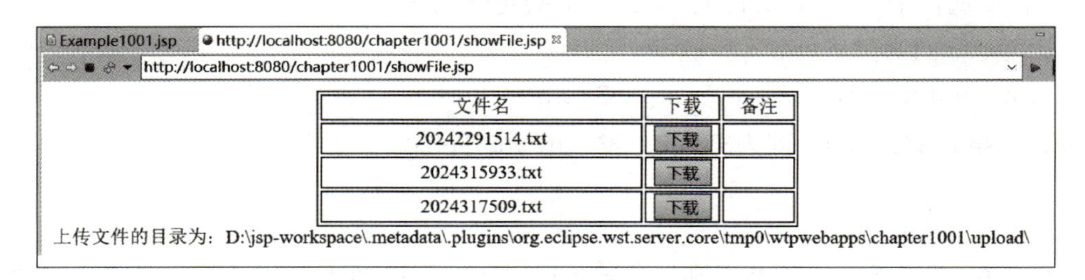

图10-3 显示上传的文件列表

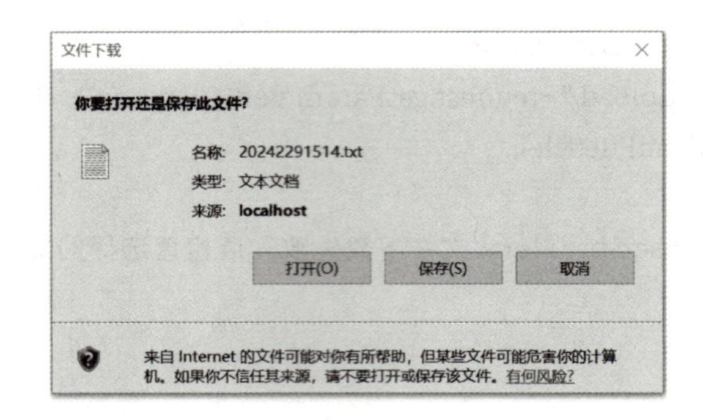

图10-4　下载文件的页面

10.2　发送电子邮件

10.2.1　Java Mail 组件简介

JavaMail，顾名思义，提供给开发者处理电子邮件相关的编程接口。它是 Sun 发布的处理电子邮件的应用程序接口，它预置了一些最常用的邮件传送协议的实现方法，并且提供了简单的方法去调用它们。由于 JavaMail 目前还没有包含在 JDK 中，因此需要从官方网站上下载 JavaMail 类文件包。除此之外，还需要下载 JAF（JavaBeans Activation Framework），否则 JavaMail 将不能运行。

10.2.2　Java Mail 核心类简介

1. Properties 类

Properties 类用来创建一个 Session 对象。Properties 类寻找字符串“mail.smtp.host”，该属性值为发送邮件的主机，基本语句格式如下：

```
Properties props = new Properties ();
props.put("mail.smtp.host", "smtp.163.com");
```

其中，“smtp.163.com”即为SMTP（发送电子邮件协议）主机名。

2. Session 类

Session 类定义了一个基本邮件会话（session），是 Java Mail API 最高层入口类。所有其他类都是经由这个 session 才得以生效。Session 对象用 Java.util.Properties 对象获取信息，如邮件服务器、用户名、密码及整个应用程序中共享的其他信息。这个 Session 类代表 JavaMail 中的一个邮件 session。每一个基于 JavaMail 的应用程序至少有一个 session，但是可以有任意多的 session。Session 对象需要知道用来处理邮件的 SMTP 服务器。通常使用 Properties 来创建一个 Session 对象，基本语句格式如下：

```
Session sendMailSession;
sendMailSession = Session.getInstance(props, null);
```

3. Message 类和 MimeMessage 类

一旦获得 Session 对象，就可以继续创建要发送的消息，这由 Message 类来完成。Message 类是个抽象类，不能实例化对象，必须通过子类被使用，因此，多数情况下使用 MimeMessage 类来创建要发送的消息。MimeMessage 是个能理解 MIME 类型和头的电子邮件消息，正如不同 RFC 中所定义的。虽然在某些头部域非 ASCII 字符也能被译码，但 Message 头只能被限制为用 US-ASCII 字符。

Message 对象将存储我们实际发送的电子邮件信息，Message 对象被作为一个 MimeMessage 对象来创建并且需要知道应当选择哪一个 JavaMail session。基本语句格式如下：

```
Message newMessage = new MimeMessage(sendMailSession);
```

4. Transport 类

消息发送的最后一步是使用 Transport 类用协议指定的语言进行信息传输。它是抽象类，工作方式与 Session 有些类似。可以仅调用静态 send() 方法，使用类的缺省版本：Transport.send(message)。也可以根据当前协议从会话中获得一个特定的实例，传递用户名和密码（如果不必要就不传），发送消息，然后关闭连接。

Transport 类的基本语句格式如下：

```
Transport transport;
transport = sendMailSession.getTransport(smtp);
```

用 JavaMail Session 对象的 getTransport() 方法来初始化 Transport 时须申明对象所要使用的协议，如“smtp”。

5. Store 类

Store类用于接收邮件，可以实现特定邮件协议下对邮件的读、写、监视、查找等操作。通过 Javax.mail.Store 类可以访问 Javax.mail.Folder 类。基本语句格式如下：

```
Store store = s.getSorte(pop3);
store.connect(popserver, username, password);
```

6. Folder 类

Folder 类用于分级组织邮件，并提供根据 Javax.mail.Message 格式访问 E-mail 的能力。基本语句格式如下：

```
Folder folder = store.getFolder(INBOX);
folder.open(Folder.READ_ONLY);
```

7. Address、InternetAddress 类

Address 类用于设置电子邮件的响应地址。创建了 Session 和 Message，并将内容填入消息后，就可以用 Address 确定信件地址了。和 Message 一样，Address 也是个抽象类。要通过其子类 InternetAddress 实例化对象，该子类保存在 javax.mail.internet 包中，可以按照指定的内容设置电子邮件的地址。在实例化该子类的对象时，有以下两种情况。

（1）创建只带有电子邮件地址的地址。把电子邮件地址传递给 InternetAddress 类的构造方法即可，代码如下：

```
InternetAddress address = new InternetAddress("wlw222@qq.com");
```

（2）创建带有电子邮件地址并显示其他标识信息的地址。需要将电子邮件地址和附加信息同时传递给 InternetAddress 类的构造方法，代码如下：

```
InternetAddress address = new InternetAddress("wlw222@qq.com", "Wang LaoWu");
```

注意：Java Mail API 没有提供检查电子邮件地址有效性的机制。如果有需要，可以自己编写检查电子邮件地址是否有效的方法。

10.2.3 搭建 Java Mail 的开发环境

由于目前 Java Mail 还没有被加在标准的 Java 开发工具中，所以在使用前必须另外下载 Java Mail API，以及 Sun 公司的 JAF（JavaBeans Activation Framework），Java Mail 的运行必须依赖于 JAF 的支持。

1. 下载并构建 Java Mail API

Java Mail API 是发送 E-mail 的核心 API。可以到官网下载最新的 JavaMail API 的类库文件，包含了 JavaMail API 中所有的接口和类。目前最新版本的文件名为 javamail-1.4.5.zip。下载后解压缩到硬盘上，并在系统的环境变量 CLASSPATH 中指定 mail.jar 文件的放置路径，例如，将 mail.jar 文件复制到“E:\JavaMail”文件夹中，在环境变量 CLASSPATH 中添加以下代码：

```
E:\JavaMail\mail.jar;
```

如果不想更改环境变量，也可以直接把 mail.jar 放到工程 WebContent 文件夹下的 WEB-INF/lib 目录下。

2. 下载并构建 JAF

目前 Java Mail API 的所有版本都需要 JAF 的支持。JAF 为输入的任意数据块提供了支持，并能相应地对其进行处理。可以到官网下载最新的 JavaBean Activation Framework（JavaBean 激活框架）的类库文件 。JavaMail API 的实现依赖于 JavaBean 激活框架。获得 activation.jar 文件，它包含了 JavaBean 激活框架中所有的接口和类。

下载后解压缩到硬盘上，并在系统的环境变量 CLASSPATH 中指定 activation.jar 文件的放置路径，例如，将 activation.jar 文件复制到“E:\JavaMail”文件夹中，在环境变量 CLASSPATH 中添加以下代码：

```
E:\JavaMail\activation.jar;
```

如果不想更改环境变量，也可以直接把 activation.jar 放到工程 WebContent 文件夹下的 WEB-INF/lib 目录下。

3. 开启 SMTP 和设置授权码（以 QQ 邮箱为例）

SMTP（simple mail transfer protocol，简单邮件传输协议）是电子邮件系统的重要组成部分，主要负责发送电子邮件。SMTP 是一种简单的邮件传输协议，它可以让你在不同的邮件系统之间发送和接收邮件。以 QQ 邮箱为例，开启 SMTP 服务后，允许使用 QQ 邮箱在第三方邮件客户端，如 Outlook、Foxmail、邮件达人等进行邮件发送。

授权码是一种用于验证身份的 16 位字符串，由 QQ 邮箱系统自动生成，相当于 QQ 邮箱软件的专用密码，可以保护账号安全，防止密码泄露。设置授权码后，使用 QQ 邮箱地址和授权码就可以在邮箱客户端中进行邮件发送，而不需要输入 QQ 密码。

下面以 QQ 邮箱为例，开启 QQ 邮箱的 SMTP 服务和设置授权码。首先登录 QQ 邮箱，然后按照以下步骤操作。

（1）点击邮箱“设置”按钮，选择“账号”选项卡，如图 10-5 所示。

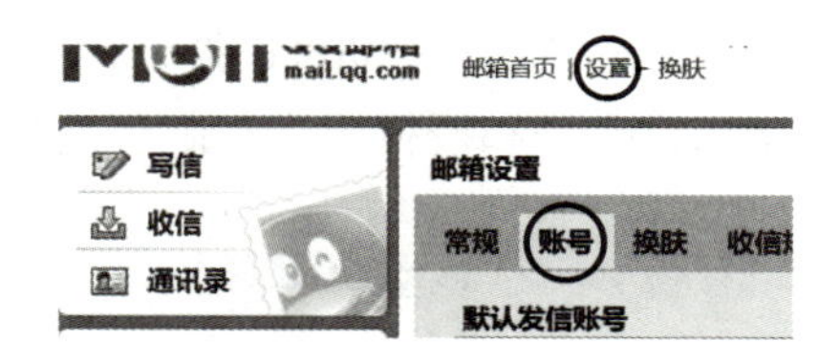

图10-5　进入邮箱设置界面

（2）在“POP3/IMAP/SMTP/Exchange/CardDAV/CalDAV 服务”栏目下，找到“开启服务”按钮，如图 10-6 所示。点击“开启”按钮，在弹出的窗口中，按照提示绑定手机号码，并生成授权码。

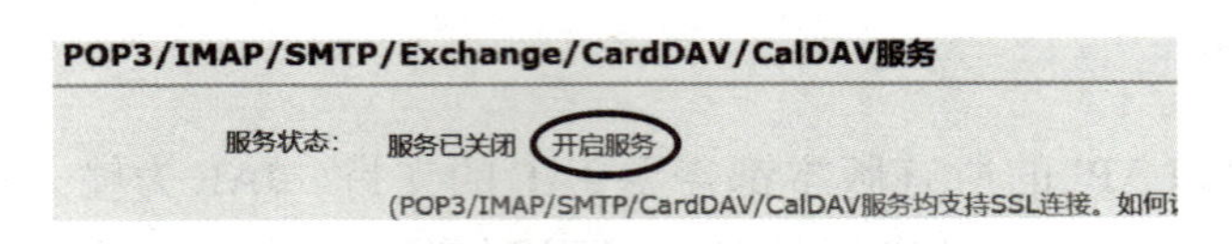

图10-6　开启POP3/SMTP服务的按钮

（3）如需管理该服务，可点击“POP3/IMAP/SMTP/Exchange/CardDAV/CalDAV服务”栏目下“管理服务”按钮，在新打开的安全设置中生成授权码或关闭服务，如图10-7、图10-8所示。

图10-7　进入管理授权码或关闭服务的按钮

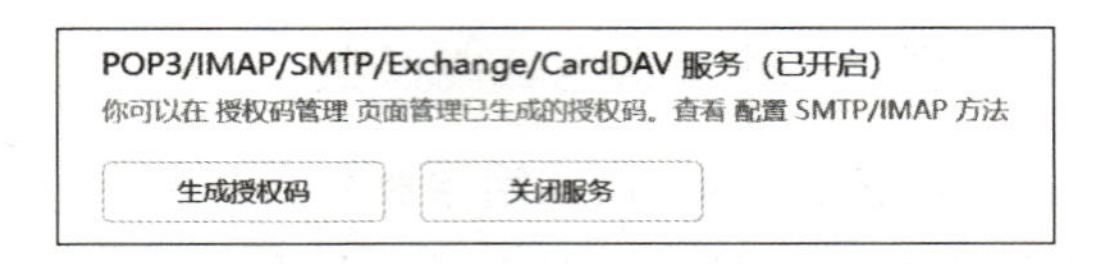

图10-8　生成授权码和关闭服务的界面

（4）如需将已发送的邮件保存在邮箱服务器上，请在开启SMTP服务后，勾选“收取选项”菜单下的“SMTP发信后保存到服务器”选项，如图10-9所示。

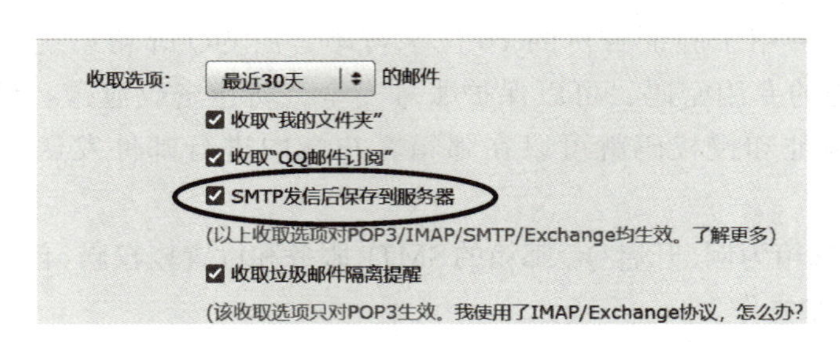

图10-9　设置将已发送的邮件保存在邮箱服务器

通过上面的步骤，成功开启QQ邮箱的SMTP服务，并设置了授权码后，就可以在第三方邮箱客户端使用QQ邮箱账号和授权码进行邮件发送了。

10.2.4　应用 Java Mail 组件发送 E-mail

【例10-2】应用Java Mail组件发送普通格式的E-mail。

（1）将下载的mail.jar和activation.jar复制到工程WebContent文件夹的WEB-INF→lib目录下。

（2）在Java Resources→src目录下，新建名为“email”的包，然后在该包下新建DoEmail类，主要实现邮件的处理。

例10-2代码

核心代码如下：

```
public class DoEmail extends HttpServlet {
    protected void doGet(HttpServletRequest request, HttpServletResponse
response) throws ServletException, IOException {
        PrintWriter out = response.getWriter();
        try{
                request.setCharacterEncoding("UTF-8");
                String from = request.getParameter("from");
                String to = request.getParameter("to");
                String subject = request.getParameter("subject");
                String messageText = request.getParameter("content");
                String password = request.getParameter("password");
                String mailserver = "smtp.qq.com"; //生成SMTP的主机名称
                Properties pro = new Properties(); //建立邮件会话
                pro.put("mail.smtp.host", mailserver);
                pro.put("mail.smtp.auth", "true");
                Session sess = Session.getInstance(pro);
                sess.setDebug(true);
                MimeMessage message = new MimeMessage(sess);
                //新建一个消息对象
                InternetAddress from_mail = new InternetAddress(from);
                //设置发件人
                message.setFrom(from_mail);
                InternetAddress to_mail = new InternetAddress(to);  //设置收件人
                message.setRecipient(Message.RecipientType.TO , to_mail);
                message.setSubject(subject); //设置主题
                message.setText(messageText); //设置内容
                message.setSentDate(new Date()); //设置发送时间
                message.saveChanges(); //保证报头域同会话内容保持一致
                Transport transport = sess.getTransport("smtp");
                transport.connect(mailserver, from, password);
                transport.sendMessage(message, message.getAllRecipients());
                transport.close();
                out.println("<script language = 'javascript'>alert('Email sent
```

```
successfully！ '); window.location.href = 'Example10_02.jsp'; </script>");
                }catch(Exception e){
                        System.out.println("发送邮件产生的错误： " + e.getMessage());
                        out.println("<script language = 'javascript'>alert('Email sending
failed！ '); window.location.href = 'Example10_02.jsp'; </script>");
                }
        }
    protected void doPost(HttpServletRequest request, HttpServletResponse
response) throws ServletException, IOException {
// TODO Auto-generated method stub
            doGet(request, response);
    }
}
```

（3）在工程 WebContent 文件夹下，新建 Example10_02.jsp 文件，在该页面中添加用于收集邮件发送信息的表单和表单元素。表单 MyForm 的 action 属性设为 DoEmail 这个 Servlet 文件，以便将表单提交到这个 Servlet 来对邮件信息进行处理。核心代码如下：

```
<form name = "form1" method = "post" action = "DoEmail" onSubmit = "return
checkform(form1)">
<table width = "649" height = "454"  border = "0" align = "center" cellpadding = "0"
cellspacing = "0" background = "images/bg.jpg">
  <tr>
    <td width = "67" height = "109" >  </td>
    <td width = "531" >  </td>
    <td width = "51" >  </td>
  </tr>
  <tr valign = "top">
    <td height = "247">  </td>
    <td valign = "top"><table width = "100%" border = "0" align = "center"
cellpadding = "0" cellspacing = "0">
    <tr>
      <td width = "20%" height = "27" align = "center">收件人： </td>
      <td width = "80%" colspan = "2" align = "left"><input name = "to" type = "text"
id = "to" title = "收件人" size = "60"></td>
    </tr>
```

```
      <tr>
        <td height = "27" align = "center">发件人：</td>
        <td colspan = "2" align = "left"><input name = "from" type = "text"
id = "from" title="发件人" size = "60"></td>
      </tr>
      <tr>
        <td height = "27" align = "center">密    码：</td>
        <td colspan = "2" align = "left"><input name = "password" type = "password"
id = "password" title = "发件人信箱密码" size = "60"></td>
      </tr>
      <tr>
        <td height = "27" align = "center">主    题：</td>
        <td colspan = "2" align = "left"><input name = "subject" type = "text"
id = "subject" title = "邮件主题" size = "60"></td>
      </tr>
      <tr>
        <td height = "93" align = "center">内    容：</td>
        <td colspan = "2" align = "left"><textarea name = "content" cols = "59" rows =
"7" class = "wenbenkuang" id = "content" title = "邮件内容"></textarea></td>
      </tr>
      <tr>
        <td height = "30" align = "center">  </td>
        <td height = "40" align = "center"><input name = "Submit" type = "submit"
class = "btn_grey" value = "发送">
           
          <input name = "Submit2" type = "reset" class = "btn_grey" value = "重置">
                </td>
        <td align = "left">  </td>
      </tr>
      </table></td>
      <td>  </td>
    </tr>
    <tr valign = "top">
      <td height = "48">  </td>
```

```
        <td>  </td>
        <td>  </td>
    </tr>
</table>
</form>
```

其中，checkform() 是一个 JavaScript 函数，主要用于在进行邮件发送前，还要保证邮件的收件人地址、发件人地址、发件人邮箱密码、邮件主题和内容不为空。核心代码如下：

```
function checkform(myform){
    for(i = 0; i < myform.length; i++){
        if(myform.elements[i].value == ""){
            alert(myform.elements[i].title + "不能为空！");
            myform.elements[i].focus();
            return false;
        }
    }
}
```

（4）配置 DoEmail 类到 web.xml 文件，其配置代码如下：

```
<?xml version = "1.0" encoding = "UTF-8"?>
<web-app>
  <servlet>
    <description></description>
    <display-name>DoEmail</display-name>
    <servlet-name>DoEmail</servlet-name>
    <servlet-class>email.DoEmail</servlet-class>
  </servlet>
  <servlet-mapping>
    <servlet-name>DoEmail</servlet-name>
    <url-pattern>/DoEmail</url-pattern>
  </servlet-mapping>
</web-app>
```

执行上述代码，程序的运行结果如图 10-10、图 10-11 和图 10-12 所示。

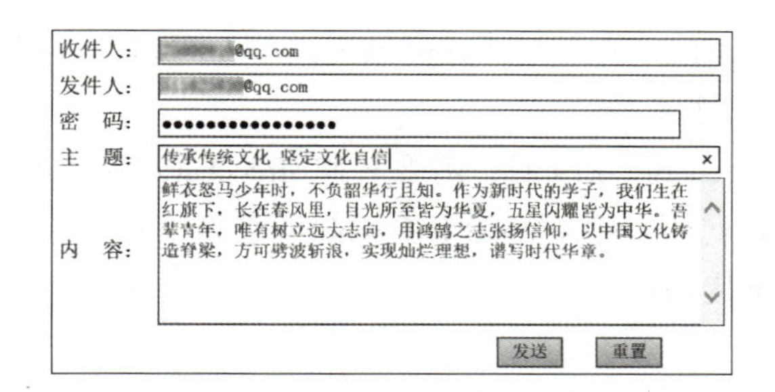

图10-10　例10-2的程序运行结果

图10-11　例10-2邮件发送成功的提示信息

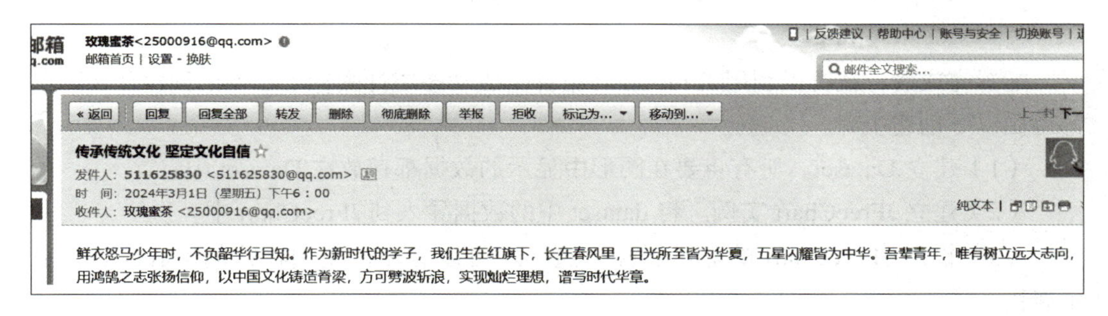

图10-12　例10-2邮件成功接收并查看的界面

10.3　JSP 动态图表

10.3.1　JFreeChart 的下载与使用

JFreeChart 是一个开源的 Java 项目，是 Java 平台上的一个开放的图表绘制类库。它完全使用Java语言编写，可生成饼图(pie charts）、柱状图（bar charts）、散点图（scatter plots）、时序图（time series）、甘特图（Gantt charts）等多种图表，并且可以产生 PNG 和 JPEG 格式的输出，还可以与 PDF 和 Excel 文件关联。

JSP动态图表

JFreeChart 是 JFreeChart 公司在开源网站上的一个项目，可以从 JFree 官方网站上获取最新版本和相关资料。

例如，在使用 jfreechart-1.0.19 时，需要先将 jfreechart-1.0.19.jar 和 jcommon-1.0.23.jar 放置到工程 WebContent 文件夹的 WEB-INF—lib 目录下，然后在 web 应用程序的 Web.xml 文件中，配置如下代码：

```
<servlet>
    <servlet-name>DisplayChart</servlet-name>
    <servlet-class>
            org.jfree.chart.servlet.DisplayChart
        </servlet-class>
</servlet>
<servlet-mapping>
    <servlet-name>DisplayChart</servlet-name>
    <url-pattern>/servlet/DisplayChart</url-pattern>
</servlet-mapping>
```

配置完成后，就可以利用 JFreeChart 组件生成动态统计图标了。不论创建什么图，都遵循以下创建步骤。

（1）建立 Dataset。所有将要在图形中显示的数据都存放在 Dataset 中。

（2）建立 JFreeChart 实例。将 dataset 中的数据导入到 JFreeChart 中。

（3）设置 JFreeChart 的显示属性。这一步可以省略，使用默认的 JFreeChart 显示属性。

（4）渲染图表。即生成图片。

（5）页面图片显示。

10.3.2 JFreeChart 的核心类

JFreeChart 主要由两个大包组成：org.jfree.chart 和 org.jfree.data。其中，前者主要与图形本身有关，后者与图形显示的数据有关。其核心类主要有以下几类。

（1）org.jfree.chart.JFreeChart：图表对象，任何类型的图表的最终表现形式都是在该对象进行一些属性的定制。JFreeChart 引擎本身提供了一个工厂类用于创建不同类型的图表对象。

（2）org.jfree.data.category.×××DataSet：数据集对象，用于提供显示图表所用的数据。不同类型的图表对应着不同类型的数据集对象类。

（3）org.jfree.chart.plot.×××Plot：图表区域对象，这个对象决定图表的样式，创建该对象的时候需要 Axis、Renderer 以及数据集对象的支持。

（4）org.jfree.chart.axis.×××Axis：用于处理图表的两个轴（纵轴和横轴）。

（5）org.jfree.chart.render.×××Render：负责如何显示一个图表对象。

（6）org.jfree.chart.urls.×××URLGenerator：用于生成 Web 图表中每个项目的鼠标点击链接。

（7）×××××ToolTipGenerator：用于生成图像的帮助提示，不同类型图表对应不同类型的工具提示类。

10.3.3 利用 JFreeChart 生成动态图表

【例 10-3】利用 JFreeChart 生成饼形图、柱形图和时序图。

（1）将下载好的 jfreechart-1.0.19.jar 和 jcommon-1.0.23.jar 复制到工程 WebContent 文件夹的 WEB-INF--lib 目录下。

（2）在 Java Resources→src 目录下，新建名为“com”的包，然后在该包下新建 CakeServlet 类，实现 3D 饼图的生成，核心代码如下：

例 10-3代码

```
//生成3D饼图
public class CakeServlet extends HttpServlet {
    private static final long serialVersionUID1L;
    public CakeServlet() {
        super();
    }
        protected void doGet(HttpServletRequest request, HttpServletResponse
response) throws ServletException, IOException {
            response.setContentType("text/html");
            // 默认数据类型
            DefaultPieDataset dataType = new DefaultPieDataset();
            // 数据参数内容，数量
            dataType.setValue("IE9", 156);
            dataType.setValue("IE10", 230);
            dataType.setValue("IE11", 45);
            dataType.setValue("火狐", 640);
            dataType.setValue("谷歌", 245);
            try {
                DefaultPieDataset datadataType;
                // 生成普通饼状图去掉3D即可
```

```
                    PiePlot3D plot = new PiePlot3D(data);
                    JFreeChart chart = new JFreeChart(
                        "用户使用的浏览器类型",   // 图形标题
                        JFreeChart.DEFAULT_TITLE_FONT, // 标题字体
                        plot,   // 图标标题对象
                        true   // 是否显示图例
                        );
                        // 设置整个图片的背景色
                        chart.setBackgroundPaint(Color.PINK);
                        // 设置图片有边框
                        chart.setBorderVisible(true);
                        // 配置字体
                        Font kfont = new Font("宋体", Font.PLAIN, 12);  // 底部
                        Font titleFont = new Font("宋体", Font.BOLD, 25); // 图片标题
                        chart.setTitle(new TextTitle(chart.getTitle().getText(),
titleFont));
                        // 图片底部
                        chart.getLegend().setItemFont(kfont);
                        ChartUtilities.writeChartAsJPEG(response.getOutputStream(),
1.0f, chart, 500, 300, null);
                    } catch (Exception e) {
                        e.printStackTrace();
                    }
        }
        protected void doPost(HttpServletRequest request, HttpServletResponse
response) throws ServletException, IOException {
// TODO Auto-generated method stub
            doGet(request, response);
        }
}
```

（3）在 Java Resources → src 目录下，新建名为 com 的包，然后在该包下新建 LineServlet 类，实现时序图的生成，核心代码如下：

```
//生成时序图
public class LineServlet extends HttpServlet {
```

```
    public LineServlet() {
        super();    }
    protected void doGet(HttpServletRequest request, HttpServletResponse
response) throws ServletException, IOException {
        response.setContentType("text/html");
        TimeSeriesCollection chartTime = new TimeSeriesCollection();
        /* 时间序列对象集合。时间序列对象的第1个参数表示时间序列的名字，第2
个参数是时间类型，这里为天。该对象用于保存前count天每天的访问次数 */
        TimeSeries timeSeries = new TimeSeries("日访问", Day.class);
        timeSeries.add(new Day(1, 1, 2023), 50);  // Day的组装格式是day-month-
year 访问次数
        timeSeries.add(new Day(2, 1, 2023), 47);
        timeSeries.add(new Day(3, 1, 2023), 82);
        timeSeries.add(new Day(4, 1, 2023), 95);
        timeSeries.add(new Day(5, 1, 2023), 104);
        timeSeries.add(new Day(6, 1, 2023), 425);
        chartTime.addSeries(timeSeries);
        XYDataset datechartTime;
        try {
            // 使用ChartFactory来创建时间序列的图表对象
            JFreeChart chartChartFactory.createTimeSeriesChart(
                "网站每天访问统计", // 图表标题
                "日期", // X轴说明
                "访问量", // Y轴说明
                date, // 数据
                true, // 是否创建图例
                true, // 是否生成Tooltips
                 false // 是否生产URL链接
            );
            chart.setBackgroundPaint(Color.PINK);  // 设置整个图片的背景色
            chart.setBorderVisible(true);  // 设置图片有边框
            XYPlot xyPlot(XYPlot) chart.getPlot();  // 获得图表区域对象
            xyPlot.setBackgroundPaint(Color.lightGray);  // 设置报表区域的背景色
            // 设置横、纵坐标网格颜色
```

```
        xyPlot.setDomainGridlinePaint(Color.GREEN);
        xyPlot.setRangeGridlinePaint(Color.GREEN);
        // 设置横、纵坐标交叉线是否显示
        xyPlot.setDomainCrosshairVisible(true);
        xyPlot.setRangeCrosshairVisible(true);
        // 获得数据点（X, Y）的render，负责描绘数据点
        XYItemRenderer xyItemRendererxyPlot.getRenderer();
        if (xyItemRenderer instanceof XYLineAndShapeRenderer) {
            XYLineAndShapeRenderer xyLineAndShapeRenderer(XYLineA
ndShapeRenderer) xyItemRenderer;
            // 数据点可见
            xyLineAndShapeRenderer.setShapesVisible(true);
            // 数据点是实心点
            xyLineAndShapeRenderer.setShapesFilled(true);
            // 数据点填充为红色
            xyLineAndShapeRenderer.setSeriesFillPaint(0, Color.RED);
            // 将设置好的属性应用到render上
            xyLineAndShapeRenderer.setUseFillPaint(true);
        }
        // 配置以下内容方可解决乱码问题
        Font xfont = new Font("宋体", Font.PLAIN, 12); // X轴
        Font yfont = new Font("宋体", Font.PLAIN, 12); // Y轴
        Font kfont = new Font("宋体", Font.PLAIN, 12); // 底部
        Font titleFont = new Font("宋体", Font.BOLD, 25);
        // 图片标题
        chart.setTitle(new TextTitle(chart.getTitle().getText(), titleFont));
        chart.getLegend().setItemFont(kfont); // 底部
        ValueAxis domainAxisxyPlot.getDomainAxis(); // X 轴
        domainAxis.setLabelFont(xfont); // 轴标题
        domainAxis.setTickLabelFont(xfont); // 轴数值
        domainAxis.setTickLabelPaint(Color.BLUE); // 字体颜色
        ValueAxis rangeAxisxyPlot.getRangeAxis(); // Y 轴
        rangeAxis.setLabelFont(yfont);
        rangeAxis.setLabelPaint(Color.BLUE); // 字体颜色
```

```
                rangeAxis.setTickLabelFont(yfont);
                //定义坐标轴日期显示的格式
                DateAxis dateAxis(DateAxis) xyPlot.getDomainAxis();
                // 设置日期格式
                dateAxis.setDateFormatOverride(new SimpleDateFormat("yyyy-MM-
dd"));
                // 向客户端输出生成的图片
                ChartUtilities.writeChartAsJPEG(response.getOutputStream(), 1.0f,
chart, 500, 300, null);
            } catch (Exception e) {
                e.printStackTrace();
            }
        }
        protected void doPost(HttpServletRequest request, HttpServletResponse
response) throws ServletException, IOException {
            doGet(request, response);
        }
}
```

（4）在 Java Resources → src 目录下，新建名为 com 的包，然后在该包下新建 ParagraphsServlet 类，实现 3D 柱状图的生成，核心代码如下：

```
//创建3D柱状图
public class ParagraphsServlet extends HttpServlet {
    private static final long serialVersionUID1L;
    public ParagraphsServlet() {
        super();
    }
    protected void doGet(HttpServletRequest request, HttpServletResponse
response) throws ServletException, IOException {
            response.setContentType("text/html");
                DefaultCategoryDataset dataTime = new DefaultCategoryDataset();
                // 这是一组数据
                dataTime.addValue(52, "0-6", "2023-1-1");
                dataTime.addValue(86, "6-12", "2023-1-1");
                dataTime.addValue(126, "12-18", "2023-1-1");
```

```
            dataTime.addValue(42, "18-24", "2023-1-1");
            // 这是一组数据
            dataTime.addValue(452, "0-6", "2023-1-2");
            dataTime.addValue(96, "6-12", "2023-1-2");
            dataTime.addValue(254, "12-18", "2023-1-2");
            dataTime.addValue(126, "18-24", "2023-1-2");
            // 这是一组数据
            dataTime.addValue(256, "0-6", "2023-1-3");
            dataTime.addValue(86, "6-12", "2023-1-3");
            dataTime.addValue(365, "12-18", "2023-1-3");
            dataTime.addValue(24, "18-24", "2023-1-3");
            try {
                DefaultCategoryDataset datadataTime;
             /* 使用ChartFactory创建3D柱状图，若不想使用3D，直接使用
createBarChart */
            JFreeChart chartChartFactory.createBarChart3D(
                "网站时间段访问量统计",
                "时间",
                "访问量",
                data,
                PlotOrientation.VERTICAL,
                true,
                false,
                false
            );
            chart.setBackgroundPaint(Color.PINK); // 设置整个图片的背景色
            chart.setBorderVisible(true); // 设置图片有边框
            Font kfont = new Font("宋体", Font.PLAIN, 12); // 底部
            Font titleFont = new Font("宋体", Font.BOLD, 25); // 图片标题
            chart.setTitle(new TextTitle(chart.getTitle().getText(), titleFont));
            chart.getLegend().setItemFont(kfont); // 底部
            // 得到坐标设置字体解决乱码
            CategoryPlot categoryplot(CategoryPlot) chart.getPlot();
            categoryplot.setDomainGridlinesVisible(true);
```

```
                categoryplot.setRangeCrosshairVisible(true);
                categoryplot.setRangeCrosshairPaint(Color.blue);
                NumberAxis numberaxis(NumberAxis) categoryplot.getRangeAxis();
                numberaxis.setStandardTickUnits(NumberAxis.createIntegerTickUnits());
                BarRenderer barrenderer(BarRenderer) categoryplot.getRenderer();
                barrenderer.setBaseItemLabelFont(new Font("宋体", Font.PLAIN, 12));
                barrenderer.setSeriesItemLabelFont(1, new Font("宋体", Font.PLAIN, 12));
                CategoryAxis domainAxiscategoryplot.getDomainAxis();
                /*------设置X轴坐标上的文字-----------*/
                domainAxis.setTickLabelFont(new Font("sans-serif", Font.PLAIN, 11));
                /*------设置X轴的标题文字------------*/
                domainAxis.setLabelFont(new Font("宋体", Font.PLAIN, 12));
                /*------设置Y轴坐标上的文字-----------*/
                numberaxis.setTickLabelFont(new Font("sans-serif", Font.PLAIN, 12));
                /*------设置Y轴的标题文字------------*/
                numberaxis.setLabelFont(new Font("宋体", Font.PLAIN, 12));
                /*------这句代码解决了底部汉字乱码的问题-----------*/
                chart.getLegend().setItemFont(new Font("宋体", Font.PLAIN, 12));
                ChartUtilities.writeChartAsJPEG(response.getOutputStream(), 1.0f,
                chart, 500, 300, null);
            } catch (Exception es) {
                es.printStackTrace();
            }
        }
        protected void doPost(HttpServletRequest request, HttpServletResponse
response) throws ServletException, IOException {
        // TODO Auto-generated method stub
                doGet(request, response);
        }
}
```

（5）在 Java Resources → src 目录下，新建名为 com 的包，然后在该包下新建 PillarServlet 类，实现 3D 柱状图的生成，核心代码如下：

```
public class PillarServlet extends HttpServlet {
        private static final long serialVersionUID1L;
```

```
    public PillarServlet() {
        super();
    }
    protected void doGet(HttpServletRequest request, HttpServletResponse
response) throws ServletException, IOException {
            response.setContentType("text/html");
            // 使用普通数据集
            DefaultCategoryDataset chartDate = new DefaultCategoryDataset();
            /* 增加测试数据，第一个参数是访问量，最后一个是时间，中间是显示
用不考虑 */
            chartDate.addValue(55, "访问量", "2023-01");
            chartDate.addValue(65, "访问量", "2023-02");
            chartDate.addValue(59, "访问量", "2023-03");
            chartDate.addValue(156, "访问量", "2023-04");
            chartDate.addValue(452, "访问量", "2023-05");
            chartDate.addValue(359, "访问量", "2023-06");
            try {
                DefaultCategoryDataset datachartDate; // 从数据库中获得数据集
                /* 使用ChartFactory创建3D柱状图，若不想使用3D，直接使用
createBarChart */
                JFreeChart chartChartFactory.createBarChart3D(
                    "网站月访问量统计",  // 图表标题
                    "时间",  // 目录轴的显示标签
                    "访问量",  // 数值轴的显示标签
                    data,  // 数据集
                    PlotOrientation.VERTICAL,  // 图表方向为垂直方向
                    // PlotOrientation.HORIZONTAL,  //图表为水平方向
                    true,  // 是否显示图例
                    true,  // 是否生成工具
                    false  // 是否生成URL链接
                    );
                chart.setBackgroundPaint(Color.PINK);  // 设置整个图片的背景色
                chart.setBorderVisible(true); // 设置图片有边框
                Font kfont = new Font("宋体", Font.PLAIN, 12);  // 底部
```

```
                Font titleFont = new Font("宋体", Font.BOLD, 25);    // 图片标题
                chart.setTitle(new TextTitle(chart.getTitle().getText(), titleFont));
                chart.getLegend().setItemFont(kfont);    // 底部
                // 得到坐标用于设置字体解决乱码
                CategoryPlot categoryplot(CategoryPlot) chart.getPlot();
                categoryplot.setDomainGridlinesVisible(true);
                categoryplot.setRangeCrosshairVisible(true);
                categoryplot.setRangeCrosshairPaint(Color.blue);
                NumberAxis numberaxis(NumberAxis) categoryplot.getRangeAxis();
                numberaxis.setStandardTickUnits(NumberAxis.createIntegerTickUnits());
                BarRenderer barrenderer(BarRenderer) categoryplot.getRenderer();
                barrenderer.setBaseItemLabelFont(new Font("宋体", Font.PLAIN,
12));
                barrenderer.setSeriesItemLabelFont(1, new Font("宋体", Font.
PLAIN, 12));
                CategoryAxis domainAxiscategoryplot.getDomainAxis();
                /*------设置X轴坐标上的文字-----------*/
                domainAxis.setTickLabelFont(new Font("sans-serif", Font.
PLAIN, 11));
                /*------设置X轴的标题文字------------*/
                domainAxis.setLabelFont(new Font("宋体", Font.PLAIN, 12));
                /*------设置Y轴坐标上的文字-----------*/
                numberaxis.setTickLabelFont(new Font("sans-serif", Font.
PLAIN, 12));
                /*------设置Y轴的标题文字------*/
                numberaxis.setLabelFont(new Font("宋体", Font.PLAIN, 12));
                /*------这句代码解决了底部汉字乱码的问题------*/
                chart.getLegend().setItemFont(new Font("宋体", Font.PLAIN, 12));
                // 生成图片并输出
                ChartUtilities.writeChartAsJPEG(response.getOutputStream(),
1.0f, chart, 400, 280, null);
            } catch (Exception e) {
                e.printStackTrace();
            }
```

```
        }
        protected void doPost(HttpServletRequest request, HttpServletResponse
    response) throws ServletException, IOException {
            doGet(request, response);
        }
    }
```

（6）配置 CakeServlet 类、LineServlet 类、ParagraphsServlet 类、PillarServlet 类到 web.xml 文件，还有 JFreeChart 的 web.xml 配置，其代码如下：

```
<?xml version = "1.0" encoding = "UTF-8"?>
<web-app>
  <servlet>
    <servlet-name>DisplayChart</servlet-name>
    <servlet-class>
            org.jfree.chart.servlet.DisplayChart
        </servlet-class>
  </servlet>
  <servlet-mapping>
    <servlet-name>DisplayChart</servlet-name>
    <url-pattern>/servlet/DisplayChart</url-pattern>
  </servlet-mapping>
  <servlet>
    <description></description>
    <display-name>LineServlet</display-name>
    <servlet-name>LineServlet</servlet-name>
    <servlet-class>com.LineServlet</servlet-class>
  </servlet>
  <servlet-mapping>
    <servlet-name>LineServlet</servlet-name>
    <url-pattern>/LineServlet</url-pattern>
  </servlet-mapping>
  <servlet>
    <description></description>
    <display-name>PillarServlet</display-name>
    <servlet-name>PillarServlet</servlet-name>
```

```
        <servlet-class>com.PillarServlet</servlet-class>
    </servlet>
    <servlet-mapping>
        <servlet-name>PillarServlet</servlet-name>
        <url-pattern>/PillarServlet</url-pattern>
    </servlet-mapping>
    <servlet>
        <description></description>
        <display-name>CakeServlet</display-name>
        <servlet-name>CakeServlet</servlet-name>
        <servlet-class>com.CakeServlet</servlet-class>
    </servlet>
    <servlet-mapping>
        <servlet-name>CakeServlet</servlet-name>
        <url-pattern>/CakeServlet</url-pattern>
    </servlet-mapping>
    <servlet>
        <description></description>
        <display-name>ParagraphsServlet</display-name>
        <servlet-name>ParagraphsServlet</servlet-name>
        <servlet-class>com.ParagraphsServlet</servlet-class>
    </servlet>
    <servlet-mapping>
        <servlet-name>ParagraphsServlet</servlet-name>
        <url-pattern>/ParagraphsServlet</url-pattern>
    </servlet-mapping>
</web-app>
```

（7）在工程 WebContent 文件夹下，新建 Example10_03.jsp 文件，在该页面中添加 4 个 img，将 src 地址分别设为前面 4 个 Servlet 类，实现 JFreeChart 图形的生成。

```
<%@ page language = "java" contentType = "text/html; charset = UTF-8"
pageEncoding = "UTF-8"%>
<!DOCTYPE html>
<html>
  <head><title>JFreeChart图表的生成实例</title></head>
```

```
    <body>
      <table width = "1000"  border = "0" align = "center" cellpadding = "0" cellspacing =
"0" background = "images/bg.jpg">
      <tr><td><img src = "LineServlet"></td><td><img src = "PillarServlet"></
td></tr>
        <tr><td><img src = "ParagraphsServlet"></td><td><img src = "CakeServlet"></
td></tr>
      </table>
    </body>
</html>
```

运行 Example10_03.jsp，程序的运行结果如图 10-13 所示。

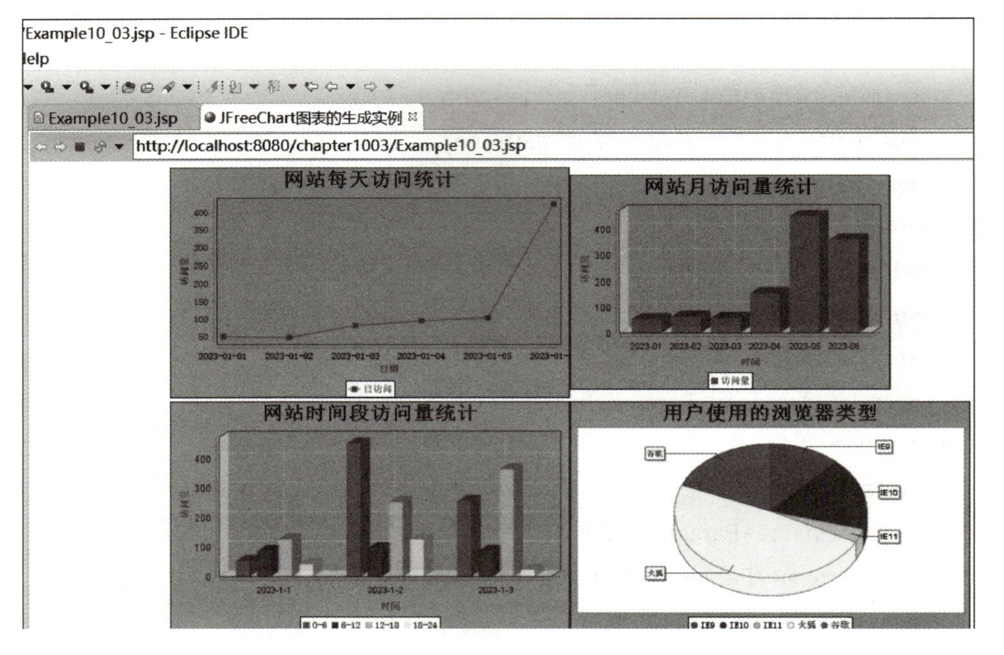

图10-13　例10-3的程序运行结果

10.4　JSP 报表

在企业的信息系统中，报表处理是一项重要的功能，iText 组件通过在服务器端使用 JSP 或 JavaBean 生成 PDF 报表，客户端采用超级链接显示或下载得到生成的报表，这样就很好地解决了 B/S 系统的报表处理问题。

10.4.1 iText 组件简介

iText 是著名的开放源码站点 sourceforge 的一个项目，是用于生成 PDF 文档的一个 Java 类库。通过 iText 不仅可以生成 PDF 或 RTF 的文档，而且可以将 XML、HTML 文件转化为 PDF 文件。它的类库可以与 Java Servlet 有很好的结合。使用 iText 与 PDF 能够正确地控制 Servlet 的输出。

10.4.2 iText 组件的下载与配置

iText 的安装非常方便，在 iText 官方网站上下载 iText.jar 文件后，只需要在系统的 CLASSPATH 中加入 iText.jar 的路径，在程序中就可以使用 iText 类库了。也可以将 iText.jar 包里的文件放置到工程 WebContent 文件夹的 WEB-INF → lib 目录下。

如果生成的 PDF 文件中需要出现中文、日文、韩文字符，则还需要下载 iTextAsian.jar 包，配置方法和 iText.jar 一样。在本书配套数字资源中提供了 iText-2.0.7.jar 和 iTextAsian.jar 包，可直接使用。

10.4.3 应用 iText 组件生成 JSP 报表

1. PDF 文档输出的基本组成部分

例10-4代码

下面通过一个经典的范例“I Love JSP”，来说明 PDF 文档的基本组成部分。

【例 10-4】利用 iText 生成 PDF 文件。在 PDF 文件中添加一行文字“I Love JSP”。

具体代码如下：

```
<%@ page language = "java"  pageEncoding = "gb2312"%>
<%@ page import = "java.io.*, com.lowagie.text.*, com.lowagie.text.pdf.*"%>
<%
    response.reset();
    response.setContentType("application/pdf");
    Document document = new Document();
    //步骤1: 设置生成文档的位置
    PdfWriter.getInstance(document, new FileOutputStream("d:/jsp.pdf"));
    ByteArrayOutputStream buffer = new ByteArrayOutputStream();
    //步骤2: PdfWriter类与document实例进行绑定
    PdfWriter.getInstance(document, buffer);
    document.open(); //步骤3
```

```
        document.add(new Paragraph("I Love JSP")); //步骤4
        document.close(); //步骤5
        out.clear();
        outpageContext.pushBody();
        DataOutput output = new DataOutputStream(response.getOutputStream());
        byte[] bytesbuffer.toByteArray();
        response.setContentLength(bytes.length);
        for (int i = 0; i < bytes.length; i++) {
        output.writeByte(bytes[i]);
        }
%>
```

在上述代码中可以看出，一个 PDF 文件的输出，总共只需要以下 5 个步骤。

步骤 1：创建一个 Document 实例。

```
Document document = new Document();
```

该代码建立了 com. itextpdf.text.Document 类的一个实例对象。该对象的构造方法有 3 个：

```
public Document(); //按默认参数创建对象
public Document(Rectangle pageSize); //定义页面的大小
public Document(Rectangle pageSize, int marginLeft, int marginRight, int
marginTop, int marginBottom); //定义页面的大小和左、右、上、下的页边距
```

通过 Rectangle 类对象的参数可以设定页面大小、页面背景色以及页面横向 / 纵向等属性。iText 定义了 A0 ～ A10、AL、LETTER、HALFLETTER、_11 × 17、LEDGER、NOTE、B0 ～ B5、ARCH_A ～ ARCH_E、FLSA 和 FLSE 等纸张类型，也可以通过下面的代码自定义纸张：

```
Rectangle pageSize = new Rectangle(144, 720); //宽度为144mm, 长度为720mm
```

也可以通过 Rectangle 类中的 rotate() 方法将页面设置成横向。

步骤 2：将 Document 实例和文件输出流用 PdfWriter 类绑定在一起。

```
PdfWriter.getInstance(document, buffer);
```

当文档（Document）对象建立完毕，需要建立一个或多个书写器（Writer）对象与之关联。通过书写器对象可以将具体文档存盘成需要的格式，如 com. itextpdf.text.PDF. PDFWriter 可以将文档存成 PDF 文件，com.itextpdf.text.html.HtmlWriter 可以将文档存成 HTML 文件。

步骤 3：打开文档。

```
document.open();
```

步骤 4：在文档中添加文字。

```
document.add(new Paragraph("I Love JSP ");
```

步骤 5：关闭文档。

```
document.close();
```

其中关键的是步骤 2 和步骤 4。步骤 2 将一个文件流绑定到了 PDF 文档中；步骤 4 向文档中添加了一些文字内容。执行上述代码，结果如图 10-14 和图 10-15 所示。

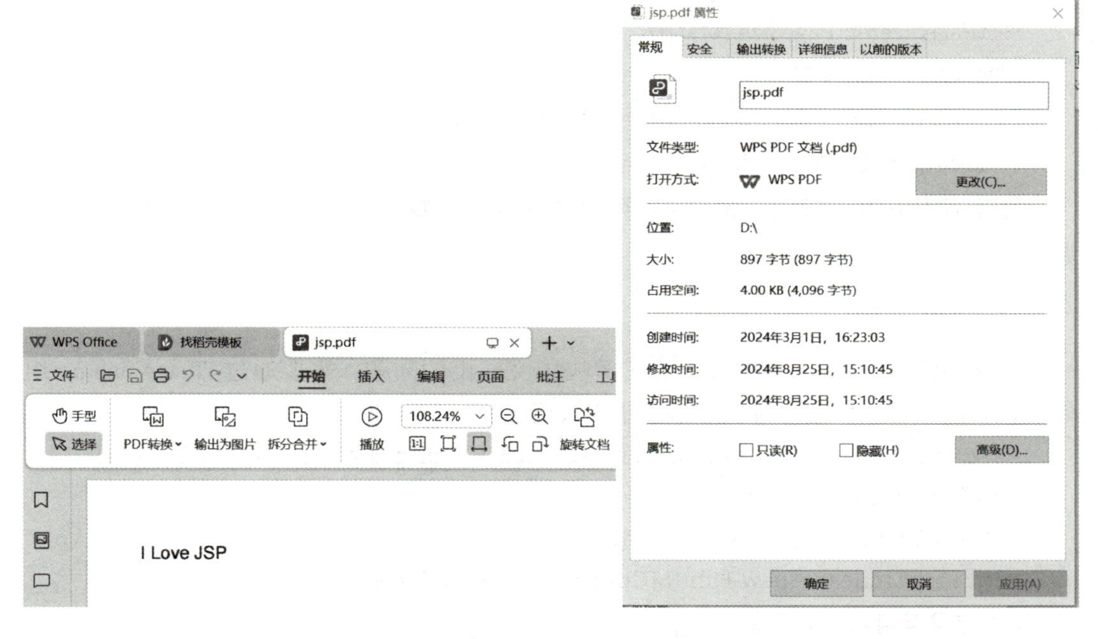

图10-14 例10-4的文件内容　　图10-15 例10-4的“文档属性”对话框

2. 文档的页面设置

通常情况下，在生成PDF报表之前，可以设定文档的标题、主题、密码作者、创建者、生产者、创建日期、头信息等属性，设定方法如下：

```
public boolean addTitle(String title)   //添加标题
public boolean addSubject(String subject)   //添加主题
public boolean addKeywords(String keywords)   //设置密码
public boolean addAuthor(String author)   //添加作者
public boolean addCreator(String creator)   //添加创建者
public boolean addProducer()   //添加生产者
public boolean addCreationDate()   //添加创建日期
public boolean addHeader(String name, String content)   //添加头信息
```

其中方法 addHeader() 对于 PDF 文档无效，仅对 HTML 文档有效，用于添加文档的头信息。

在生成报表之后，通过需要将报表打印出来，这就涉及页面的设置问题，作为报表的 PDF 文件，要与打印机的输出尺寸适配。在 iText 组件中，可以通过下面的代码将 PDF 文档设定成 A4 页面大小。

```
Rectangle rectPageSize = new Rectangle(PageSize.A4);
//定义文档尺寸为A4页面大小
rectPageSizerectPageSize.rotate();
//实现A4页面的横置
Document doc = new Document(rectPageSize, 50, 50, 50, 50);
//其余4个参数设置了页面的4个边距
```

在上述代码中用到了 PageSize 类的属性，该类提供了几种常用的页面样式可供调用。

3. 中文输出

iText 组件本身不支持中文，为了解决中文输出的问题，需要通过 iTextAsian.jar 组件中包含的字体类来显示中文。具体代码如下：

```
BaseFont bfChineseBaseFont.createFont("STSong-Light", "UniGB-UCS2-H",
BaseFont. NOT_EMBEDDED);
//用中文的基础字体实例化了一个字体类
Font FontChinese = new Font(bfChinese, 12, Font.NORMAL);
//将字体类用到一个段落中
Paragraph par = new Paragraph("我喜欢JSP", FontChinese);
//将段落添加到了文档中
document.add(par);
```

上述代码定义了中文的基础字体。其中，“STSong-Light”定义了使用的中文字体，iTextAsian.jar 类库中提供了几个可供使用的字体，都是以“properties”结尾的文件。“UniGB-UCS2-H”定义文字的编码标准和样式，其中，“GB”代表编码方式为 gb2312，“H”代表横排字，“V”代表竖排字，iTextAsian.jar 类库中以“cmap”结尾的几个文件都是关于编码和样式定义的。

需要注意的是，iText 出错的时候，不会有什么提示，只会把出错的部分跳过去。例如，在没有用中文字体的情况下输出中文，中文部分的段落会是空白的，如果一个文档中出现一些错误，PDF 文件还是照样输出，不过整个文档会是空白的。

【例 10-5】向一个 PDF 文件中输出中文，文档内容为“不忘初心，砥砺前行，只争朝夕，不负韶华！”。

代码如下：

```
<%@ page language = "java"  pageEncoding = "UTF-8"%>
<%@ page import = "java.io.*, com.lowagie.text.*, com.lowagie.text.pdf.*"%>
<%
    response.reset();
    response.setContentType("application/pdf");
    Document document = new Document(); //步骤1
    //设置为中文字体
    BaseFont bfChineseBaseFont.createFont("STSong-Light", "UniGB-UCS2-H",
BaseFont.NOT_EMBEDDED);
    Font FontChinese = new Font(bfChinese, 12, Font.NORMAL);
    Paragraph par = new Paragraph("不忘初心，砥砺前行，只争朝夕，不负韶华！
", FontChinese); //设置中文内容
    //设置生成文档的位置
    PdfWriter.getInstance(document, new FileOutputStream("d:/FontChinese.
pdf"));
    ByteArrayOutputStream buffer = new ByteArrayOutputStream();
    PdfWriter.getInstance(document, buffer); //步骤2
    document.open(); //步骤3
    document.add(par); //步骤4
    document.close(); //步骤5
    out.clear();
    outpageContext.pushBody();
    DataOutput output = new DataOutputStream(response.getOutputStream());
    byte[] bytesbuffer.toByteArray();
    response.setContentLength(bytes.length);
    for (int i = 0; i < bytes.length; i++) {
    output.writeByte(bytes[i]);
    }
%>
```

在上述代码中，首先声明了一个 BaseFont 类对象将字符编码设置为 gb2312 并设置字体。然后声明一个 Font 对象与 BaseFont 对象进行绑定并设置字体大小。最后声明一个 Paragraph 对象并在该对象中设置要添加的文本内容。执行上述代码，结果如图 10-16 所示。

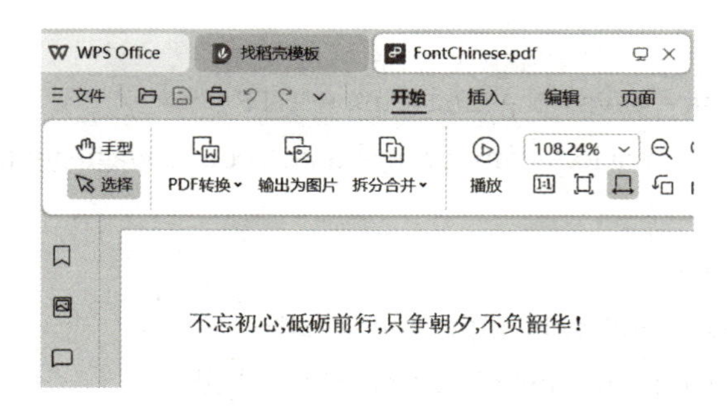

图10-16　例10-5的程序运行结果

4. 表格处理

iText 中处理表格的类为 com.lowagie.text.Table 和 com.lowagie.text.PDF.PDFPTable，对于比较简单的表格，可以用 com.lowagie.text.Table 处理，但是如果要处理复杂的表格，就需要 com.lowagie.text.PDF.PDFPTable 进行处理。

com.lowagie.text.Table 类的构造函数有 3 个：Table (int columns)、Table(int columns, int rows)、Table(Properties attributes)

参数 columns、rows、attributes 分别为表格的列数、行数、表格属性。创建表格时必须指定表格的列数，而行数可以不指定。建立表格之后，可以设定表格的属性，如边框宽度、边框颜色、单元格之间的间距等属性。

iText 中的一个文档（Document），可以有很多个表格（PdfPTable），一个表格可以有很多个单元格（PdfPCell），一个单元格里面可以放很多个段落（Paragraph），一个段落里面可以放一些文字。注意：iText 中没有行的概念，表格里面直接放单元格，如果在一个 3 列的表格中放进 6 个单元格，那么就是 2×3 的表格；如果在一个 3 列的表格中放进 5 个最基本的没有任何跨列设置的单元格，表格会出错，无法添加到文档中，而且不会有任何提示。下面的代码可以实现一个 3 行 3 列的表格：

```
PdfPTable table = new PdfPTable(3);
for(int i = 0; i < 9; i++){
    PdfPCell cell = new PdfPCell();
    cell.addElement(new Paragraph("aaa"));
    table.addCell(cell);
}
```

设置单元格跨列的方法是设置 PdfPCell 实例跨列的参数。代码如下：

```
cell.setColSpan(3);    //该单元格跨列数为3，相当于3个单元格添加到表格中了
```

对于一些跨页的表格，需要在浏览第二页时，仍能够看到表头，可以通过表格头的设置来实现，具体方法是调用 PdfPTable 类实例的 setHeaderRows() 方法设定表格头。

如下：

```
table.setHeaderRows(2);    // 设置了头两行为表格头
```

这里要注意的就是，如果你设置了一个 n 行的表格头，但最终结果，表格仅仅 n 行或者还不够 n 行的情况下，表格会出错，导致整个表格无法写到文档中。

【例 10-6】在 JSP 页面生成 PDF，输出一个 5 行 3 列的带表头的中文表格。

```
<%@ page language = "java"  pageEncoding = "gb2312"%>
<%@ page import = "java.io.*, com.lowagie.text.*, com.lowagie.text.pdf.*"%>
<%
    response.reset();
    response.setContentType("application/pdf");    //设置文档格式
    Document document = new Document();    //步骤1
//设置中文字体
    BaseFont bfChinese
        BaseFont.createFont("STSong-Light", "UniGB-UCS2-H", BaseFont.NOT_
EMBEDDED);
    Font FontChinese = new Font(bfChinese, 12, Font.NORMAL);
    Table table = new Table(3);    //建立列数为3的表格
    table.setBorderWidth(2);    //边框宽度设置为2
    table.setPadding(3);    //表格边距离为3
    table.setSpacing(3);
    //创建单元格作为表头
    Cell cell = new Cell(new Paragraph("表头设置", FontChinese));
    cell.setHorizontalAlignment(Cell.ALIGN_CENTER);
    cell.setHeader(true);    //表示该单元格作为表头信息显示
    cell.setColspan(3);    //合并单元格，使该单元格占用3个列
    table.addCell( cell);
    table.endHeaders(); //表头添加完毕，必须调用此方法，否则跨页时，表头不显示
    //添加1个1行2列的单元格
    cell = new Cell(new Paragraph("上下占据两个单元格子", FontChinese));
    cell.setRowspan(2);    //合并单元格，向下占用2行
    table.addCell(cell);
    table.addCell(new Paragraph("占据单元格1", FontChinese));
    table.addCell(new Paragraph("占据单元格2", FontChinese));
    table.addCell(new Paragraph("占据单元格3", FontChinese));
```

```
        table.addCell(new Paragraph("占据单元格4", FontChinese));
        table.addCell(new Paragraph("占据单元格5", FontChinese));
        cellnew Cell(new Paragraph("上下左右占据四个单元", FontChinese));
        cell.setRowspan(2);
        cell.setColspan(2);   //以上代码将文字占据4个单元格
        table.addCell(cell);
        table.addCell(new Paragraph("占据单元格6", FontChinese));
        //设置生成文档的位置
        PdfWriter.getInstance(document, new FileOutputStream("d:/Table.pdf"));
        ByteArrayOutputStream buffer = new ByteArrayOutputStream();
        PdfWriter.getInstance(document, buffer);   //步骤2
        document.open();   //步骤3：打开文档
        document.add(table);   //步骤4：添加内容
        document.close();   //步骤5：关闭文档
        out.clear();   //解决抛出IllegalStateException异常的问题
        outpageContext.pushBody();
        DataOutput output = new DataOutputStream(response.getOutputStream());
        byte[] bytesbuffer.toByteArray();
        response.setContentLength(bytes.length);
        for (int i = 0; i < bytes.length; i++) {
            output.writeByte(bytes[i]);
        }
%>
```

执行上述代码，结果如图 10-17 所示。

<table>
<tr><td colspan="3">表头设置</td></tr>
<tr><td rowspan="2">上下占据两个单元格子</td><td>占据单元格1</td><td>占据单元格2</td></tr>
<tr><td>占据单元格3</td><td>占据单元格4</td></tr>
<tr><td>占据单元格5</td><td colspan="2" rowspan="2">上下左右占据四个单元</td></tr>
<tr><td>占据单元格6</td></tr>
</table>

图10-17　例10-6程序的运行结果

5. 图像处理

iText 中处理图像的类为 com.lowagie.text.Image，目前 iText 支持的图像格式有 GIF、JPG、PNG、WMF 等。可以通过下面的代码分别获得 GIF、JPG、PNG 图像的实例。

```
Image gifImage.getInstance("vonnegut.gif");
Image jpegImage.getInstance("myKids.jpg");
Image pngImage.getInstance("hitchcock.png");
```

（1）设置图像的位置。

图像的位置主要是指图像在文档中的对齐方式、图像和文本的位置关系。一般语法格式如下：

```
public void setAlignment(int alignment);
```

该方法属于 Image 类中的方法，该方法主要处理图像的各种位置，参数 alignment 的可选值为 Image.RIGHT、Image.MIDDLE 和 Image.LEFT，分别指右对齐、居中和左对齐；当参数 alignment 为 Image.TEXTWRAP、Image.UNDERLYING 时，分别指文字绕图形显示、图形作为文字的背景显示。这两种参数可以结合以达到预期的效果，例如:

```
setAlignment(Image.RIGHT|Image.TEXTWRAP);
```

上述代码实现的显示效果为图像右对齐，文字围绕图像显示。

（2）设置图像的尺寸和旋转。

如果图像在文档中不按原尺寸显示，可以通过下面的代码进行设定：

```
public void scaleAbsolute(int newWidth, int newHeight); //直接设定显示尺寸
public void scalePercent(int percent); /*设定显示比例，如scalePercent(50)表示显
示尺寸为原尺寸的50%*/
public void scalePercent(int percentX, int percentY); //图像高宽的显示比例
```

如果图像需要旋转一定角度之后在文档中显示，可以通过下面的代码实现：

```
public void setRotation(double r);
```

上述方法中，参数“r”为弧度，如果旋转角度为 30°，则应设置参数“r”为“Math. PI / 6”。

【例 10-7】在 JSP 页面生成 PDF 文件，输出图片内容。

```
<%@ page language = "java"  pageEncoding = "UTF-8"%>
<%@ page import = "java.io.*, com.lowagie.text.*, com.lowagie.text.pdf.*"%>
<%
    response.reset();
    response.setContentType("application/pdf");
    Document document = new Document();    //步骤1
    Image jpgImage.getInstance("d:/test.jpg");    //设置要输出的图片地址
```

```
    jpg.scaleAbsolute(200, 160); //设置图片的比例大小
    jpg.setAlignment(Image.LEFT|Image.TEXTWRAP);   //设置图像的对齐方式
    BaseFont bfChineseBaseFont.createFont("STSong-Light", "UniGB-UCS2-H",
BaseFont.NOT_EMBEDDED); //设置中文字体
    Font FontChinese = new Font(bfChinese, 12, Font.NORMAL);
    Paragraph parnew Paragraph("这是一幅漂亮的天空图片", FontChinese);
    //添加中文内容
    PdfWriter.getInstance(document, new FileOutputStream("d:/ImgTest.
pdf"));   //设置生成文档的位置
    ByteArrayOutputStream buffer = new ByteArrayOutputStream();
    PdfWriter.getInstance(document, buffer);   //步骤2
    document.open();   //步骤3
    document.add(jpg);   //输出图片
    document.add(par);   //输出中文内容
    document.close();   //步骤5
    out.clear();
    outpageContext.pushBody();
    DataOutput output = new DataOutputStream(response.getOutputStream());
    byte[] bytesbuffer.toByteArray();
    response.setContentLength(bytes.length);
    for (int i = 0; i < bytes.length; i++) {
    output.writeByte(bytes[i]);
    }
%>
```

在上述代码中，首先实例化了一个 Image 对象，用于向 PDF 文件输出图片，然后通过 Image 对象的 getInstance() 方法设置输出图片的路径，最后通过 document.add() 向 PDF 文件输出图片。执行上述代码，结果如图 10-18 所示。

图10-18　例10-7的程序运行结果

项目小结

本项目详细讲解了 jspSmartUpload、JavaMail、JFreeChart、iText 这 4 个 JSP 实用组件。完成本项目后，读者可以根据相关知识开发文件上传与下载模块、邮件收发系统、图表分析模块和 PDF 报表等。

思考与练习

一、简答题

1. jspSmartUpload、JavaMail、JFreeChart 和 iText 组件的功能分别是什么？
2. 在使用 iText 组件时，如何设置 PDF 文档的页面大小？
3. 要想能成功发送邮件（以 QQ 邮箱为例），应该如何开启 SMTP 服务呢？

二、上机指导

1. 编写 JSP 程序，实现批量上传文件到服务器。
2. 编写 JSP 程序，实现发送 HTML 格式的邮件。
3. 编写生成不包含图例的柱形图的程序。
4. 编写 JSP 程序，生成一张 PDF 报表，内容为 2 行 1 列的表格，表格第一行为居中显示“图片 1”，表格的第 2 行添加一张 JPG 格式的图片。

项目 11　JSP 标准标签库

知识目标

1. 掌握 JSP 标准标签库和 JSP 表达式语言的语法规则。
2. 了解 JSP 表达式的隐式对象。
3. 掌握 JSP 标准标签库的使用方法。

技能目标

熟练使用 JSP 标准标签库和 JSP 表达式语言进行项目开发。

素养目标

增强问题解决能力和团队协作能力。

11.1　JSP 标准标签库概述

11.1.1　JSP 标准标签库的概念

JSP 标准标签库（JavaServer pages standard tag library，JSTL），提供了一系列的 JSP 标签，可以应用于各种领域，如：基本输入输出、流程控制、循环、XML 文件解析、数据库查询及国际化和文字格式标准化的应用等，是一个不断完善的开放源代码的 JSP 标签库。JSTL 的主要优势在于它的可读性和可维护性。开发者能够更轻松地将业务逻辑与界面显示分离，提高代码的重用性。JSTL 对 JSP 页面的开发具有多方面的影响，主要体现在以下几个方面。

JSTL标准标签库概述

（1）简化开发代码。JSTL 标签库提供了一组可重用的标签，用于处理常见的 JSP

任务，如数据访问、流程控制、国际化等。使用这些标签可以简化 JSP 页面中的代码，提高开发效率。

（2）统一开发风格。JSTL 标签库的使用可以促使开发人员遵循统一的编码风格和规范，使得代码更加易于维护和阅读。

（3）提高代码可读性。JSTL 标签库中的标签通常具有明确的语义和功能，使得代码更加易于理解和阅读，这有助于提高代码的可读性和可维护性。

（4）增强安全性。JSTL 标签库中的标签是经过严格测试和验证的，相对于传统的脚本元素，使用 JSTL 标签可以减少潜在的安全风险。

（5）增强可扩展性。JSTL 标签库是一个开放的标准，可以由第三方开发更多的标签，以满足不断变化的需求。这使得 JSTL 具有良好的可扩展性，能够适应不断发展的 Web 应用程序。

（6）降低耦合度。通过使用 JSTL 标签将业务逻辑与表示逻辑分离，可以降低代码的耦合度，使代码更加模块化，易于测试和重构。

11.1.2　JSTL 的安装和配置

（1）从 Apache 官网的标准标签库中下载二进制包（jakarta-taglibs-standard-current.zip）并解压，将 jakarta-taglibs-standard-1.1.2/lib/ 下的 standard.jar 文件和 jstl.jar 文件复制到 /WEB-INF/lib/ 下。

（2）在 JSP 页面中使用 taglib 标记定义前缀与 URI 引用，代码如下：

```
<%@taglib prefix = "c" uri = "http://java.sun.com/jsp/jstl/core" %>
```

11.2　JSP 表达式语言

EL表达式

JSP 表达式语言（expression language，EL）提供了在 JSP 中简化表达式脚本的方法，主要是代替 JSP 中的表达式脚本在 JSP 页面中进行数据输出，让 JSP 的代码更加简洁。EL 表达式具有如下特点。

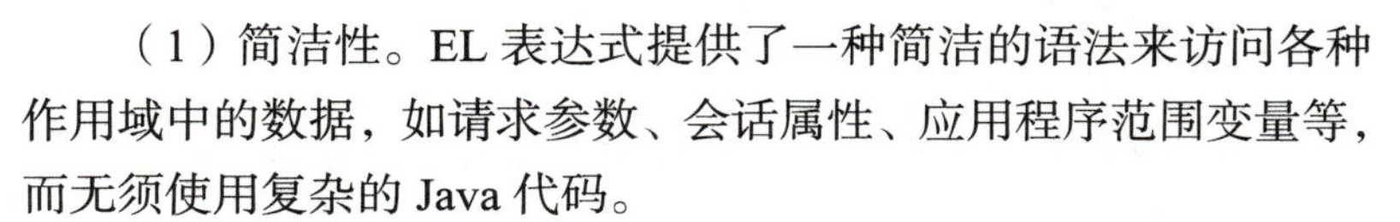

（1）简洁性。EL 表达式提供了一种简洁的语法来访问各种作用域中的数据，如请求参数、会话属性、应用程序范围变量等，而无须使用复杂的 Java 代码。

（2）统一性。EL 表达式提供了一种统一的访问方式，无论是访问请求参数、会话属性还是 JavaBean 的属性，都可以使用“${ 表达式 }”的语法形式。

（3）自动类型转换。EL 表达式在访问数据时会根据上下文自动进行数据类型转换，这使得开发者无须担心数据类型的匹配问题。

（4）支持运算符。EL 表达式支持常见的运算符，如算术运算符、关系运算符、逻辑运算符等，这使得在 JSP 页面中可以进行简单的逻辑运算和数据处理。

11.2.1 EL 表达式的语法格式

EL 表达式的语法格式相对简单，以“${”开始，以“}”结束，其中，表达式的内容可以是常量，也可以是变量，可以使用 EL 操作符、EL 运算符、EL 隐含对象和 EL 函数等，语法格式如下：

```
${表达式}
```

1. 通过 EL 输出字符串

在 EL 表达式中要输出一个字符串，可以将此字符串放在一对单引号或双引号内。例如，若要在页面中输出字符串“我是中国人，我爱中国”，则可以使用下面的代码：

```
${'我是中国人，我爱中国'}或${"我是中国人，我爱中国"}
```

2. 通过 EL 访问数据

EL 表达式提供“.”和“[]”两种运算符来访问数据。主要使用 EL 获取对象的属性，包括获取 JavaBean 的属性值、获取数组中的元素以及获取集合对象中的元素。在获取 JavaBean 的属性值时，EL 表达式会自动调用 JavaBean 的 getter 方法。例如，如果有一个 JavaBean 对象 user，其有一个 name 属性，那么可以使用以下两种方式来获取该属性的值：

```
${sessionScope.user.name}
${sessionScope.user["name"]}
```

二者的区别在于，前一种写法不需要用双引号括起变量名，后一种写法需要用双引号括起变量名。两种写法可以混合使用，但是当要存取的属性名称中包含一些特殊字符，如“.”或“–”等并非字母或数字的符号，就一定要使用“[]”的形式来访问。

11.2.2 EL 表达式的运算符

EL 表达式中定义了用于处理数据的运算符，包括算术运算符、关系运算符、逻辑运算符、条件运算符、empty 运算符。

1. 算术运算符

EL 的算术运算符用于执行 EL 表达式的数学运算，具体如表 11-1 所示。

表11-1　EL算术运算符

算术运算符	说明	示例	结果
+	加	${4+3}	7
-	减	${4-3}	1
*	乘	${4*3}	12
/ 或 div	除	${4/3}	1
% 或 mod	取余数	${4%3}	1

2. 比较运算符

EL 的比较运算符用于对两个操作数的大小进行比较，具体如表 11-2 所示。

表11-2　EL比较运算符

比较运算符	说明	示例	结果
== 或 eq	等于	${3==3} 或 ${3eq3}	True
!= 或 ne	不等于	${3!=4} 或 ${3ne4}	True
< 或 lt	小于	${3<4} 或 ${3lt4}	True
> 或 gt	大于	${3>4} 或 ${3gt4}	False
<= 或 le	小于等于	${3<=4} 或 ${3le4}	True
>= 或 ge	大于等于	${3>=4} 或 ${3ge4}	False

其中，比较运算符的操作数可以是常量、变量或 EL 表达式，所有比较运算符的执行结果都是布尔类型。

3. 逻辑运算符

逻辑运算符用于对结果为布尔类型的表达式进行运算，具体如表 11-3 所示。

表11-3　EL逻辑运算符

<table>
<tr><th>逻辑运算符</th><th>说明</th><th>示例</th><th>结果</th></tr>
<tr><td>&& 或 and</td><td>逻辑与</td><td>${True&&False} 或 ${True and False}</td><td>False</td></tr>
<tr><td>|| 或 or</td><td>逻辑或</td><td>${True||False} 或 ${True or False}</td><td>True</td></tr>
<tr><td>! 或 not</td><td>逻辑非</td><td>${!True} 或 ${not True}</td><td>False</td></tr>
</table>

其中，在使用“&&”逻辑运算符时，如果有一个表达式的结果为 False，则结果必为 False，在使用“||”逻辑运算符时，如果有一个表达式的结果为 True，则结果必为 True。

4. 条件运算符

条件运算符类似于 Java 语言中的三元运算符，具体语法格式如下：

```
${A?B:C}
```

其中，表达式 A 的计算结果为布尔类型，如果 A 的计算结果为 True，就执行表达式 B 并返回 B 的值，如果 A 的计算结果为 False，就执行表达式 C 并返回 C 的值。

5. empty 运算符

empty 运算符用于判断一个值是否为 null 或空字符串，计算结果为布尔类型，empty 运算符有一个操作数，具体语法格式如下：

```
${empty var}
```

其中，如果出现以下几种情况的任意一个，empty 运算符的执行结果为 True。

var 指向的对象为 null；

var 指向的对象为空字符串；

var 指向的是一个集合或数组，并且该集合或数组中没有任何元素；

var 指向的是一个 Map 对象的键名，并且该 Map 对象为空或该 Map 对象没有指定的 key 或该 Map 对象的 key 对应的值为空。

6. 运算符的优先级

EL 表达式中的运算符有不同的运算优先级，具体如表 11−4 所示。

表11−4　EL运算符的优先级

优先级	运算符	优先级	运算符
1	[]、.	6	<、>、<=、>=、lt、gt、le、ge
2	()	7	= =、! =、eq、ne
3	−（取负数）、not、!、empty	8	&&、and
4	*、/、div、%、mod	9	||、or
5	+、−	10	${A?B:C}

当 EL 表达式中包含多种运算符时，必须要按照各自优先级的大小进行运算。在实际应用中，一般不需要记忆此表格中所列举的优先级，而是使用“()”运算符实现想要的顺序。

【例 11−1】演示 EL 表达式中各种运算符的使用方法。

```
    //程序文件：Example11_01
<table>
    <tr><td cols = "2"><h3>EL算术运算符示例</h3></td></tr>
    <tr><td>EL表达式</td><td>运算结果</td></tr>
```

```
    <tr><td>\${2 + 9}</td><td>${2 + 9}</td></tr>
    <tr><td>\${2 / 9}</td><td>${2 / 9}</td></tr>
    <tr><td>\${3 mod 7}</td><td>${3 mod 7}</td></tr>
    <tr><td>\${11 % 7}</td><td>${11 % 7}</td></tr>
    <tr><td cols = "2"><h3>EL关系运算符示例</h3></td></tr>
    <tr><td>EL表达式</td><td>运算结果</td></tr>
    <tr><td>\${3 &lt; 7}</td><td>${3 < 7}</td></tr>
    <tr><td>\${2 &gt; 3}</td><td>${2 > 3}</td></tr>
    <tr><td>\${1 &lt; = 5}</td><td>${1 <= 5}</td></tr>
    <tr><td>\${1 &gt; = 2}</td><td>${1 >= 2}</td></tr>
    <tr><td cols = "2"><h3>EL逻辑运算符示例</h3></td></tr>
    <tr><td>EL表达式</td><td>运算结果</td></tr>
    <tr><td>\${true && true}</td><td>${true && true}</td></tr>
    <tr><td>\${true || false}</td><td>${true || false}</td></tr>
    <tr><td>\${!true}</td><td>${!true}</td></tr>
</table>
```

文档

例11-1代码

运行结果如图 11-1 所示。

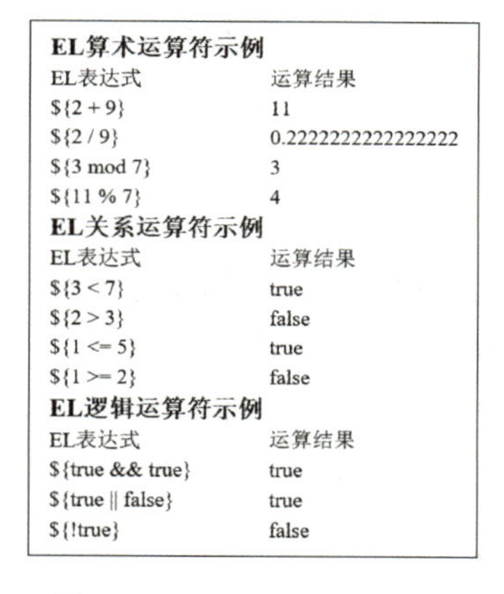

EL算术运算符示例

EL表达式	运算结果
${2 + 9}	11
${2 / 9}	0.2222222222222222
${3 mod 7}	3
${11 % 7}	4

EL关系运算符示例

EL表达式	运算结果
${3 < 7}	true
${2 > 3}	false
${1 <= 5}	true
${1 >= 2}	false

EL逻辑运算符示例

EL表达式	运算结果
${true && true}	true
${true || false}	true
${!true}	false

图11-1　Example11_01结果

11.2.3　EL 表达式的隐式对象

为了更加方便地访问数据，EL 表达式提供了一系列可以直接使用的隐式对象。这些对象在 EL 表达式中可以直接使用，无须声明或初始化。这些隐含对象提供了对 JSP 隐式对象、作用域对象、请求参数、请求头、Cookie 等的快速访问。EL 表达式提供了 11 种隐式对象，具体如表 11-5 所示。

EL表达式进阶

表11-5 EL隐式对象

类别	隐式对象名称	说明
JSP	pageContext	相当于 JSP 页面中的 pageContext 对象，用于获取 request、response 等其他 JSP 内置对象
作用域	pageScope	获取页面作用范围的属性值，相当于 pageContext.getAttribute()
	requestScope	获取请求作用范围的属性值，相当于 request.getAttribute()
	sessionScope	获取会话作用范围的属性值，相当于 session.getAttribute()
	applicationScope	获取应用程序作用范围的属性值，相当于 application. getAttribute()
请求参数	param	获取请求参数的单个值，相当于 request.getParameter()
	paramValues	获取请求参数的一组值，相当于 request. getParameterValues()
请求头标	header	获取 HTTP 请求头的单个值，相当于 request.getHeader(String name)
	headerValues	获取 HTTP 请求头的一组值，相当于 request.getHeaders(String name)
Cookie	cookie	获取指定的 Cookie
初始化参数	initParam	获取 Web 应用的初始化参数，相当于 application.getInitParameter(String name)

说明：当需要指定从某个特定的域对象中查找数据的时候，可以使用四个域对象对应的空间对象，分别为：pageScope、requestScope、sessionScope、applicationScope；范围优先级由高到低依次是：Page、Request、Session 和 Application；默认的查找方式为：从小到大查找，找到了即返回，若未查找到则返回空字符串。

【例 11-2】获取不指定范围的 username。

```
//程序文件：Example11_02
<%
    pageContext.setAttribute("username", "zhangsan");
    request.setAttribute("username", "lisi");
    session.setAttribute("username", "wangwu");
    application.setAttribute("username", "sunliu");
%>
<p>
    获取作用域中username：${username}<br>
    <%-- 默认从小到大的范围中找，找到的第一个返回 --%>
    不在作用域中的：${password}
    <%--获取request作用域中的username：${requestScope.username}
    获取session作用域中的username：${sessionScope.username}
    获取application作用域中的username：${applicationScope.username}--%>
</p>
```

例11-2代码

运行结果如图 11-2 所示。

获取作用域中username： zhangsan
不在作用域中的：

图11-2　Example11_02结果

11.2.4　EL 表达式保留的关键字

同 Java 一样，EL 表达式也有自己的保留关键字，在为变量命名时，应该避免使用这些关键字，在使用 EL 表达式输出已经保存在作用域范围内的变量时也不能使用关键字，如果已经定义了，那么需要修改为其他的变量名。EL 表达式的保留关键字如表 11-6 所示。

表11-6　EL表达式中的保留关键字

序号	关键字	序号	关键字
1	and	7	eq
2	div	8	or
3	empty	9	not
4	gt	10	instanceof
5	le	11	false
6	lt	12	ge

11.3　JSTL 表达式基础

11.3.1　JSTL 五类标签库

JSTL 是一个 JSP 标签的集合，它提供了一种标准化的方式来执行常见的 Web 页面开发任务。JSTL 标准标签库由 5 个功能不同的标签库组成，分别是核心标签库、格式标签库、SQL 标签库、XML 标签库和函数标签库。在使用这些标签之前，必须在 JSP 页面的顶部使用 <%@ taglib%> 指令定义引用的标签库和访问前缀，如表 11-7 所示。

JSTL表达式基础

表11-7　JSTL的五类标签库和对应的taglib指令格式

标签库	前缀	taglib 指令格式
核心标签库	c	<%@ taglib prefix = "c" uri = "http://java.sun.com/jsp/jstl/core" %>
格式标签库	fmt	<%@ taglib prefix = "fmt" uri = "http://java.sun.com/jsp/jstl/fmt"%>
SQL 标签库	sql	<%@ taglib prefix = "sql" uri = "http://java.sun.com/jsp/jstl/sql"%>
XML 标签库	xml	<%@ taglib prefix = "xml" uri = "http://java.sun.com/jsp/jstl/xml"%>
函数标签库	fn	<%@ taglib prefix = "fn" uri = "http://java.sun.com/jsp/jstl/functions"%>

1. 核心标签库

核心标签库主要用于完成JSP页面的常用功能，包括JSTL的表达式标签、URL标签、流程控制标签和循环标签共 4 种标签，如表 11-8 所示。

表11-8　核心标签库中的常用标签

功能分类	标签	说明
表达式标签	out	将表达式的值输出到 JSP 页面中，相当于 JSP 表达式 <%= 表达式 %>
	set	在指定范围中定义变量，或为指定的对象设置属性值
	remove	从指定的 JSP 范围中移除指定的变量
	catch	捕获程序中出现的异常，相当于 Java 语言中的“try...catch”语句
URL 标签	import	<%@ taglib prefix = "fn" uri = "http://java.sun.com/jsp/jstl/functions"%>
	redirect	将客户端发出的 request 请求重定向到其他 URL 服务端
	url	使用正确的 URL 重写规则构造一个 URL
	param	为其他标签提供参数信息，通常与其他标签结合使用
流程控制标签	if	根据不同的条件处理不同的业务，与 Java 语言中的 if 语句类似，只不过该语句没有 else 标签
	choose	用于条件选择，一般和 when 标签以及 otherwise 标签一起使用
	when	choose 标签内的一个分支
	otherwise	choose 标签内的最后选择
循环标签	forEach	根据循环条件，遍历数组和集合类中的所有或部分数据
	forTokens	迭代字符串中由分隔符分隔的各成员

2. 格式标签库

格式标签库提供了一个简单的国际化标记，也被称为 I18N 标签库，用于处理和解决国际化相关的问题。另外，格式化标签库中还包含格式化数字和日期显示格式的标签，如表 11-9 所示。

表11-9　格式标签库中的常用标签

标签	说明
<fmt:formatNumber>	使用指定的格式或精度格式化数字
<fmt:parseNumber>	解析一个代表着数字、货币或百分比的字符串

续表

标签	说明
<fmt:formatDate>	使用指定的风格或模式格式化日期和时间
<fmt:parseDate>	解析一个代表着日期或时间的字符串
<fmt:bundle>	用于读取绑定的消息资源文件，该标签只对标签体内的范围有效
<fmt:setLocale>	用于设置语言区域
<fmt:setBundle>	用于读取绑定的消息资源文件
<fmt:timeZone>	用于设置标签体内部的时区
<fmt:setTimeZone>	用于设置默认时区
<fmt:message>	显示资源配置文件信息
<fmt:requestEncoding>	设置 request 的字符编码

3. SQL 标签库

SQL 标签库提供了基本的访问关系型数据的能力，使用 SQL 标签可以简化对数据库的访问。结合核心标签库，可以方便地获取结果集，并迭代输出结果集中的数据。SQL 标签库中的常用标签如表 11-10 所示。

表11-10 SQL标签库中的常用标签

标签	说明
<sql:setDataSource>	指定数据源
<sql:query>	运行 SQL 查询语句
<sql:update>	运行 SQL 更新语句
<sql:param>	将 SQL 语句中的参数设为指定值
<sql:dateParam>	将 SQL 语句中的日期参数设为指定的 java.util.Date 对象值
<sql:transaction>	在共享数据库连接中提供嵌套的数据库行为元素，将所有语句以一个事务的形式来运行

4. XML 标签库

XML 标签库可以处理和生成 XML 的标记，使用这些标记可以很方便地开发基于 XML 的 Web 应用，如表 11-11 所示。

表11-11 XML标签库中的常用标签

标签	说明
<x:out>	主要用于输出 XML 内容
<x:parse>	解析 XML 数据
<x:set>	设置 XPath 表达式
<x:if>	判断 XPath 表达式，若为真，则执行本体中的内容，否则跳过本体
<x:forEach>	迭代 XML 文档中的节点
<x:choose>	<x:when> 和 <x:otherwise> 的父标签
<x:when>	<x:choose> 的子标签，用来进行条件判断

续表

标签	说明
<x:otherwise>	<x:choose> 的子标签，当 <x:when> 判断为 false 时被执行
<x:transform>	将 XSL 转换应用在 XML 文档中
<x:param>	与 <x:transform> 共同使用，用于设置 XSL 样式表

5. 函数标签库

函数标签库提供了一系列字符串操作函数，用于完成分解字符串、连接字符串、返回子串、确定字符串是否包含特定的子串等功能，如表 11-12 所示。

表11-12　函数标签库中的常用标签

标签	说明
fn:contains(string, substring)	如果参数 string 中包含参数 substring，返回 true
fn:containsIgnoreCase(string, substring)	如果参数 string 中包含参数 substring（忽略大小写），返回 true
fn:endsWith(string, suffix)	如果参数 string 以参数 suffix 结尾，返回 true
fn:escapeXml(string)	将有特殊意义的 XML（和 HTML）转换为对应的 XML character entity code，并返回
fn:indexOf(string, substring)	返回参数 substring 在参数 string 中第一次出现的位置
fn:join(array, separator)	将一个给定的数组 array 用给定的间隔符 separator 串在一起，组成一个新的字符串并返回
fn:length(item)	返回参数 item 中包含元素的数量。参数 item 类型是 Array、collection 或者 String。如果是 String 类型，返回值是该字符串中的字符数
fn:replace(string, before, after)	返回一个 String 对象。用参数 after 字符串替换参数 string 中所有出现参数 before 字符串的地方，并返回替换后的结果
fn:split(string, separator)	返回一个数组，以参数 separator 为分割符分割参数 string，分割后的每一部分就是数组的一个元素
fn:startsWith(string, prefix)	如果参数 string 以参数 prefix 开头，返回 true
fn:substring(string, begin, end)	返回参数 string 部分字符串，从参数 begin 开始到参数 end 位置，包括 end 位置的字符
fn:substringAfter(string, substring)	返回参数 substring 在参数 string 中后面的那一部分字符串
fn:substringBefore(string, substring)	返回参数 substring 在参数 string 中前面的那一部分字符串
fn:toLowerCase(string)	将参数 string 所有的字符变为小写，并将其返回
fn:toUpperCase(string)	将参数 string 所有的字符变为大写，并将其返回
fn:trim(string)	去除参数 string 首尾的空格，并将其返回

11.3.2　核心标签库

1. 表达式标签

JSTL表达式进阶

在 JSTL 的核心标签库中，包括了 <c:out>、<c:set>、<c:remove> 和 <c:catch>4 个表达式标签。

（1）<c:out> 标签。

<c:out> 标签用于将表达式的值输出到 JSP 页面中，该标签类似于 JSP 表达式 <%= 表达式 %>，或者 EL 表达式 ${expression}。<c:out> 标签有两种语法格式，一种没有标签体，另一种有标签体，这两种语言的输出结果完全相同。<c:out> 标签的具体语法格式如下：

```
//语法格式1
<c:out value = "expression" [escapeXml = "true|false"] [default = "defaultValue"]/>
//语法格式2
<c:out value = "expression" [escapeXml = "true|false"]>
    defalultValue
</c:out>
```

参数说明如下。

value：用于指定将要输出的变量或表达式。该属性的值类似于 Object，可以使用 EL。

default：可选属性，用于指定当 value 属性值等于 null 时，将要显示的默认值。如果没有指定该属性，并且 value 属性的值为 null，该标签将输出空的字符串。

escapeXml：可选属性，用于指定是否转换特殊字符。

【例 11-3】<c:out> 标签实例。

```
//程序文件：Example11_03
    <c:out value = "hello word！ " />
    <% pageContext.setAttribute("username", "lucy"); %><br />
    用户名：<c:out value = "${username}" /> <br />
    用户名：<c:out value = "${username1}" default = "未知"/>
<br />
    水平线：<c:out value = "<hr>" escapeXml = "false" /> <br />
    水平线：<c:out value = "<hr>"  />  <br />
```

例11-3～例11-13代码

运行结果如图 11-3 所示。

```
hello word!
用户名:lucy
用户名:未知
水平线:
------------------------------------------------------------
水平线: <hr>
```

图11-3　Example11_03的运行结果

（2）<c:set> 标签。

<c:set> 用于在指定范围内设置变量或属性值。<c:set> 标签语法如下：

```
//语法格式1
<c:set var = "varname" value = "表达式" [scope = "request|page|session|application"] />
//语法格式2
<c:set var = "varname" [scope = "request|page|session|application"]>表达式</c:set>
```

参数说明如下。

var：定义变量或属性名称。

value：变量或属性值。

scope：可选项，表示属性的作用域，默认为 page。

【例 11-4】<c:set> 标签实例。

```
//程序文件：Example11_04
      <c:set var = "name" value = "lucy" scope = "page"/>
      <c:out value = "${name}" /> <br />
```

运行结果如图 11-4 所示。

```
lucy
```

图11-4　Example11_04的运行结果

（3）<c:remove> 标签。

用于移除一个变量，可以指定这个变量的作用域，若未指定，则默认为变量第一次出现的作用域。

<c:remove> 标签语法如下：

```
<c:remove var = "<varname>"  [scope = "request|page|session|application"]/>
```

参数说明如下。

var：要移除的变量名称。

scope：可选项，表示属性的作用域，默认为所有作用域。

【例 11-5】<c:remove> 标签实例。

```
//程序文件：Example11_05
      <c:set var="salary" scope = "session" value = "${2000*2}"/>
```

```
        <p>salary 变量值: <c:out value = "${salary}"/></p>
        <c:remove var = "salary"/>
        <p>删除 salary 变量后的值: <c:out value = "${salary}"/></p>
```

运行结果如图 11-5 所示。

```
salary 变量值: 4000
删除 salary 变量后的值:
```

图11-5　Example11_05的运行结果

（4）<c:catch> 标签。

<c:catch> 标签主要用来处理产生错误的异常状况，并且将错误信息储存起来。标签语法如下：

```
    <c:catch [var = "varname"] >
        需要捕获异常的代码
    </c:catch>
```

参数说明如下。

var：用来储存错误信息的变量，默认值 None。

【例 11-6】<c:catch> 标签实例。

```
    //程序文件：Example11_06
        <%! int num1 = 10;  int num2 = 0;  %>
        <c:catch var = "errormsg">
        <%  int res = num1 / num2;  out.println(res);  %>
        </c:catch>
        <c:if test = "${errormsg != null}">
        <p>发生了异常，异常信息为：${errormsg}</p>
        </c:if>
```

运行结果如图 11-6 所示。

```
发生了异常，异常信息为：java.lang.ArithmeticException: / by zero
```

图11-6　Example11_06的运行结果

2. URL 标签

JSTL 核心标签库中提供了一组与 URL 相关的标签，分别为：<c:import>、<c:url>、<c:redirect> 和 <c:param>，共 4 个；其中的 <c:param> 由于功能的需要，必须与其他标签配合使用。

（1）<c:import> 标签。

<c:import> 标签用于将文件导入 Web 页面，该标签不仅能引入站内文件，而且可以引入站外文件。<c:import> 标签的具体语法格式如下：

```
//语法格式1
<c:import  url = "url"[context = "context"][var = "name"]
[scope = "request|page|session|application"][charEncoding = "encoding"]>
     标签体
</c:import>
//语法格式2
<c:import url = "url" varReader = "name"[context = "context"][charEncoding = "encoding"]>
     标签体
</c:import>
```

参数说明如下。

context：上下文路径，用于访问同个服务器的其他 Web 应用，以“/”开头；当该属性指定时，url 的值也须以“/”开头。

var：用于指定一个变量名。

标签体：当需要导入的文件传递参数时，可以在标签体使用 <c:param> 标签。

【例 11-7】<c:import> 标签实例。

先编写一个简单的 JSP 文件作为被导入的文件：

```
//程序文件：test_import.jsp
     <h1>使用&lt; c:import&gt; 标签传入的参数值为：<br>${param.testimport}</h1>
```

再编写一个 JSP 文件使用 <c:import> 标签导入 test_import.jsp 文件：

```
//程序文件：Example11_07
   <head><title>c:import 标签实例</title>
     <style type = "text/css">body{align-items: center; text-align: center; }</style>
   </head>
   <body>
     <c:set var = "testStr" value = "&lt; c:import&gt; "/>
     <c:import url = "test_import.jsp" charEncoding = "UTF-8">
     <c:param name = "testimport" value = "${testStr}"/>
     </c:import>
   </body>
```

运行结果如图 11-7 所示。

使用<c:import>标签传入的参数值为：
<c:import>

图11-7 Example11_07的运行结果

（2）<c:redirect> 标签。

该标签用于进行 Web 页面重定向。<c:redirect> 标签的具体语法格式如下：

```
//语法格式1
<c:redirect url = "url"[context = "context"]/>
//语法格式2
<c:redirect url = "url"[context = "context"]>
    <c:param/>
</c:redirect>
```

参数说明如下。

url：目标 URL 地址。

context：用于在使用相对路径访问外部 context 资源时，指定资源的名字。

【例 11–8】<c:redirect> 标签实例。

```
//程序文件：Example11_08
    <!-- 跳转到百度 -->
    <c:redirect url = "http://www.baidu.com"/>
```

运行结果如图 11–8 所示。

图11-8 Example11_08的运行结果

（3）<c:url> 标签。

该标签用于生成一个 URL 路径的字符串，该字符串可用于 <a> 标记中实现 URL 的链接，或者用于网页转发和重定向等。<c:url> 标签的具体语法格式如下：

```
//语法格式1
<c:url value = "url"[var = "name"][scope = "request|page|session|application"]
[context = "context"]/>
//语法格式2
<c:url value = "url"[var = "name"][scope = "request|page|session|application"]
```

```
[context = "context"]>
    <c:param/>
</c:url>
```

参数说明如下。

value：指要生成的 URL。

var：可选项，代表 URL 的变量名，存储格式化后的 URL。

context：可选项，本地网络应用程序的名称。

scope：可选项，URL 的作用域，默认为 page。

【例 11-9】<c:url> 标签实例。

```
//程序文件：Example11_09
    <h1>&lt; c:url&gt实例 </h1>
    <a href = "<c:url value = ""/>">这个链接通过 &lt; c:url&gt; 标签生成。</a>
```

运行结果如图 11-9 所示。

<c:url>实例

这个链接通过 <c:url> 标签生成。

图11-9　Example11_09的运行结果

3. 流程控制标签

JSTL 核心标签库提供了 <c:if>、<c:choose>、<c:when> 和 <c:otherwise> 共 4 个标签用于控制流程。

（1）<c:if> 标签。

该标签为条件判断标签，根据不同的条件处理不同的业务，其语法格式如下：

```
//语法格式1
<c:if test = "condition" var = "name" [scope = "request|page|session|application"]/>
//语法格式2
<c:if test = "condition" var = "name" [scope = "request|page|session|application"]>
    expression
</c:if>
```

参数说明如下。

test：指定条件表达式，支持 EL。

var：用于指定保存 test 属性的判断结果的变量名。

scope：存储范围，用于指定 var 属性所指定的变量的存在范围。

【例 11-10】<c:if> 标签实例。

```
//程序文件：Example11_10
        <c:if var = "key" test = "${empty param.agent}" scope = "page">
        <form name = "form" method = "get" action = "">
        <label for = "agent">姓名：</label><input type = "text" name = "agent"
id = "agent"> <br>
        <input type = "submit" name = "Submit" value = "确认">
        </form>
        </c:if>
        <c:if test = "${!key}">
        <b>${param.agent}</b>欢迎!
        </c:if>
```

运行实例，在姓名框中输入姓名，点击“确认”按钮后，如果姓名不为空，结果如图 11-10 所示。

user欢迎!

图11-10　Example11_10的运行结果

（2）<c:choose> 标签。

<c:choose> 标签只能作为 <c:when> 和 <c:otherwise> 的父标签，其语法格式如下：

```
<c:choose>
    <c:when>
        标签体
    </c:when>
    <c:otherwise>
        标签体
    </c:otherwise>
</c:choose>
```

（3）<c:when> 标签。

<c:when> 标签为包含在 <c:choose> 标签中的子标签，根据不同的条件执行相应的业务逻辑，其语法格式如下：

```
<c:when test = "condition">
    标签体
</c:when>
```

参数说明如下。

test：指定条件表达式，支持 EL 表达式。

（4）<c:otherwise> 标签，其语法格式如下：

```
<c:otherwise>
    标签体
</c:otherwise>
```

<c:otherwise> 标签为包含在 <c:choose> 标签中的子标签，如果没有一个结果满足 <c:when> 标签指定的条件，将会执行 <c:otherwise> 标签主体中定义的业务逻辑。

【例 11-11】<c:otherwise> 标签实例。

```
//程序文件：Example11_11
    <c:set var = "hour"><%= new java.util.Date().getHours()%></c:set>
    <c:set var = "second"><%= new java.util.Date().getMinutes()%></c:set>
    <c:choose>
    <c:when test = "${hour>1&&hour<6}">早上好！ </c:when>
    <c:when test = "${hour>6&&hour<11}">上午好！ </c:when>
    <c:when test = "${hour>11&&hour<17}">下午好！ </c:when>
    <c:when test = "${hour>17&&hour<24}">晚上好！ </c:when>
    </c:choose>
    现在的时间是：${hour}:${second}
```

根据不同的时间显示不同的问候，运行结果如图 11-11 所示。

下午好！ 现在的时间是：16:57

图11-11　Example11_11的运行结果

4. 循环标签

JSTL 的核心标签库里共有两个循环标签，分别是 <c:forEach> 和 <c:forTokens>。

（1）<c:forEach> 标签。

该标签可以根据循环条件，遍历数组或集合。其语法格式如下：

```
<c:forEach>
    items = "data"[var = "name"][begin = "start"][end = "finish"][step = "step"]
[varStatus = "statusName"]
    标签体
</c:forEach>
```

参数说明如下。

items：为待遍历的数组或集合。

var：变量名，用于存储 items 指定的对象的成员。

begin：开始的元素（0 = 第一个元素，1 = 第二个元素）。

end：最后一个元素（0 = 第一个元素，1 = 第二个元素）。

step：每一次迭代的步长。

varStatus：指定循环的状态变量，可取值如表 11–13 所示。

表11–13 循环的状态变量取值

变量	类型	功能
index	Int	当前循环的索引值，从 0 起
count	Int	当前循环的循环计数，从 1 累加
first	Boolean	是否为第一次循环
last	Boolean	是否为最后一次循环

【例 11–12】<c:forEach> 标签实例。

```
//程序文件：Example11_12
<c:forEach var = "i" begin = "1" end = "5">
Item <c:out value = "${i}"/><p>
</c:forEach>
```

运行结果如图 11–12 所示。

```
Item 1
Item 2
Item 3
Item 4
Item 5
```

图11–12 Example11_12的运行结果

（2）<c:forTokens> 标签。

该标签为迭代标签，<c:forTokens> 标签与 <c:forEach> 标签有相似的属性，不过 <c:forTokens> 还有另一个属性 delims 支持用指定的分隔符将一个字符串分隔开来，然后由分割次数确定循环次数。其语法格式如下：

```
<c:forTokensitems = "String"delims = "char" [var = "name"][begin = "start"]
[end = "end"]
[varStatus = "statusName"]>
    Expression
</c:forTokens>
```

【例 11–13】<c:forTokens> 标签实例。

```
//程序文件：Example11_13
    <c:forTokens items = "google, baidu, taobao" delims = ", " var = "name">
```

```
        <c:out value = "${name}"/><p>
    </c:forTokens>
```

运行结果如图 11–13 所示。

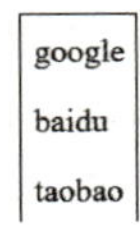

图11–13　Example11_13的运行结果

11.4　上机实验

任务描述

用户登录作为 web 应用项目中的通用功能，为了让用户有更好的体验，除了验证用户名和密码之外，还需要给用户提示登录状态。本任务使用 JavaBean+JSTL 实现用户登录功能，使用 EL 表达式访问用户输入的用户名和密码，并将其传递给后台 Java 程序进行验证。同时，使用 JSTL 标签库来简化页面，判断用户是否存在，如果该用户存在并且用户名和密码均输入正确，则输出欢迎信息欢迎该用户登录，运行效果如图 11–14 所示，否则显示“请检查用户名和密码是否正确”，运行效果如图 11–15 所示。

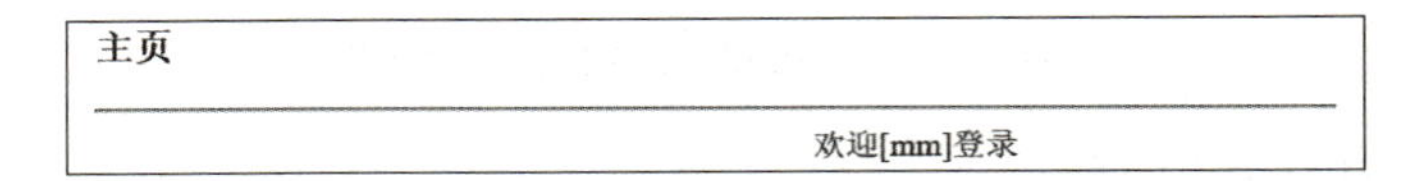

图11–14　欢迎用户登录页面

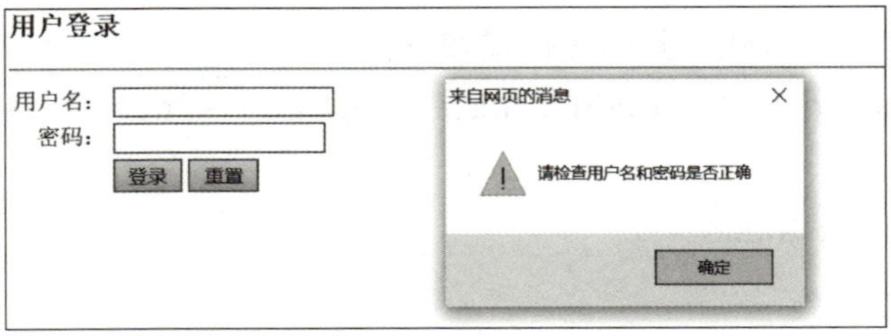

图11–15　登录出错页面

任务分析

（1）编写 JavaBean 文件用于封装数据库访问操作和用户信息。

（2）编写处理登录的 Servlet 来验证用户输入的用户名和密码与保存在数据表中的用户名和密码是否一致，并根据验证结果转发到不同的页面。

（3）编写处理首页请求的 Servlet，重写 doGet() 和 doPost() 方法，获取客户端向服务器端传送的数据。

（4）新建用户登录页面，在该页面中使用 EL 表达式获取用户输入的用户名和密码，使用 JSTL 核心标签判断是否需要显示提示信息。

（5）新建首页页面，使用 JSTL 核心标签判断会话范围内的用户是否存在，如果不存在需要重新输入，如果存在则输出欢迎信息欢迎该用户登录。

任务实施

步骤 1：创建 chapter1101 项目。在 Eclipse 中创建新的 Dynamic Web Project，名称为 chapter1101。

步骤 2：在 src 根目录下，新建 com.zzy.beans 包，在该包下新建 ConnDB.java，用于封装数据库访问操作。

上机实验代码

步骤 3：在 src 根目录下 com.zzy.beans 包中，新建 JavaBean 文件 User.java，用于封装用户信息。定义 checkUser() 方法，用于验证用户输入的用户名和密码与保存在数据表 user 中的用户名和密码是否一致。

步骤 4：在 src 根目录下，新建 com.zzy.servlet 包，在该包下新建处理登录的 LoginServlet.java，并重写 doGet() 方法和 doPost() 方法。其中在 doGet() 中使用 getRequestDispatcher.forward() 方法将当前的 request 和 response 重定向到登录页面 login.jsp。在 doPost() 中获取表单提交的用户名和密码，然后调用 User 对象的 checkUser() 方法进行验证并处理。如果验证成功，则将当前登录的用户名和密码保存到会话中，并跳转到处理首页请求的 Servlet 中，否则将错误信息保存到 request 对象中，并转发给登录页面 login.jsp。

步骤 5：在 src 根目录下 com.zzy.servlet 包中，新建处理首页请求的 IndexServlet.java 的 Servlet，包名为 com.shop.servlet，并重写 doGet() 方法和 doPost() 方法。其中在 doGet() 中使用 getRequestDispatcher.forward() 方法将当前的 request 和 response 重定向到首页页面 index.jsp。

步骤 6：新建配置文件 web.xml。在 WebContent 根目录的 WEB-INF 文件夹下新建配置文件 web.xml。在 web.xml 文件中增加访问 Servlet 的配置。

步骤 7：新建用户登录页面 login.jsp。在 WebContent 根目录下新建用户登录页面 login.jsp。在 login.jsp 文件中增加 HTML 标签和 CSS 代码实现页面布局。在表单中设计用于用户输入的用户名框和密码框以及登录和重置按钮，并通过表单提交将其传递给后端进行认证。使用 JSTL 核心标签库中的 choose 标签和 when 标签添加分支结构，判断 requestScope 的 msg 是否为空，如果不为空则以弹窗的方式输出“请检查用户名和密码是否正确”。

步骤 8：新建首页页面 index.jsp。在 WebContent 根目录下新建一个首页页面 index.jsp。在 index.jsp 文件中增加 HTML 标签和 CSS 代码实现页面布局。同时使用 JSTL 核心标签库中的 choose 标签、when 标签和 otherwise 标签添加分支结构，判断会话范围内的用户是否为空，如果不为空则以弹窗的方式输出欢迎信息欢迎该用户登录，否则跳转到处理登录的 Servlet。

步骤 9：运行项目，查看效果。启动 Tomcat 服务器，访问地址，查看效果。

注意：

（1）在使用 JSTL 标签库时要在 JSP 页面的顶部添加正确的 JSTL 标签库导入语句。

（2）使用 EL 运算符时一定要明确运算符的优先级。

项目小结

本项目详细介绍了 EL 表达式及 JSTL 标签的使用方法，通过本项目的学习，开发人员可以优化自己的代码，提高代码的简洁性和重用性。

思考与练习

一、填空题

1. JSTL 标签库是由核心标签库、国际化 / 格式化标签库、XML 标签库、函数标签库和____________共同组成。

2. 如果要在 JSP 页面中导入核心标签库，需要使用____________指令。

3.<c:set> 标签用于给程序中的某个对象设置值，有效范围没有指定则默认是____________。

4. 在 EL 表达式中要输出一个字符串，可以将此字符串放在一对单引号或____________内。

二、选择题

1. 下列说法正确的是（ ）。

A. EL 表达式查找对象的范围依次是 request、page、session、application

B. 使用 EL 表达式输出对象的属性值时，如果属性值为空，则输出空白

C. 如果指定了对象的查找范围，那么如果在该范围内没有找到绑定的对象则不会再去其他范围进行查找了

D. 使用 EL 表达式输出 Bean 属性时，不允许使用下标的形式

2. 关于 EL 表达式 ${(1==2)?3:4} 的运算结果正确的是（ ）。

A. true B. false C. 3 D. 4

3. 关于 JSTL 标签库，下列说法错误的是（ ）。

A. JSTL 简化了 JSP 和 Web 应用程序的开发

B. JSTL 以一种统一的方式减少了 JSP 中的脚本代码数量

C. JSTL 为条件判断、迭代、国际化、数据库访问等提供支持

D. JSTL 是 JSP2.0 的重要特性，编写 JSP 页面时不需要引入标签库

4. 下列 JSTL 标签中，不属于流程控制标签的是（ ）。

A. <c:set> B. <c:choose> C. <c:when> D. <c:if>

三、判断题

1. JSTL 标签库中的核心标签库的 URI 为 http://java.sun.com/jsp/core。（ ）

2. EL 表达式提供的两种用于访问数据的操作符是“.”和“[]”，它们的作用完全一样。（ ）

3. <c:out> 标签用于把表达式计算的结果输出到 JSP 页面。（ ）

4. taglib 指令的 uri 属性用于指定引入标签库描述符文件的 URI。（ ）

四、简答题

1. 简述 EL 表达式以及 EL 表达式的作用。

2. 简述 JSTL 的作用。

五、程序分析

使用 EL 表达式获取下列 list 集合的数据：

```
<%
    List<String> list = new ArrayList<String>();
    list.add("李芙蓉");
    list.add("杨芙蓉");
    list.add("王凤");
```

```
        pageContext.setAttribute("list", list);
%>
```

六、上机实训

1. 问题描述：用 JSTL 与 EL 技术实现在用户注册后显示注册信息的功能。用户注册页面如图 11-16 所示，当用户点击“注册”按钮，则提取用户输入的信息，运行效果如图 11-17 所示。

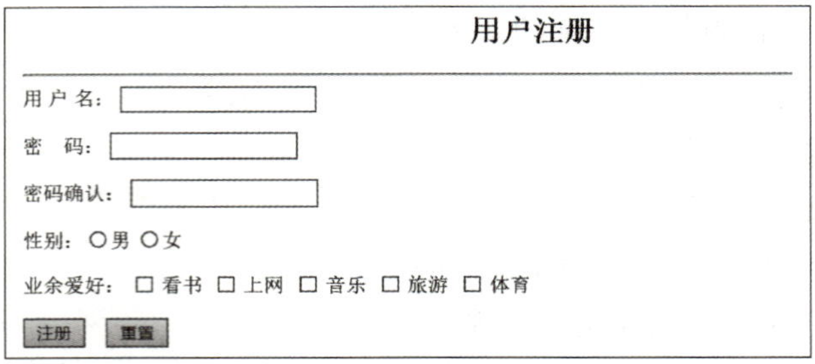

用户注册

用 户 名：

密　码：

密码确认：

性别：○男 ○女

业余爱好：☐ 看书 ☐ 上网 ☐ 音乐 ☐ 旅游 ☐ 体育

注册　重置

图11-16　用户注册页面

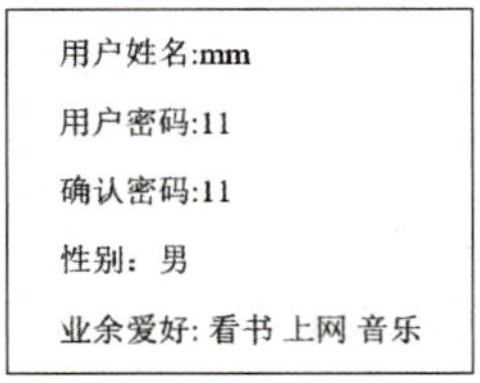

用户姓名:mm

用户密码:11

确认密码:11

性别：男

业余爱好: 看书 上网 音乐

图11-17　用户注册页面运行效果

2. 在前一题的项目中，继续编写 2 个 JSP 页面，实现用表格显示商品名字和单价，以及允许用户输入购买的数量，如图 11-18 所示。当用户点击“提交”按钮后，则提取用户输入的数据、进行运算，求出货品的总价并输出，如图 11-19 所示。

货号	单价	数量
p001	24	
p002	18	
p003	35	

提交

图11-18　商品购买页面

货号	单价	数量	总价
p001	24	1	24
p002	18	2	36
p003	35	3	105

图11-19　商品购买页面运行效果

项目 12　综合实训——网上商店销售管理系统

知识目标

1. 理解 JSP 技术，包括脚本元素、指令、内置对象等。
2. 掌握数据库操作，如数据库连接、增删改查等。
3. 熟悉 Web 开发流程，包括系统设计、前端开发、后端开发、数据库设计等。

技能目标

1. 熟练运用 JSP 和 Java 进行 Web 应用的开发，包括页面设计、后端逻辑实现、数据库操作等。
2. 具备系统设计和优化能力，能够根据业务需求设计出合理的系统架构，并对系统进行性能优化和安全性保障。

素养目标

1. 提升专业素养，培养扎实的计算机编程基础。
2. 提高问题分析解决能力和团队合作精神。
3. 遵守职业道德规范，保护用户数据安全。

12.1　网上商店销售管理系统概述

12.1.1　JSP 的管理系统

基于 JSP 的管理系统是指使用 JSP 技术开发的网站管理系统。这种管理系统可以为管理员提供一个方便的界面，用来管理网站的内容和用户信息。使用 JSP 技术设计管理系统有以下优点。

（1）动态网页生成。JSP 技术允许开发人员将 Java 代码嵌入到 HTML 页面中，从而动态生成网页内容。这对于需要实时生成或处理数据的系统非常有用。

（2）平台无关性。JSP 技术基于 Java，可以在任何支持 Java 的服务器上运行，无论是 Windows、Linux 还是其他操作系统。这种跨平台性使得 JSP 具有很高的灵活性和可移植性。

（3）组件化开发。JSP 允许使用 JavaBean 和自定义标签库等技术实现组件化开发。这有助于提高代码重用和模块化程度，降低维护成本。

（4）集成与可扩展性。JSP 技术可以与其他 Java 技术（如 Servlet、Struts、Spring 等）无缝集成，并具有良好的可扩展性。这使得基于 JSP 的系统可以随着业务需求的变化而不断扩展。

（5）丰富的开发工具支持。与 Java 一样，JSP 也有丰富的开发工具支持，如 Eclipse、NetBeans 等集成开发环境。这些工具可以提高开发效率和质量。

（6）良好的可维护性。由于 JSP 页面和应用逻辑分离的设计原则，使得系统的可维护性大大提高。开发人员可以专注于页面设计和应用逻辑的实现，而不必过多地考虑两者之间的耦合关系。

12.1.2　系统框架设计

网上商店销售管理系统的系统框架搭建主要采用 JSP+Servlet+JavaBean 的 MVC 模式，其中系统的显示由 JSP 页面完成，用 JavaBean 封装对象，业务的逻辑处理由 Servlet 完成，对于数据库的操作写在 DAO 包的文件里。DAO 层是 Java Web 应用中数据访问的核心部分，它负责封装对数据库的操作，并提供一组简单易用的接口供业务层调用，以便实现对数据库的访问和操作、简化代码、增强程序的可移植性。其系统框架结构如图 12-1 所示。

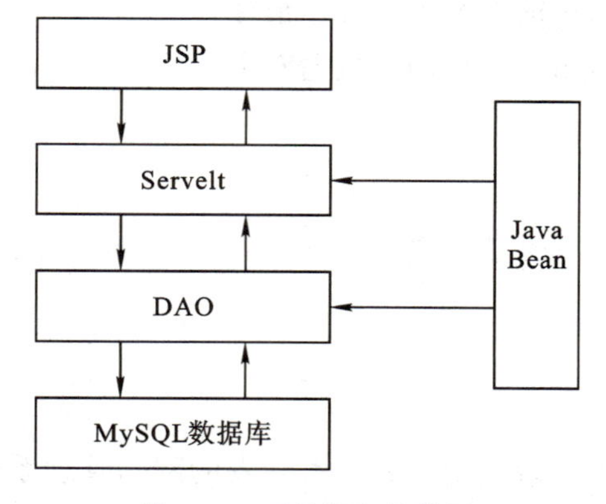

图12-1　系统框架结构图

12.1.3 功能模块设计

网上商店销售管理系统一共分为前端和后端两大模块，两个模块虽然在表面上是相互独立的，但是在对数据库的访问上是紧密相连的，各个模块访问的是同一个数据库，只是所访问的表不同。

在本项目中，网上商店销售管理系统的前端功能模块分为以下 4 个模块。

（1）商品展示模块。商品展示模块主要是向用户展示网上商店的商品，主要分为商品搜索和商品分类两个子模块。用户可以通过商品搜索直接查询自己想要了解的商品，也可以通过商品分类查找某一类的商品。

（2）公告展示模块。公告展示模块是管理员发布的与网上商店系统相关的公告信息，可以包括系统的使用或者最新的优惠活动等。用户登录系统后，可以查看公告信息，以此来最快地了解系统。

（3）购买商品模块。购买商品模块主要是完成用户在网上的购物流程。购买商品模块分为加入购物车和生成订单两个子模块。

（4）用户管理模块。用户管理模块分为用户注册、用户登录、用户修改信息三个子模块。用户购买商品时，需要先注册，然后登录系统后，才可以浏览商品，把需要购买的商品加入购物车，以及把购物车的商品生成订单。

网上商店销售管理系统前台功能模块图如图 12-2 所示。

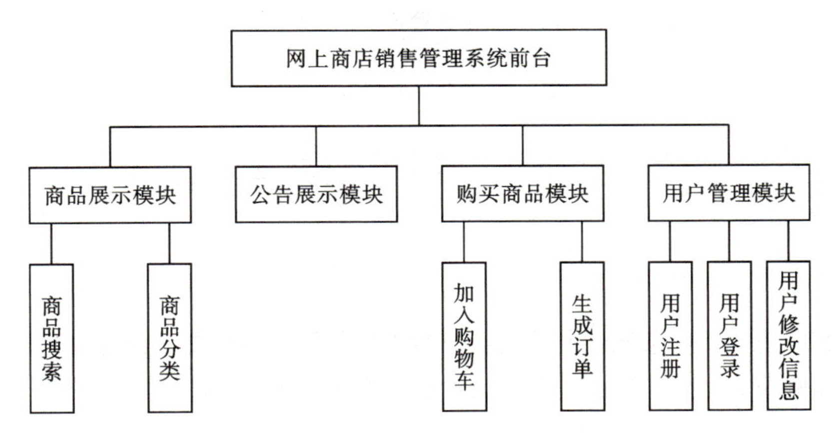

图12-2 网上商店销售系统前端功能模块图

网上商店销售管理系统的后端功能模块分为以下 5 个模块。

（1）分类管理模块。分类管理模块主要是实现管理员对系统分类的管理，使得用户可以按照分类挑选商品，方便了用户的挑选，管理员通过这个模块可以向系统添加新的分类、查看已有的分类、修改已有的分类、删除旧的分类。

（2）商品管理模块。商品管理模块主要是实现管理员对系统商品的管理，该模块对整个系统至关重要。管理员通过这个模块可以向系统添加新的商品、查看已有的商品、修改已有的商品、删除旧的商品。

（3）订单管理模块。订单管理模块主要是实现管理员对系统订单的管理，管理员通过这个模块可以查看用户下的订单并对订单做出相应的处理。

（4）公告管理模块。公告管理模块主要是实现管理员对系统公告的管理，这样用户进入系统后可以通过浏览公告获取网上商店销售系统的最新资讯，并且可以在最短的时间内对系统有基本的了解。管理员通过这个模块可以向系统添加新的公告、查看已有的公告、修改已有的公告、删除旧的公告。

（5）用户管理模块。用户管理模块主要是实现管理员对已注册用户的管理，管理员通过这个模块可以查看用户的信息或者删除用户。

网上商店销售管理系统后台功能模块图如图 12-3 所示。

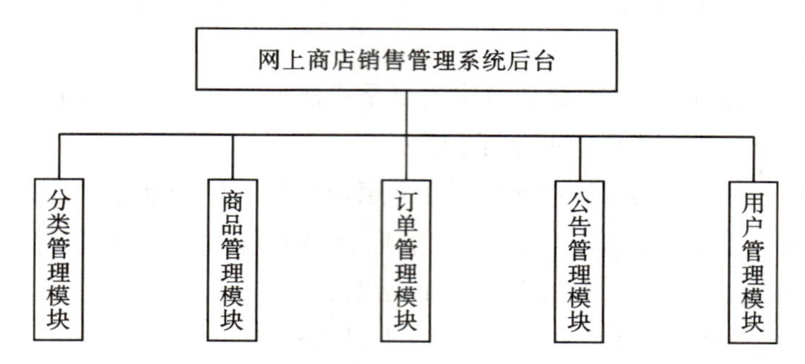

图12-3　网上商店销售管理系统后台功能模块图

12.2　前端页面及数据库实现

12.2.1　前端页面设计及实现

网上商店销售管理系统的前端页面作为用户与管理系统交互的直接界面，其设计对于用户体验至关重要。在前端页面设计中，除了实现必要的功能外，操作的简洁方便以及用户友好性也是关键因素。

前台主要功能包括：首页（主界面）、商品搜索、商品分类、商店公告、商品浏览、用户注册、用户登录、订购商品、查看购物车、查看订单等。

1. 用户注册模块的设计与实现

用户注册需要填写相应的信息，主要包括用户名、密码、确认密码、姓名、收货地址以及手机号码。该页面对输入的每一个数据都有格式上的要求，用户名不能为空且必须是数字、字母或者下划线的组合，密码不能为空且至少 6 位，确认密码要和密码一致，姓名、收货地址以及手机号码都不能为空，手机号码还要符合正确的格式。当用户进行注册时，页面首先会对输入的数据格式进行检验，若输入错误会有相应的提示。除此之外，当用户输入格式正确的数据之后，点击“注册”按钮，系统会在数据库进行比对，若用户名已经被注册，系统也会弹出相应的提示，若用户名还未注册，则将数据插入数据库，提示注册成功并跳转到首页。

用户注册页面的信息框采用灰色的半透明背景的边框窗口实现，这样可以改善用户的视觉效果。设计用户注册页面的具体步骤如下。

用户注册页面代码

（1）创建 register.jsp 页面，在该页面中添加 <div> 标记，并应用表格对页面进行布局，通过在合适位置添加表单元素用于收集用户信息，用户注册页面的设计如图 12-4 所示。

新用户注册

用户名：

密码：

确认密码：

姓名：

收货地址：

手机号码：

注册

图12-4　用户注册页面

（2）验证输入信息的有效性。在用户填写信息时，要及时验证输入信息的有效性，在本网站中，需要验证的信息包括用户名、密码、确认密码、姓名、收货地址以及手机号码。编写自定义的 JavaScript 函数 checkform() 用于验证表单信息的有效性。checkform() 函数的具体代码如下：

```
function checkform(){
    if(document.getElementById("usernameid").value == ""){
        alert('用户名不能为空');
        return false;
    }
    var valid = /^\w+$/;
```

```
        if(!valid.test(document.getElementById("usernameid").value)){
            alert('用户名必须是数字，字母或者下划线');
            return false;
        }
        if(document.getElementById("passwordid").value == ""){
            alert('密码不能为空');
            return false;
        }
        if(document.getElementById("passwordid").value.length < 6){
            alert('密码长度至少6位');
            return false;
        }
    if(document.getElementById("passwordid").value!=document.getElementById
    ("password2id").value){
            alert('确认密码和原密码不一致');
            return false;
        }
    if(document.getElementById("xingmingid").value == ""){
            alert('姓名不能为空');
            return false;
        }
    if(document.getElementById("dizhiid").value == ""){
            alert('收货地址不能为空');
            return false;
        }
        if(document.getElementById("dianhuaid").value == ""){
            alert('手机号码不能为空');
            return false;
        }
        valid = /^0?1[3, 5, 8][0, 1, 2, 3, 4, 5, 6, 7, 8, 9]\d{8}$/;
        if(!valid.test(document.getElementById("dianhuaid").value)){
            alert('请输入正确的手机号码格式');
            return false;
        }
        return true;
    }
```

（3）编写用于处理用户信息的 IndexServlet.java 用于判断输入的用户名是否被注册。首先初始化调用的数据库操作对象，获取从 JSP 页面获取用户名、密码、姓名、收货地址以及手机号码，然后查询该用户名是否已经注册，如果未注册，则弹出提示“注册成功，请妥善保管您的账户”，并保存用户注册信息到数据库中，如果已经注册，则弹出提示“该用户名已经被注册，请重新注册！”。关键代码如下：

```
//IndexServlet.java部分代码
//新用户注册
if("register".equals(method)){
//从JSP页面获取用户名和密码
String username = request.getParameter("username");
String password = request.getParameter("password");
String xingming = request.getParameter("xingming");
String dianhua = request.getParameter("dianhua");
String dizhi = request.getParameter("dizhi");
//查询该用户名是否已经注册
User bean = userDao.selectBean(" where username = '" + username + "' ");
    if(bean == null){
        bean = new User();
        bean.setDianhua(dianhua);
        bean.setDizhi(dizhi);
        bean.setPassword(password);
        bean.setRole(0);
        bean.setUsername(username);
        bean.setXingming(xingming);
        userDao.insertBean(bean);
        writer.print("<script language = 'javascript'>alert('注册成功，请妥善保管
您的账户'); window.location.href = '" + basePath + "login.jsp'; </script>"); }
    else{
        writer.print("<script  language = 'javascript'>alert('该用户名已经被注册，
请重新注册！'); window.location.href = '" + basePath + "register.jsp'; </script>");
            }
        }
```

（4）在 UserDao 类中编写 insertBean() 方法，用于保存用户的注册信息，具体代码如下：

```
//插入记录
public void insertBean(User bean){
Connection conn = null;
PreparedStatement ps = null;
try{
String sql = "insert into t_User(username, password, xingming, role, dianhua,
dizhi) values(?, ?, ?, ?, ?, ?)";
            conn = DBConn.getConn();
            ps = conn.prepareStatement(sql);
            ps.setString(1, bean.getUsername());
            ps.setString(2, bean.getPassword());
            ps.setString(3, bean.getXingming());
            ps.setInt(4, bean.getRole());
            ps.setString(5, bean.getDianhua());
            ps.setString(6, bean.getDizhi());
            ps.executeUpdate();
        }catch(Exception e){
            e.printStackTrace();
        }finally{
            DBConn.close(conn, ps, null);
        }
}
```

2. 用户登录模块的设计与实现

用户登录需要填写用户名以及密码，其信息框采用灰色的半透明背景的边框窗口实现，这样可以改善用户的视觉效果，设计用户注册页面的具体步骤如下。

用户登录页面代码

（1）创建登录页面 login.jsp，在该页面中添加 <div> 标记，并应用表格对页面进行布局，在合适位置添加表单元素用于收集用户登录信息，登录页面的设计如图 12-5 所示。

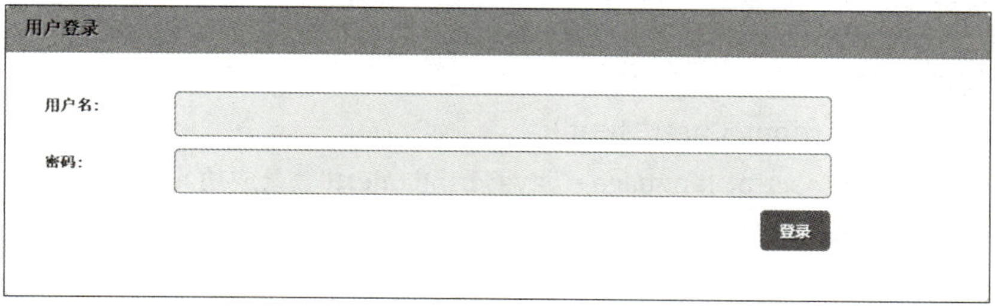

图12-5　登录页面

（2）验证输入信息的有效性，为了保证用户输入信息的有效性，在用户填写信息时，还需要及时验证输入信息的有效性，在本网站中，需要验证的信息包括用户名、密码。用户名和密码都不能为空，否则页面会进行相应的提示。编写自定义的 JavaScript 函数 checkform() 用于验证表单信息的有效性。checkform() 函数的具体代码如下：

```
function checkform(){
    if(document.getElementById("usernameid").value == ""){
        alert('用户名不能为空');
        return false;
    }
    if(document.getElementById("passwordid").value == ""){
        alert('密码不能为空');
        return false;
}
    return true;
}
```

（3）编写用于处理用户登录信息的 IndexServlet.java，用于判断输入的用户名和密码是否匹配。当用户输入用户名和密码并点击“登录”按钮之后，系统首先从 JSP 页面获取用户名和密码，在数据库中查找，若有匹配的数据则提示登录成功并跳转到首页，否则提示用户名或密码不正确。关键代码如下：

```
//用户登录
if("login".equals(method)){
    //从JSP页面获取用户名和密码
    String username = request.getParameter("username");
    String password = request.getParameter("password");
    //查询用户名和密码是否匹配
    User bean = userDao.selectBean(" where username = '" + username + "' and
password = '" + password + "' and role = 0 ");
```

```
        if(bean != null){
        HttpSession session = request.getSession();
        session.setAttribute("user", bean);
        writer.print("<script language = 'javascript'>alert('登录成功'); window.location.
    href = '" + basePath + "'; </script>");
        }else{
        writer.print("<script language = 'javascript'>alert('用户名或者密码错误');
    window.location.href = '" + basePath + "login.jsp'; </script>");
        }
    }
```

3. 公告浏览模块的设计与实现

用户在首页可以浏览商店公告，通过点击商店公告的标题可以查看商店公告的详细信，设计公告浏览模块的具体步骤如下。

商店公告详情页面代码

（1）创建 gonggao.jsp 页面，在该页面中添加 <div> 标记，并应用表格对页面进行布局，在合适位置添加表单元素用于设计公告信息（公告标题、内容和发布时间）。商店公告详情页面设计如图 12-6 所示。

公告详情	
公告标题：	入店须知
内容：	本店所有产品均为货到付款，收到产品后请检查好！
发布时间：	2023-10-08 20:06:58
	返回

图12-6　公告详情页面

（2）编写用于处理公告信息的 IndexServlet.java，当用户点击商店公告的标题时，通过 gonggaoupdate() 方法获取对象，然后通过 gonggaoDao.java 对数据库进行操作，最后将对象传到 gonggao.jsp 页面。关键代码如下：

```
//跳转到查看公告页面
if("gonggaoupdate".equals(method)){
    //通过ID获取对象
    String id = request.getParameter("id");
    Gonggao bean = gonggaoDao.selectBean(" where id = " + id);
    //把对象传给JSP页面
```

```
        request.setAttribute("bean", bean);
        RequestDispatcher dispatcher = request.getRequestDispatcher("/gonggao.jsp");
        dispatcher.forward(request, response);
    }
```

4. 商品列表模块的设计与实现

用户在系统首页的商品列表可以浏览商品，商品列表包括商品名、图片、分类名、商品价格，以及查看详情和加入购物车两种操作。点击“查看详情”后页面会跳转到商品信息详情页面，设计商品列表模块的具体步骤如下。

（1）创建商品列表页面 index.jsp 和商品信息详情页面 product.jsp 在该页面中添加 <div> 标记，并应用表格对页面进行布局。商品列表页面以及商品信息详情页面如图 12–7 以及图 12–8 所示。

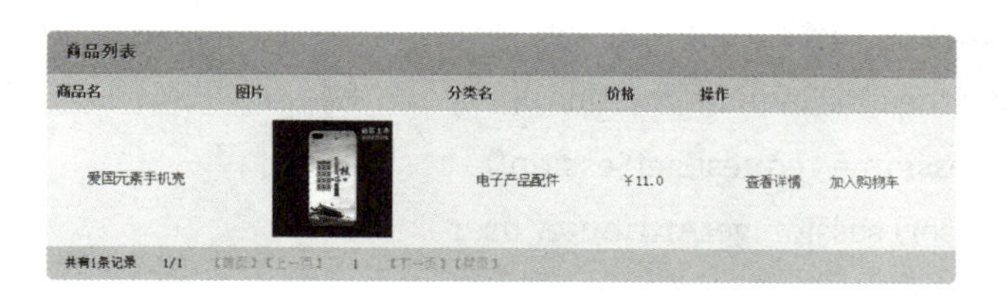

图12–7　商品列表页面

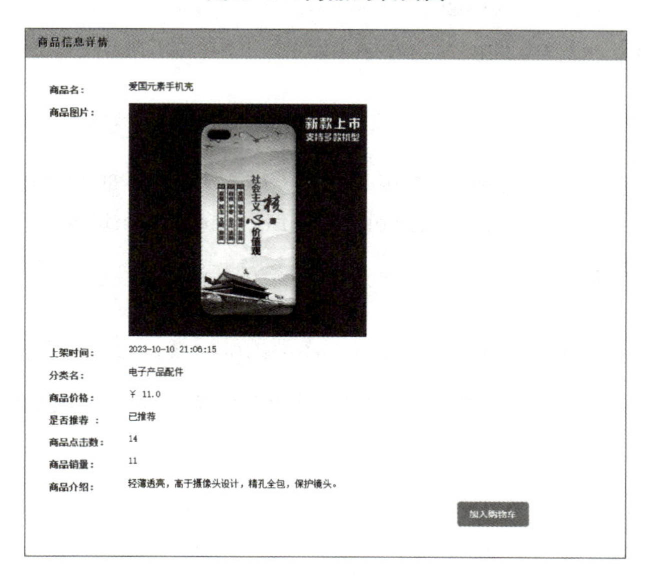

图12–8　商品信息详情页面

（2）编写用于处理商品列表信息的 IndexServlet.java，当用户点击“查看详情”时，用 productupdate() 方法进行具体处理，之后把对象传到 product.jsp 页面。当用户点击商品列表或商品信息详情页面的加入购物车时，如果用户已经登录，那么系统跳转到“我的购物车”页面。否则，系统会提示用户先登录并跳转到登录页面。关键代码如下：

```
//跳转到查看商品详情页面
if("productupdate".equals(method)){
//通过ID获取对象
String id = request.getParameter("id");
Product bean = productDao.selectBean(" where id = " + id);
//把对象传给JSP页面
bean.setDianjishu(bean.getDianjishu()+1);
productDao.updateBean(bean);
request.setAttribute("bean", bean);
RequestDispatcher dispatcher = request.getRequestDispatcher("/product.jsp");
dispatcher.forward(request, response); }
//添加商品到购物车操作
else if("gouwucheadd2".equals(method)){
HttpSession session = request.getSession();
User user = (User) session.getAttribute("user");
if (user == null) {
writer.print("<script  language = 'javascript'>alert('请先登录'); window.location.
href = '" + basePath + "login.jsp'; </script>");
return ;
}
Product pro = productDao.selectBean(" where id = " + request.getParameter("pid"));
Gouwuche bean = gouwucheDao.selectBean(" where userid = " + user.getId() + "
and pid = " + pro.getId() + " ");
if(bean != null){
writer.print("<script  language = 'javascript'>alert('该商品已经添加到购物车，请
勿重复添加'); window.location.href = '" + basePath + "indexServlet/gouwuchelist'; </
script>");
return;
}
bean = new Gouwuche();
```

```
bean.setJiage(pro.getJiage());
bean.setPid(pro.getId());
bean.setPname(pro.getPname());
bean.setShuliang(1);
bean.setUserid(user.getId());
gouwucheDao.insertBean(bean);
writer.print("<script language = 'javascript'>alert
('添加成功'); window.location.href = '" + basePath + "indexServlet/gouwuchelist';
</script>");
}
```

5. 用户购物车模块的设计与实现

用户购物车页面，包括商品名、单价、购买数量、小计。用户可以修改购买数量或者删除购物车里的东西，也可以点击链接跳转到订单页面，设计用户购物车模块的具体步骤如下。

用户购物车页面代码

（1）创建“我的购物车”页面 gouwuchelist.jsp，在该页面中添加 <div> 标记，并应用表格对页面进行布局，用户购物车页面设计如图 12-9 所示。

我的购物车

商品名	单价	购买数量	小计	操作
爱国元素手机壳	￥11.0	1 变更	￥11.0	删除

总计：￥11.0　　结算，生成订单

图12-9　购物车页面

（2）编写用于处理用户购物车的 IndexServlet.java，当用户点击商品列表的“加入购物车”或商品信息详情页面的“加入购物车”时，用 gouwucheadd2() 方法进行添加商品到购物车操作，在 gouwucheDao.java 里对数据库进行操作，将所选商品数据插入数据库。变更和删除购物车中商品分别用 gouwucheupdate2() 方法和 gouwuchedelete() 方法实现。关键代码如下：

```
//添加商品到购物车
if("gouwucheadd2".equals(method)){
HttpSession session = request.getSession();
User user = (User) session.getAttribute("user");
if (user == null) {
```

```
writer.print("<script  language = 'javascript'>alert
('请先登录'); window.location.href = '" + basePath + "login.jsp'; </script>");
return;
}
Product pro=productDao.selectBean(" where id = " + request.getParameter("pid"));
Gouwuche bean=gouwucheDao.selectBean(" where userid = " + user.getId() + " and
pid = " + pro.getId() + " ");
if(bean != null){
writer.print("<script  language = 'javascript'>alert('该商品已经添加到购物车，请勿
重复添加'); window.location.href = '" + basePath+"indexServlet/gouwuchelist'; </
script>");
return;
}
            bean = new Gouwuche();
            bean.setJiage(pro.getJiage());
            bean.setPid(pro.getId());
            bean.setPname(pro.getPname());
            bean.setShuliang(1);
            bean.setUserid(user.getId());
            gouwucheDao.insertBean(bean);
writer.print("<script  language = 'javascript'>alert('添加成功'); window.location.href
= '" + basePath + "indexServlet/gouwuchelist'; </script>");
        }
        //修改购物商品数量
        else if("gouwucheupdate2".equals(method)){
            String id = request.getParameter("id");
            String number = request.getParameter("number");
            Gouwuche bean = gouwucheDao.selectBean(" where id = " + id);
            bean.setShuliang(Integer.parseInt(number));
            gouwucheDao.updateBean(bean);
             writer.print("<script  language = 'javascript'>alert('变更成功');
window.location.href = '" + basePath + "indexServlet/gouwuchelist'; </script>");
        }
        //删除购买的商品
```

```
            else if("gouwuchedelete".equals(method)){
                String id = request.getParameter("id");
                Gouwuche bean = gouwucheDao.selectBean(" where id = " + id);
                gouwucheDao.deleteBean(bean);
                 writer.print("<script  language = 'javascript'>alert('删除成功');
    window.location.href = '" + basePath + "indexServlet/gouwuchelist'; </script>");
            }
```

6. 用户订单模块的设计与实现

用户订单页面，包括订单号、收货人姓名、订单状态、生成时间、总价，以及查看订单详情的操作。用户可以查看和搜索自己的订单，设计用户订单模块的具体步骤如下。

用户订单页面代码

（1）创建用户订单页面 orderlist.jsp，在该页面中添加 <div> 标记，并应用表格对页面进行布局，在合适位置添加表单元素用于收集用户登录信息。用户订单页面如图 12-10 所示。

我的订单

订单号：[ ] 订单状态：所有选项 查询

订单号	收货人姓名	订单状态	生成时间	总价	操作
20240826153027	马XX	已处理	2024-08-26 15:30:27	￥11.0	查看订单详情

共有1条记录 1/1 【首页】【上一页】 1 【下一页】【尾页】

图12-10 用户订单页面

（2）编写用于处理用户购物车的 IndexServlet.java。查询订单的操作在 orderlist() 方法中实现，查看订单详情的操作在 dingdanupdate3() 方法中实现，其中对数据库的操作在 DingdanDao.java 中完成。关键代码如下：

```
    //我的订单列表
        if("orderlist".equals(method)){
            //定义跳转的地址
            url = "indexServlet/orderlist";
            //获取查询的信息
            String orderid = request.getParameter("orderid");
            String status = request.getParameter("status");
            //组装查询的SQL语句
            StringBuffer sb = new StringBuffer();
            sb.append("where");
            if(orderid != null&&!"".equals(orderid)){
```

```
            sb.append("orderid like '%" + orderid + "%' ");
            sb.append("and");
            request.setAttribute("orderid", orderid);
        }
        if(status != null&&!"".equals(status)){
            sb.append("status like '%" + status + "%' ");
            sb.append("and");
            request.setAttribute("status", status);
        }
            HttpSession session = request.getSession();
            User user = (User) session.getAttribute("user");
            sb.append(" userid = " + user.getId() + " order by id desc ");
            String where = sb.toString();
            //获取当前的页数
            if(request.getParameter("pagenum") != null){
                pagenum = Integer.parseInt(request.getParameter("pagenum"));
            }
            //从数据库查询列表信息，带分页功能
            Map<String, List<Dingdan>> map = dingdanDao.getList(pagenum,
pagesize, url, where);
            String pagerinfo = map.keySet().iterator().next();
            List<Dingdan> list = map.get(pagerinfo);
            //返回给JSP页面的信息
            request.setAttribute("pagerinfo", pagerinfo);
            request.setAttribute("list", list);
            //定义跳转的地址
            RequestDispatcher dispatcher = request.getRequestDispatcher("/
orderlist.jsp");
            //跳转操作
            dispatcher.forward(request, response);
        }
            //跳转查看订单详情页面
            else if("dingdanupdate3".equals(method)){
            Dingdan bean = dingdanDao.selectBean("where id = " + request.
getParameter("id"));
            request.setAttribute("bean", bean);
```

```
                RequestDispatcher dispatcher = request.getRequestDispatcher("/
dingdanupdate3.jsp");
                dispatcher.forward(request, response);
            }
```

12.2.2　数据库设计及实现

数据库设计是一个复杂的过程，它涉及根据特定的应用环境和用户需求构造最优的数据库模式，并建立数据库及其应用系统，一个设计良好的数据库可以提高系统的性能和可维护性。

1. 概念结构设计

概念结构设计是数据库设计过程中的一个关键阶段，它涉及将现实世界的数据需求转化为一个不依赖于任何特定数据库管理系统的抽象模型。E-R 模型是描述概念模型的有力工具，是用 E-R 图来描述现实世界的概念模型。接下来将用 E-R 图对网上商店销售管理系统进行概念结构设计，包括各实体间的 E-R 图及各实体的详细属性 E-R 图。其中实体用矩形表示，矩形框内写明实体名；属性用椭圆形表示，并用无向边将其与相应的实体连接起来；联系用菱形表示，菱形框内写明联系名，并用无向边分别与有关实体连接起来，同时在无向边旁标上联系的类型。

本网上商店销售管理系统的实体有管理员、用户、公告、订单、分类、商品、购物车。下面将分别设计各实体的 E-R 图。

（1）用户 E-R 图如图 12-11 所示。

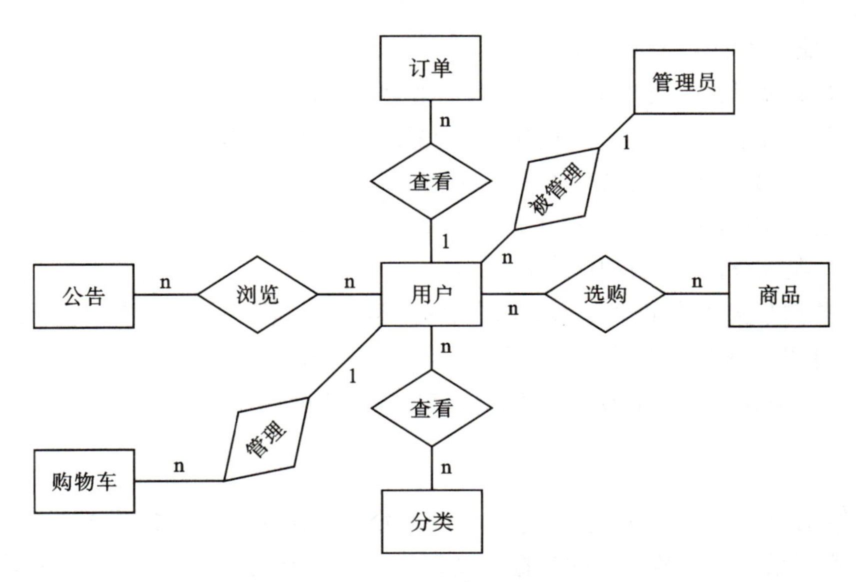

图12-11　用户E-R图

用户可以浏览公告，因此用户实体和公告实体是浏览关系；用户可以选购商品，因此用户实体和商品实体是选购关系；用户可以查看分类，因此用户实体和分类实体是查看关系；用户可以管理自己的购物车，因此用户实体和购物车实体是管理关系；用户可以查看自己的订单，因此用户实体和订单实体是查看关系；用户在系统中是被管理员管理的，因此用户和管理员是被管理的关系。

（2）管理员 E-R 图如图 12-12 所示。

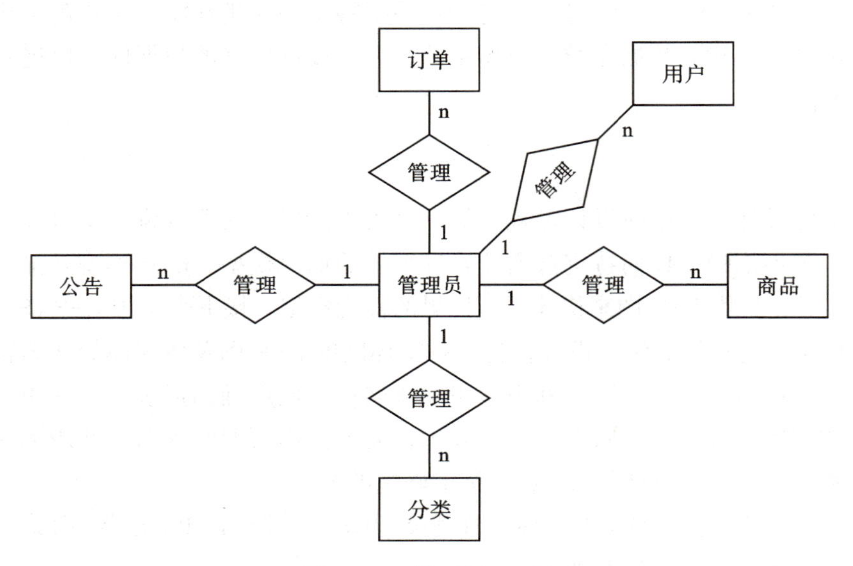

图12-12　管理员E-R图

管理员可以对系统的公告、订单、分类、商品进行管理，对已注册的用户进行管理，因此它与其他实体的关系都是管理关系。

（3）用户实体的属性有 ID、用户名、密码、姓名、角色、手机号码、收货地址。

（4）商品实体的属性有 ID、商品名、商品图片、上架时间、分类 ID、分类名、价格、是否推荐、点击数、商品销量、商品描述。

（5）公告实体的属性有 ID、标题、内容、添加时间。

（6）分类实体的属性有 ID、分类名称。

（7）购物车实体的属性有 ID、用户 ID、商品 ID、商品名、价格、购买数量。

（8）订单实体的属性有 ID、订单状态、用户 ID、用户姓名、用户手机号码、收货地址、订单详情、订单号、备注、生成时间、总价。

2. 逻辑结构设计

逻辑结构设计的任务就是把概念结构设计阶段设计好的基本 E-R 图，转换为与选用数据库管理系统产品所支持的数据模型相符合的逻辑结构，为后续的数据库实现提供具体的蓝图。在逻辑结构设计过程中，需要充分考虑数据模型的选择、转换、优化和验证等方面，以确保最终得到的逻辑结构能够满足应用的需求，并且具有良好的性能。根据概念结构设计阶段的 E-R 图，设计数据库表结构如下。

（1）t_Fenlei 分类表。该表存放分类 ID 及分类名称，如表 12-1 所示。

表12-1　t_Fenlei分类表

名称	类型	长度	备注
id	int	11	主键
fname	varchar	255	分类名称

（2）t_Product 商品表。该表存放商品信息，主要包括商品名、商品图片、上架时间、价格、商品销量、商品描述等信息。分类表和该表相关联，因此表中还包含了分类 ID 以及分类名，如表 12-2 所示。

表12-2　t_Product 商品表

名称	类型	长度	备注
id	int	11	主键
pname	varchar	255	商品名
imgpath	varchar	255	商品图片
createtime	varchar	255	上架时间
fenleiid	varchar	255	分类 ID，外键
fname	varchar	255	分类名
jiage	double	—	价格
tuijian	varchar	255	是否推荐
dianjishu	int	11	点击数
xiaoliang	int	11	商品销量
miaoshu	text	—	商品描述

（3）t_Gonggao 公告表。该表存放公告信息，主要包括标题、内容、添加时间，如表 12-3 所示。

表12-3　t_Gonggao 公告表

名称	类型	长度	备注
id	int	11	主键
biaoti	varchar	255	标题
neirong	text	—	内容
shijian	varchar	255	添加时间

（4）t_Gouwuche 购物车表。该表存放购物车 ID、用户 ID、商品 ID、商品名、价格、购买数量，如表 12-4 所示。

表12-4　t_Gouwuche购物车表

名称	类型	长度	备注
id	int	11	主键
userid	int	11	用户 ID，外键
pid	int	11	商品 ID，外键
pname	varchar	255	商品名
jiage	double	—	价格
shuliang	int	11	购买数量

（5）t_User 用户表。该表中存放用户的基本信息，普通用户和管理员共用此表，主要包括用户 ID、用户名、密码、姓名、角色、手机号码、地址信息。普通用户和管理员通过角色的值进行区分，0 表示普通用户，1 表示系统管理员，如表 12-5 所示。

表12-5　t_User 用户表

名称	类型	长度	备注
id	int	11	主键
username	varchar	255	用户名
password	varchar	255	密码
xingming	varchar	255	姓名
role	int	11	角色
dianhua	varchar	255	手机号码
dizhi	varchar	255	收货地址

（6）t_Dingdan 订单表。该表存放订单 ID、订单状态，以及关联表里的用户 ID、用户姓名等信息，如表 12-6 所示。

表12-6　t_Dingdan订单表

名称	类型	长度	备注
id	int	11	主键
status	varchar	255	订单状态
userid	int	11	用户 ID 外键
xingming	varchar	255	用户姓名
dianhua	varchar	255	用户手机号码
dizhi	varchar	255	收货地址
xiangqing	text	—	订单详情
orderid	varchar	255	订单号
beizhu	varchar	255	备注
shijian	varchar	255	生成时间
zongjia	double	—	总价

3. 数据库操作类的编写

在编写数据库操作类时，通常需要考虑以下几个关键点——数据库连接管理、异常处理以及资源关闭等。关键代码如下：

```
public static Connection getConn() {
    Connection conn = null;
    try {
        Class.forName( "com.mysql.jdbc.Driver");
        conn = DriverManager.getConnection("jdbc:mysql://localhost:3306/
onlineshop?character
Encoding = utf-8", "root", "root");
    } catch (ClassNotFoundException e) {
        e.printStackTrace();
    } catch (SQLException e) {
        e.printStackTrace();
  }
    return conn;
}
```

12.3 管理系统后台系统概述

管理系统后台系统是一个综合性的、用于管理和维护网站或应用程序的软件系统。它集成了多个功能模块，包括用户管理、权限管理、数据管理、内容管理等，以实现对网站或应用程序的全面控制和管理。管理系统后台系统的主要作用是提高管理效率和用户体验，帮助管理员轻松地管理网站或应用程序的各个方面。通过后台系统，管理员可以方便地对用户信息进行管理，包括添加、删除、修改用户信息等操作。同时，管理员还可以设置不同用户的访问权限和操作权限，以确保系统的安全性和数据的保密性。除了用户管理，管理系统后台系统还包括数据管理模块，用于对网站或应用程序的数据进行增、删、改、查等操作，以及数据库的管理和维护。内容管理模块则可以帮助管理员高效地管理网站或应用程序的内容，包括添加、删除、修改内容等操作，以及对内容进行分类和标签管理。设计管理系统后台系统时需要考虑以下几个方面。

（1）用户需求分析。开发一个管理系统首先需要明确系统的目标用户是谁，他们的需求是什么。这包括了解用户的业务流程、数据需求、权限设置等，以便设计出符合用户实际需求的后台管理系统。

（2）系统架构设计。系统架构设计是后台管理系统设计的核心，需要考虑系统的稳定性、可扩展性、可维护性等因素。同时，还需要考虑系统的安全性，包括权限控制、访问控制等。

（3）功能模块设计。后台管理系统需要包含多个功能模块，如用户管理、权限管理、数据管理、报表分析等。在设计这些模块时，需要考虑每个模块的功能和使用场景，以及模块之间的关联和交互。

（4）用户界面设计。后台管理系统的用户界面需要简洁、易用、美观，方便用户快速了解和使用系统。在设计用户界面时，需要考虑用户的操作习惯、视觉感受等因素，以提高用户体验。

（5）数据库设计。后台管理系统需要存储大量的数据，因此数据库设计非常重要。需要考虑数据的结构、关系、安全性等因素，以及数据库的性能优化和备份恢复等问题。

（6）系统测试和优化。在后台管理系统开发完成后，需要进行系统测试和优化，测试包括功能测试、性能测试、安全测试等，优化则包括代码优化、数据库优化、系统配置优化等。

管理员登录成功后会进入系统后台页面，主要包括左侧的主菜单以及中间的欢迎页面。主菜单包括分类管理、商品管理、公告管理、订单管理、用户管理。系统后台页面如图 12-13 所示。

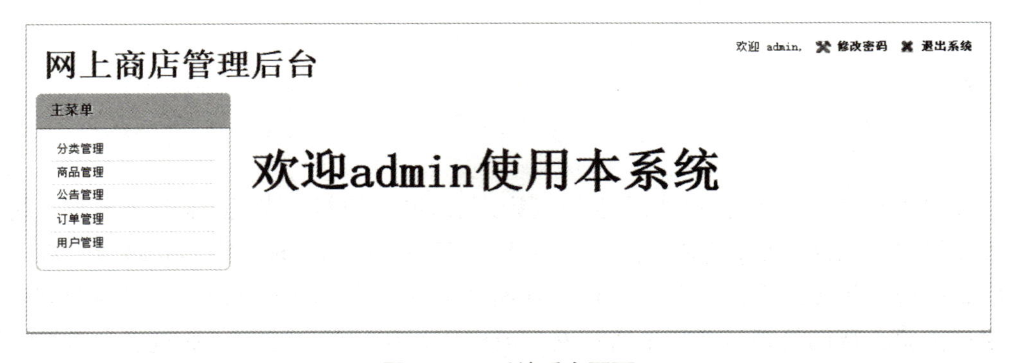

图12-13　系统后台页面

12.4　商品模块功能构建

商品模块是商品销售管理系统中的核心模块之一，它涉及商品信息的管理、展示、搜索、购买等多个方面。在构建商品模块功能时需要考虑以下几个方面。

（1）商品信息管理。商品信息管理是商品模块的基础功能，包括商品的添加、编辑、删除等操作。在商品信息管理过程中，需要考虑到商品的基本信息，如商品名称、价格、描述以及商品的图片等信息。

（2）商品分类管理。商品分类管理是指将商品按照一定的规则进行分类，方便用户查找和筛选商品。商品分类可以根据不同的维度进行划分，如商品类型、品牌、适用场景等。

（3）商品搜索功能。商品搜索功能是指用户可以通过关键词搜索商品，快速找到自己需要的商品。商品搜索支持模糊搜索和精确搜索，可以根据商品名称、分类等多个维度进行搜索。

（4）商品展示功能。商品展示功能是指将商品信息以美观、清晰的方式展示给用户，包括商品详情页、商品列表页等。商品展示需要考虑到用户的视觉体验，如页面布局、色彩搭配、图片大小等。

（5）商品购买功能。商品购买功能是指用户可以通过电商平台购买商品，并完成支付、物流等流程。

在构建商品模块时，需要考虑到系统的可扩展性、可维护性和安全性等方面。同时，还需要遵循电商行业的相关标准和规范，以确保系统的稳定性和可靠性。

12.5 商品订单模块实现

网上商店销售管理系统中的商品订单模块是核心功能之一，它负责处理用户下单、订单状态更新、订单查询和订单管理等任务。其设计目的是帮助管理员和客户管理商品订单，提高订单处理效率和客户满意度。以下是商品订单模块的设计时需要考虑的功能。

（1）订单管理。商品订单模块应提供订单管理功能，包括创建订单、查看订单详情等功能。管理员可以通过订单管理功能，对订单进行统一管理，以便及时处理和发货。

（2）订单状态管理。为了方便管理员和客户了解订单的处理状态，商品订单模块应提供订单状态管理功能，可以清晰地了解订单所处的状态。

（3）订单查询。商品订单模块应提供订单查询功能，以便客户和管理员快速找到所需的订单。可以通过订单号、订单状态等关键词进行查询。

（4）用户权限管理。为了确保系统的安全性，商品订单模块应提供用户权限管理功能。可以根据不同的用户角色，如管理员、客户等，设置不同的权限，如创建订单、查看订单等。通过用户权限管理，可以确保系统的数据安全和操作安全。

订单管理页面代码　　查看订单详情页面代码

在本网上商店销售管理系统中，管理

员通过订单模块可以查看和处理订单。

订单管理页面 dingdanlist.jsp 和查看订单详情页面 dingdanupdate3.jsp 分别如图 12-14 和图 12-15 所示。

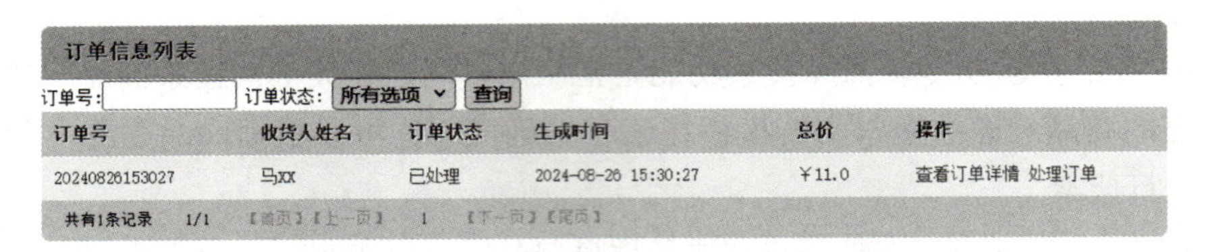

图12-14　订单管理页面

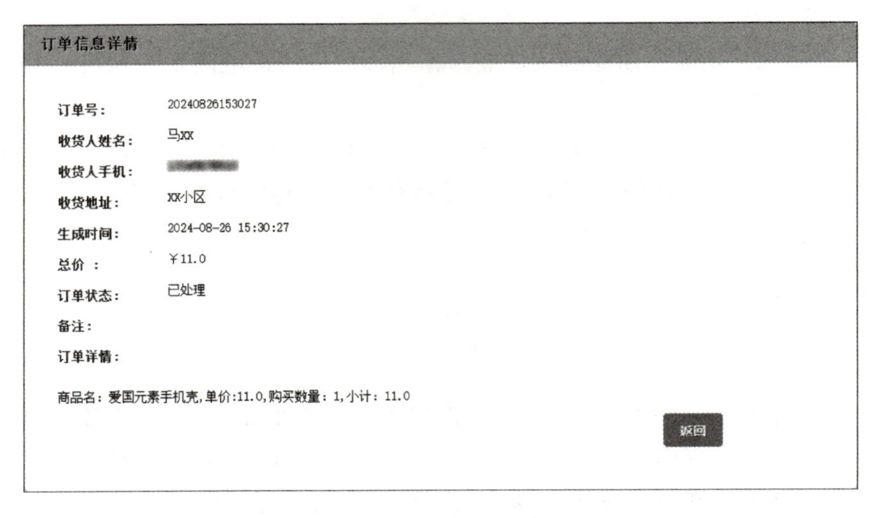

图12-15　查看订单详情页面

管理员进行操作时，系统通过在 ManageServlet.java 中的方法实现，对数据库的操作在 ProductDao.java 中实现。关键代码如下：

```
//订单信息列表
if("dingdanlist".equals(method)){
//定义跳转的地址
url = "manageServlet/dingdanlist";
//获取查询的信息
String status = request.getParameter("status");
String orderid = request.getParameter("orderid");
//组装查询的SQL语句
StringBuffer sb = new StringBuffer();
sb.append("where");
```

```
if(orderid != null&&!"".equals(orderid)){
    sb.append(" orderid like '%" + orderid + "%' ");
    sb.append("and");
    request.setAttribute("orderid", orderid);
}
if(status != null&&!"".equals(status)){
    sb.append("status like '%" + status + "%' ");
    sb.append("and");
    request.setAttribute("status", status);
}
sb.append("1 = 1 order by id desc");
String where = sb.toString();
//获取当前的页数
if(request.getParameter("pagenum") != null){
    pagenum = Integer.parseInt(request.getParameter("pagenum"));
}
    //从数据库查询列表信息，带分页功能
    Map<String, List<Dingdan>>  map = dingdanDao.getList
    (pagenum, pagesize, url, where);
    String pagerinfo = map.keySet().iterator().next();
    List<Dingdan> list = map.get(pagerinfo);
    //返回给JSP页面的信息
    request.setAttribute("pagerinfo", pagerinfo);
    request.setAttribute("list", list);
    request.setAttribute("biaoti", "订单信息列表");
    request.setAttribute("url", "manageServlet/dingdanlist");
    request.setAttribute("url2", "manageServlet/dingdan");
  //定义跳转的地址
RequestDispatcher dispatcher = request.getRequestDispatcher("/manage/dingdan/
dingdanlist.jsp");
    //跳转操作
    dispatcher.forward(request, response);
}
//处理订单信息操作
```

```
else if("dingdandelete".equals(method)){
    //通过ID获取对象
    String id = request.getParameter("id");
    Dingdan bean = dingdanDao.selectBean("where id = " + id);
    bean.setStatus("已处理");
    dingdanDao.updateBean(bean);
    writer.print("<script  language = 'javascript'>alert('操作成功'); window.location.
href = '" + basePath + "manageServlet/dingdanlist'; </script>");
}
//跳转到查看订单信息页面
else if("dingdanupdate3".equals(method)){
    request.setAttribute("biaoti", "查看订单信息");
    //通过ID获取对象
    String id = request.getParameter("id");
    Dingdan bean = dingdanDao.selectBean("where id = " + id);
    //把对象传给JSP页面
    request.setAttribute("bean", bean);
    RequestDispatcher dispatcher = request.getRequestDispatcher("/manage/
dingdan/dingdanupdate3.jsp");
    dispatcher.forward(request, response);
}
```

12.6 客户管理模块构建

客户管理模块是网上商店销售管理系统的重要组成部分，是确保有效管理和维护客户数据的关键部分。以下是客户管理模块设计时需要考虑的功能。

（1）客户信息录入。客户信息录入功能是客户管理模块的基础，录入信息包括客户的姓名、性别、年龄、联系方式、收货地址等。在客户首次注册或购买时，系统会自动提示用户填写这些信息。

（2）客户信息查询。客户信息查询功能允许管理员根据用户名等条件，快速查找和定位目标客户。系统应支持模糊查询和组合查询，以方便管理员快速找到所需信息。

（3）客户信息删除。客户信息删除功能允许管理员删除不再需要的客户信息。管理员可以通过系统界面选择需要删除的客户，然后点击删除按钮即可完成操作。需要注意的是，删除操作应遵循数据备份和安全性的原则，避免误删重要数据。

用户管理页面代码

在本网上商店销售管理系统中，管理员通过此功能可以查看和删除用户。

创建如图 12-16 所示用户管理页面 userlist.jsp，在页面中添加 <div> 标记，并应用表格对页面进行布局，在合适位置添加表单元素用于收集用户登录信息。

用户信息列表

用户名：admin 查询

用户名	姓名	手机	地址	操作
lubby	马XX		XX小区	删除用户

共有1条记录　1/1　【首页】【上一页】　1　【下一页】【尾页】

图12-16　用户管理页面

管理员的操作通过 ManageServlet.java 中的方法实现，对数据库的操作在 ProductDao.java 中实现。关键代码如下：

```
//用户信息列表
if("userlist".equals(method)){
  //定义跳转的地址
  url = "manageServlet/userlist";
  //获取查询的信息
  String username = request.getParameter("username");
  //组装查询的SQL语句
  StringBuffer sb = new StringBuffer();
  sb.append("where");
  if(username != null&&!"".equals(username)){
      sb.append("username like '%" + username + "%' ");
      sb.append("and");
      request.setAttribute("username", username);
  }
  sb.append("role = 0 order by id desc");
  String where = sb.toString();
  //获取当前的页数
  if(request.getParameter("pagenum") != null){
      pagenum = Integer.parseInt(request.getParameter("pagenum"));
```

```
    }
    //从数据库查询列表信息，带分页功能
    Map<String, List<User>> map = userDao.getList(pagenum, pagesize, url, where);
    String pagerinfo = map.keySet().iterator().next();
    List<User> list = map.get(pagerinfo);
    //返回给JSP页面的信息
    request.setAttribute("pagerinfo", pagerinfo);
    request.setAttribute("list", list);
    request.setAttribute("biaoti", "用户信息列表");
    request.setAttribute("url", "manageServlet/userlist");
    request.setAttribute("url2", "manageServlet/user");
    //定义跳转的地址
    RequestDispatcher dispatcher = request.getRequestDispatcher("/manage/user/
userlist.jsp");
    //跳转操作
    dispatcher.forward(request, response);
}
    //删除用户信息操作
else if("userdelete".equals(method)){
    //通过ID获取对象
    String id = request.getParameter("id");
    User bean = userDao.selectBean(" where id = " + id);
    userDao.deleteBean(bean);
    writer.print("<script  language = 'javascript'>alert('操作成功');
    window.location.href = ' " + basePath + "manageServlet/userlist'; </script>");
}
```

12.7 商品管理模式构建

商品管理模块是网上商店销售管理系统的重要组成部分，通过该模块，管理员可以轻松地管理商品数据，提高商品管理效率，优化客户购物体验。以下是客户管理模块设计时需要考虑的功能。

（1）商品信息录入。商品信息录入功能允许管理员在系统中添加新的商品信息，包括商品名称、分类、描述、价格等基本信息；可以添加、删除和修改商品分类，支持多级分类，方便用户对商品进行归类和组织；同时允许管理员上传、删除商品图片等操作，方便用户更直观地了解商品外观。

（2）商品信息查询。商品信息查询功能允许管理员根据商品名称等条件，快速查找和定位目标商品。系统应支持模糊查询，以便管理员能够更加灵活地检索商品信息。

（3）商品信息修改。商品信息修改功能允许管理员对已有商品的信息进行修改。管理员可以通过系统界面选择需要修改的商品，然后对商品的各项信息进行修改。

（4）商品信息删除。商品信息删除功能允许管理员删除不再需要的商品信息。管理员可以通过系统界面选择需要删除的商品，然后点击删除按钮即可完成操作。需要注意的是，删除操作应遵循数据备份和安全性的原则，避免误删重要数据。

管理员通过此模块可以查看、修改、删除已经存在的商品，也可以增加新的商品，构建商品模块功能的具体步骤如下。

（1）创建商品管理页面 productlist.jsp，在此页面有分类名、商品名、价格、点击数、销量、是否推荐等相关信息以及上传图片、查看、修改、删除、推荐 / 取消推荐等操作。在页面中添加 <div> 标记，并应用表格对页面进行布局，通过在合适位置添加表单元素用于收集用户登录信息。该系统商品管理页面如图 12-17 所示。

商品信息列表

添加新商品　分类名：所有选项　商品名：　查询

分类名	商品名	价格	点击数	销量	是否推荐	操作
电子产品配件	爱国元素手机壳	11.0	16	1	已推荐	上传图片　查看　修改　删除　取消推荐
鞋子	短靴	89.0	9	1	未推荐	上传图片　查看　修改　删除　推荐

共有2条记录　1/1　【首页】【上一页】　1　【下一页】【尾页】

图12-17　商品管理页面

（2）管理员的操作通过 ManageServlet.java 中的方法实现，对数据库的操作在 ProductDao.java 中实现。关键代码如下：

```
//跳转到添加商品信息页面
        if("productadd".equals(method)){
              request.setAttribute("biaoti", "添加商品信息");
              request.setAttribute("url", "manageServlet/productadd2");
              request.setAttribute("fenleilist", fenleiDao.getList(""));
        RequestDispatcher dispatcher = request.getRequestDispatcher("/manage/
product/productadd.jsp");
```

```
            dispatcher.forward(request, response);
        }
    //添加商品信息操作
        else if("productadd2".equals(method)){
            //从JSP获取信息
            String fenleiid = request.getParameter("fenleiid");
            String jiage = request.getParameter("jiage");
            String miaoshu = request.getParameter("miaoshu");
            String pname = request.getParameter("pname");
            Fenlei fenlei = fenleiDao.selectBean(" where id = " + fenleiid);
            //定义对象
            Product bean = new Product();
            //设置对象的属性
            bean.setCreatetime(Util.getTime());
            bean.setDianjishu(0);
            bean.setFenleiid(fenlei.getId()+"");
            bean.setFname(fenlei.getFname());
            bean.setJiage(Double.parseDouble(jiage));
            bean.setMiaoshu(miaoshu);
            bean.setPname(pname);
            bean.setTuijian("未推荐");
            bean.setXiaoliang(0);
            //插入数据库
            productDao.insertBean(bean);
            //返回给JSP页面
            writer.print("<script  language = 'javascript'>alert('操作成功');
            window.location.href = '" + basePath+"manageServlet/productlist'; </
    script>");
        }
    //跳转到更新商品信息页面
        else if("productupdate".equals(method)){
            //通过ID获取对象
            String id = request.getParameter("id");
            Product bean = productDao.selectBean(" where id = " + id);
```

```
            request.setAttribute("fenleilist", fenleiDao.getList(""));
            //把信息传给JSP页面
            request.setAttribute("bean", bean);
            request.setAttribute("biaoti", "更新商品信息");
            request.setAttribute("url", "manageServlet/productupdate2 ? id = " + bean.
getId());
        RequestDispatcher dispatcher = request.getRequestDispatcher("/manage/
product/productupdate.jsp");
            dispatcher.forward(request, response);
        }
        //删除商品信息操作
        else if("productdelete3".equals(method)){
            //通过ID获取对象
            String id = request.getParameter("id");
            Product bean = productDao.selectBean(" where id = " + id);
            bean.setTuijian("未推荐");
            productDao.updateBean(bean);
            writer.print("<script  language = 'javascript'>alert('操作成功'); window.
location.href = '" + basePath + "manageServlet/productlist'; </script>");
        }
        //跳转到查看商品信息页面
        else if("productupdate3".equals(method)){
        request.setAttribute("biaoti", "查看商品信息");
            //通过ID获取对象
            String id = request.getParameter("id");
            Product bean = productDao.selectBean(" where id = " + id);
            //把对象传给JSP页面
        request.setAttribute("bean", bean);
        RequestDispatcher dispatcher = request.getRequestDispatcher("/manage/
product/productupdate3.jsp");
        dispatcher.forward(request, response);
    }
```

常见问题解析

1. 数据库连接问题

问题：数据库连接失败，可能是由于数据库 URL、用户名或密码错误，或数据库服务未运行。

解决方案：确保数据库正在运行，并检查 JDBC URL、用户名和密码是否正确。也可以尝试使用数据库管理工具如 phpMyAdmin、MySQL Workbench 等来测试数据库连接。

2. 商品信息管理

问题：商品信息无法正确录入或修改。

解决方案：检查商品信息的数据验证和处理逻辑，确保数据符合预期的格式和规则。同时，应该提供一个友好的用户界面，使商品信息的录入和修改更加方便。

3. 兼容性问题

问题：不同的浏览器和操作系统可能对 JSP 页面的解析和显示方式有所不同，这可能导致页面在不同环境下的显示效果不一致。

解决方案：开发者需要测试页面在不同浏览器和操作系统下的显示效果，并进行相应的调整和优化。

项目小结

本项目通过整合 JSP、Servlet、JavaBeans、JSTL 和 EL 表达式等技术，实现了商品展示、购物车管理、订单处理、用户注册与登录等功能模块。JSP 负责页面的展示与交互，而 Servlet 作为后端控制器处理业务逻辑，二者通过表单提交、请求转发等方式协同工作，实现了前后端的解耦与数据的交互。JavaBean 用于封装和管理商品、用户、订单等数据信息，便于数据的传递和处理。JSTL 简化了 JSP 页面的逻辑处理，如循环、条件判断等；而 EL 表达式则简化了数据的访问，使得在 JSP 页面中可以直接访问 JavaBean 中的数据。通过本项目，读者更详细地了解了 Web 项目的开发流程，这对实际工作有着非常重要的意义。

项目 13　综合实训
——网上商店购物车系统

知识目标

1. 掌握 Ajax 的基础操作。
2. 掌握 jQuery 的基础知识。
3. 掌握使用 jQuery 实现页面内容的操作。

技能目标

1. 掌握 Ajax 的基础操作。
2. 熟练掌握 jQuery 的常用操作。
3. 熟练掌握使用 jQuery 进行页面开发。
4. 掌握 JavaScript 与 Java 代码间参数的传递。

素养目标

1. 具备问题整合的能力，善于提出新的开发思路和方案。
2. 具备团队协作的精神。

13.1　购物车功能模块

本项目讲述利用前面所学知识，采用 MVC 三层模型实现简单的购物车功能，进一步掌握一般 Web 开发的步骤、方法。购物车功能模块如图 13-1 所示。

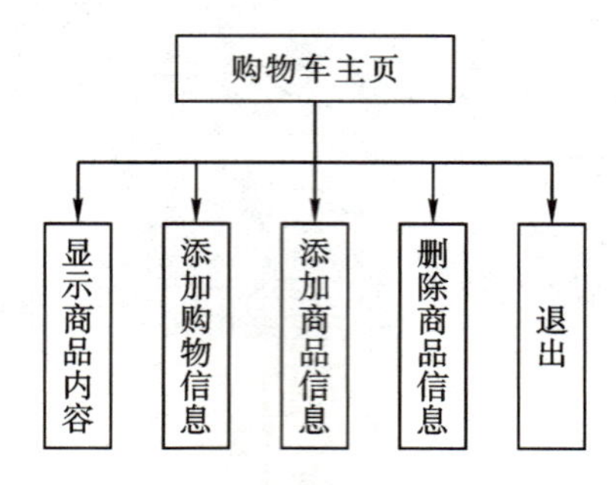

图13-1　购物车功能模块

13.2　购物车功能设计

1. 建立数据库表格

数据库采用 MySQL 数据库，建立名为“test”的数据库，在里面建立两个数据表，如图 13-2 所示。

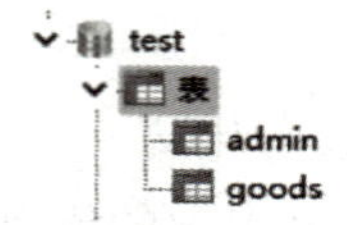

图13-2　数据库中数据表

创建 goods 数据表的代码如下：

```
DROP TABLE IF EXISTS 'goods';
CREATE TABLE 'goods' (
    'No' int(11) NOT NULL auto_increment,
    'gdName' varchar(100) character set utf8 default NULL,
    'Price' int(50) default NULL,
    'Number' int(50) default NULL,
    PRIMARY KEY ('No')
) ENGINE = InnoDB DEFAULT CHARSET=latin1;
```

创建 admin 数据表的代码如下：

```
DROP TABLE IF EXISTS 'admin';
CREATE TABLE 'admin' (
    'aID' int(4) NOT NULL auto_increment,
    'aName' varchar(50) NOT NULL,
```

```
    'aPwd' varchar(50) NOT NULL,
    'aLastLogin' datetime default NULL,
    PRIMARY KEY (`aID`)
) ENGINE = InnoDB DEFAULT CHARSET = utf8;
```

2. 建立数据库链接

（1）首先将 mysql-connector-java-5.1.7-bin.jar 数据库驱动包复制到 WEB-INF 中的 lib 文件夹下。

（2）在 src 文件夹下，新建名为“DB”的包，在该包下新建 DbConnection.Java 类，用于实现链接数据库的功能。

（3）在 src 文件夹下，新建名为“DB”的包名，在该包下新建 strongSplitPage.Java 类，实现对数据库中数据分页的功能。

DbConnection.java和strongSplitPage.java文档

3. 建立数据库表格对应的 JavaBean

建立对应数据库 goods 商品表格的 JavaBean 文件 GoodsSingle.java，放置在 src 文件夹下的 GoodsBean 包中。

GoodsSingle.java和ShopCar.java文档

4. 新建 Servlet

在 src 文件夹下，新建名为“servlet”的包，在该包下新建名为 doCar.java 的 Servlet 类，其功能包括向购物车添加商品、接收页面购物信息、计算购物车总价。

doCar.java 类在 web.xml 中的配置如下：

```
<servlet>
    <servlet-name>doCar</servlet-name>
    <servlet-class>Servlet.doCar</servlet-class>
</servlet>
<servlet-mapping>
    <servlet-name>doCar</servlet-name>
    <url-pattern>/doCar</url-pattern>
</servlet-mapping>
```

doCar.java文档

5. 新建 MyTools 类

在 src 文件夹下，新建名为“tools”的包，在该包下新建 MyTools.java 类，其功能为实现将字符串转换为整数及编码格式的转换。

MyTools.java文档

6. 建立购物车登录、显示商品内容等页面

（1）在工程 WebContent 文件夹下，新建 Example13_01.jsp 文件，用以显示商品信息，在 <head> 标签中加入以下代码：

```
<style>
    table { border = "1" width = "600px"; margin: 0 auto; }
    td { width:145px; height: 25px; text-align: center; }
    table, tr, td, th { border: 1px solid #ccc; }
</style>
```

在 <body> 标签中加入以下代码：

```
  <table cellspacing = "0" cellpadding = "0">
    <tr height = "50"><td>购物车功能</td></tr>
    <tr height = "30"><td><a href = "Index-shop.jsp">显示商
品</a></td></tr>
    <tr height = "30"><td>添加商品</td></tr>
    <tr height = "30"><td>删除商品</td></tr>
    <tr height = "30"><td>退　出</td></tr>
</table>
```

Example13_01.jsp

（2）在工程 WebContent 文件夹下，新建 js 文件夹，并将 jquery-3.7.1.min.js 包文件复制到该文件夹下。在工程 WebContent 下新建 Index-shop.jsp 文件，其功能是实现商品在页面的分页显示。

Index-shop.jsp 文件运行界面如图 13-3 所示。

提供商品如下			
产品编号	名称	价格	购买
1	Nova12	1200	购买
2	P30	3000	购买
3	Mate40	5999	购买
4	P50	3999	购买
5	Mate30	2999	购买
6	P40	3199	购买
7	Nova11	1000	购买
8	Nova10	900	购买
9	Nova9	750	购买
10	Nova8	700	购买
查看购物车			

共34条 10条/页 第1页/共4页 [首页] [上一页] [下一页] 尾页] 转到 1 页

图13-3　Index-shop.jsp文件运行界面

（3）在工程 WebContent 文件夹下，新建 shopcar.jsp 文件，用于实现显示购物车商品数量的功能。

当在图 13-3 所示界面中选择商品后，单击“查看购物车”按钮，显示运行的 shopcar.jsp 文件界面，如图 13-4 所示。

□	编号	商品名称	商品价格	商品数量	商品小计	操作
□	1	Nova12	1200	- 1 +	￥1200	删除
□	2	P30	3000	- 1 +	￥3000	删除
□	3	P20	2499	- 1 +	￥2499	删除
□	4	P10	1999	- 1 +	￥1999	删除
□	--返回购物--	清空购物车	总计：共0件商品 总价：￥0 结算			

图13-4　shopcar.jsp文件运行界面

（4）在工程 WebContent 文件夹下，新建 DelSelect.jsp 文件，实现商品删除的功能。

在图 13-4 中点击 P10 所在行的“删除”按钮，显示界面如图 13-5 所示，点击“确定”按钮后，P10 商品信息被删除。显示界面如图 13-6 所示。

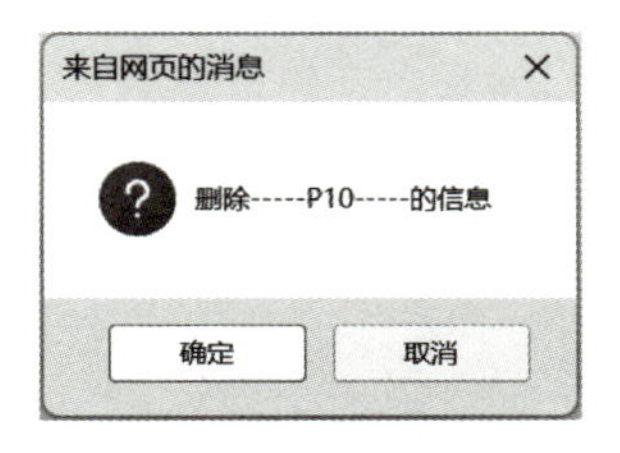

图13-5　单个商品删除确认界面

□	编号	商品名称	商品价格	商品数量	商品小计	操作
□	1	Nova12	1200	- 1 +	￥1200	删除
□	2	P30	3000	- 1 +	￥3000	删除
□	3	P20	2499	- 1 +	￥2499	删除
□	--返回购物--	清空购物车	总计：共0件商品 总价：￥0 结算			

图13-6　单个商品删除后显示界面

（5）在工程 WebContent 文件夹下，新建 DelAll.jsp 文件，实现清空购物车功能。

在图 13-6 中点击“清空购物车”按钮，放入购物车中的商品被清空，显示界面如图 13-7 所示。

□	编号	商品名称	商品价格	商品数量	商品小计	操作
您的购物车为空！						
□	--返回购物--	清空购物车	总计：共0件商品 总价：￥0 结算			

图13-7　购物车中商品被清空界面

（6）在工程 WebContent 文件夹下，新建 in-decrement.jsp 文件，实现购物车商品加减的功能。

在图 13-6 所示界面中点击商品数量所在列中数字两侧的加 / 减号，可以对购买商品的数量进行增减，如图 13-8 所示。

☐	编号	商品名称	商品价格	商品数量	商品小计	操作
☐	1	Nova12	1200	- 4 +	￥4800	删除
☐	2	P30	3000	- 3 +	￥9000	删除
☐	3	P20	2499	- 2 +	￥4998	删除
☐	--返回购物--	清空购物车	总计：共0件商品 总价： ￥0 结算			

图13-8　商品数量的增减界面

（7）在工程 WebContent 文件夹下，新建 JieSuan.jsp 文件，实现计算购物车中商品总价的功能。

在图 13-8 所示页面中点击“结算”按钮，进行购物车结算，如图 13-9 所示。

您的购物清单如下：			
产品编号	名称	价格	小计
Nova12	1200	4	4800
P30	3000	3	9000
P20	2499	2	4998
总计：共9件商品 总价： 18798.0元			
返回购物			

图13-9　结算界面

项目小结

本项目运用此前所学知识，结合 jQuery 开发了简单的购物车，链接 MySQL 数据库模拟实现了商品的分页显示及购物功能，通过项目练习将全书所学知识点串联起来，进一步理解项目化开发的步骤及过程。请读者根据购物车的业务逻辑，补充购物车的功能。

参考文献

[1] 贾志城，王云. JSP 程序设计 [M]. 北京：人民邮电出版社，2016.

[2] 王樱，李锡辉. JSP 程序设计案例教程 [M]. 北京：清华大学出版社，2018.

[3] 黑马程序员. Java Web 程序设计任务教程：2 版 [M]. 北京：人民邮电出版社，2021.

[4] 刘何秀，郭建磊，姬忠红. JSP 程序设计与案例实战 [M]. 北京：人民邮电出版社，2018.

[5] 刘素芳. JSP 动态网站开发案例教程 [M]. 北京：机械工业出版社，2012.